本書の特色と使い方

本書で教科書の内容ががっちり学べます

教科書の内容が十分に身につくよう，各社の教科書を徹底研究して作成しました。
学校での学習進度に合わせて，ご活用ください。予習・復習にも最適です。

本書をコピー・印刷して教科書の内容をくりかえし練習できます

計算問題などは型分けした問題をしっかり学習したあと，いろいろな型を混合して出題しているので，学校での学習をくりかえし練習できます。
学校の先生方はコピーや印刷をして使えます。（本書 P128 をご確認ください）

学ぶ楽しさが広がり勉強がすきになります

計算問題は，めいろなどを取り入れ，楽しんで学習できるよう工夫しました。
楽しく学んでいるうちに，勉強がすきになります。

「ふりかえりテスト」で力だめしができます

「練習のページ」が終わったあと，「ふりかえりテスト」をやってみましょう。
「ふりかえりテスト」でできなかったところは，もう一度「練習のページ」を復習すると，力がぐんぐんついてきます。

完全マスター編４年　目次

1 億より大きい数（1）

名前

● 世界の人口を読み，漢字で書きましょう。

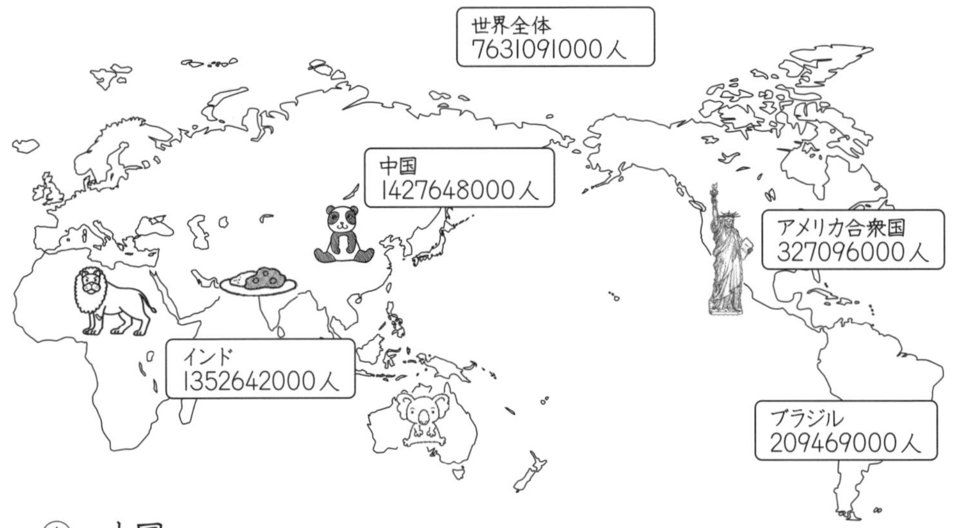

① 中国

読み（　　　　　　　　　　　　）人

② インド

読み（　　　　　　　　　　　　）人

③ アメリカ合衆国（がっしゅうこく）

読み（　　　　　　　　　　　　）人

④ ブラジル

読み（　　　　　　　　　　　　）人

⑤ 世界全体

読み（　　　　　　　　　　　　）人

1 億より大きい数（2）

名前

● 97500000000000円は，ある年の日本の予算です。この数について考えましょう。

① 9は，何の位（くらい）の数ですか。　□の位

② 5は，何の位の数ですか。　□の位

③ □にあてはまる数を書きましょう。

㋐ この数は，10兆（ちょう）を□こと，1兆を□こと，千億（おく）を□こあわせた数です。

㋑ また，この数は，1兆を□こと，1億を□こあわせた数ともいえます。

④ 97500000000000円の読みを漢字で書きましょう。

□円

⑤ 97500000000000円の読みを数字と漢字を使って書きます。□にあてはまる数を書きましょう。

□兆□億円

めいろは，答えの大きい方をとおりましょう。とおった方の答えに○をつけましょう。

スタート

① 2159000700　② 87586009　③ 457040200

① 2158800700　② 700300100　③ 457009999

ゴール

1 億より大きい数（3）

名前

1 次の数の読みを漢字で書きましょう。

① 37516400000000

読み

② 8190000000000000

読み 

③ 20200052500000

読み

2 次の数を数字で書きましょう。

① 四十八兆五千二百二億三千万

② 七兆九千億

③ 六百四十億二百二十一万八千

千	百	十	一	千	百	十	一	千	百	十	一	千	百	十	一
			兆				億				万				

1 億より大きい数（4）

名前

1 次の □ にあてはまる数を書きましょう。

① 1 億を 1000 こ集めた数は，□ です。

② 1 億を 10000 こ集めた数は，□ です。

③ 4700 億は，□ を 4700 こ集めた数です。

④ 4700 億は，□ を 47 こ集めた数です。

2 次の数を数字で書きましょう。

① 1 億を 240 こ集めた数

② 1 億を 65000 こ集めた数

③ 十兆を 3 こと，一兆を 7 こと，千億を 6 こと，百億を 2 こと，十億を 1 こと，一億を 5 こあわせた数

④ 1 兆を 58 こと，1 億を 3679 こあわせた数

1億より大きい数（5）　名前

● それぞれの数直線の1目もりはいくつでしょうか。
また，㋐㋑㋒にあたる数を［　］に書きましょう。

① 1目もり（　　　　　　）

0　㋐　㋑　1億（おく）　㋒

㋐［　　　］　㋑［　　　］　㋒［　　　］

② 1目もり（　　　　　　）

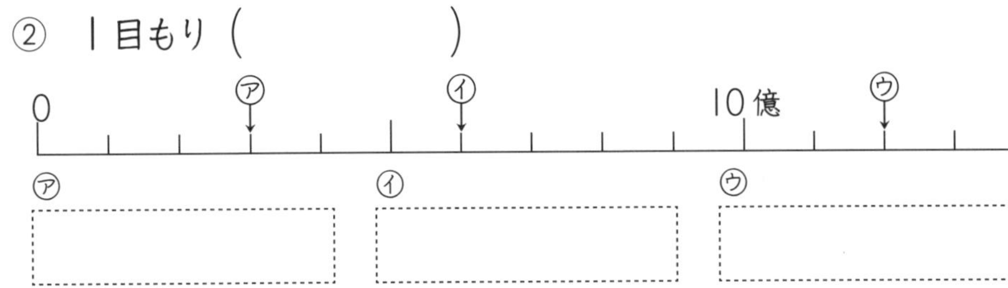

㋐［　　　］　㋑［　　　］　㋒［　　　］

③ 1目もり（　　　　　　）

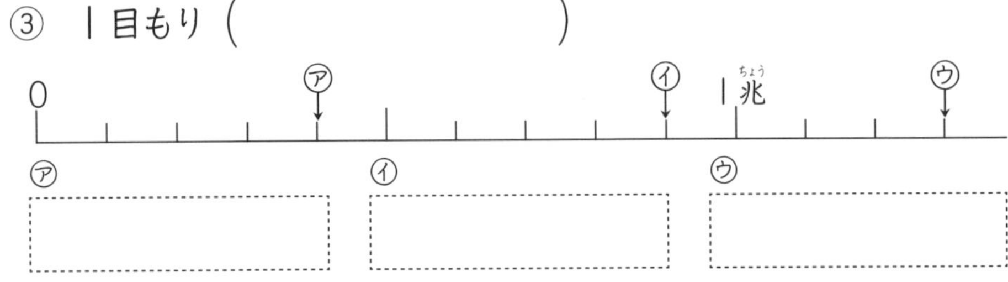

㋐［　　　］　㋑［　　　］　㋒［　　　］

④ 1目もり（　　　　　　）

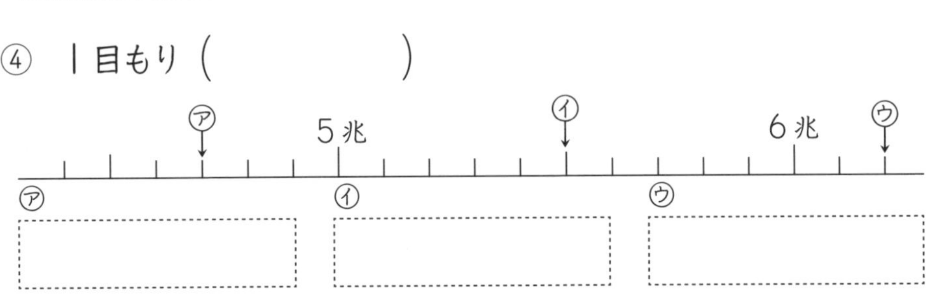

㋐［　　　］　㋑［　　　］　㋒［　　　］

1億より大きい数（6）　名前

1　次の数の大小を不等号（<，>）を使って表しましょう。

① 30145856 ［　］ 301458536

② 5760502655 ［　］ 5760502656

③ 896686874112 ［　］ 898686874112

2　次の数を大きい順（じゅん）に記号で書きましょう。

① ㋐2022339253　㋑2022349253　㋒2023233693

［　］→［　］→［　］

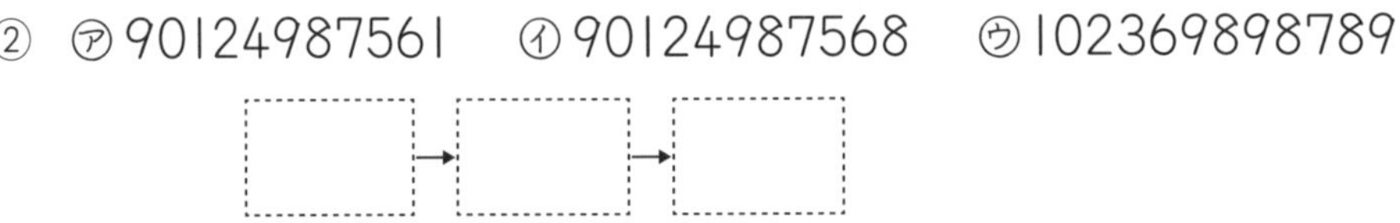

② ㋐90124987561　㋑90124987568　㋒102369898789

［　］→［　］→［　］

③ ㋐800600100000　㋑800600010000　㋒800060010000

［　］→［　］→［　］

④ ㋐785878586935210　㋑785878586945210
㋒786868521012001　㋓785878586935211

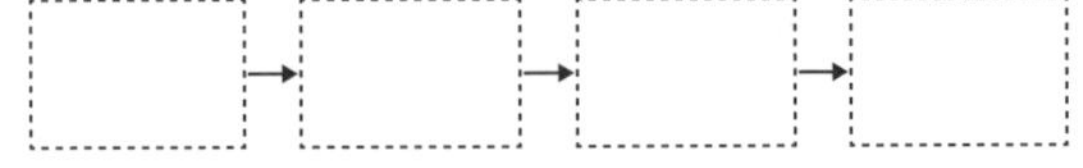

［　］→［　］→［　］→［　］

1億より大きい数（7）

名前

□1 次の数の10倍した数と，100倍した数を書きましょう。

① 6000万

10倍した数　　100倍した数

② 1900万

10倍した数　　100倍した数

③ 3500億（おく）

10倍した数　　100倍した数

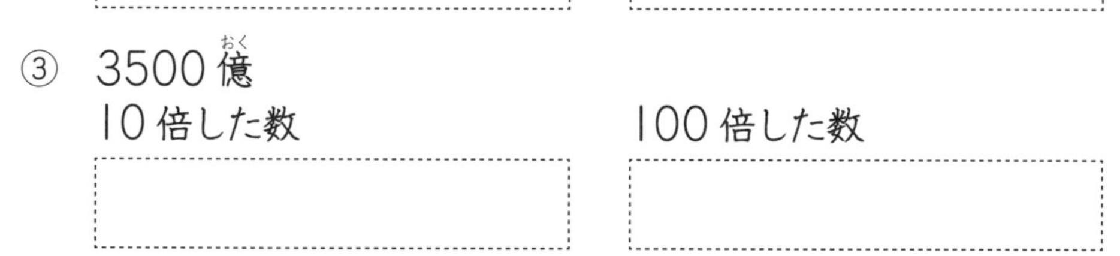

④ 4兆（ちょう）

10倍した数　　100倍した数

□2 次の数を10でわった数（$\frac{1}{10}$にした数）を書きましょう。

① 8000万　　② 7億

③ 60億　　④ 5兆

1億より大きい数（8）

名前

● 0 1 2 3 4 5 6 7 8 9 の10まいのカードを1回ずつ使って次の数を作り，その読みを漢字で書きましょう。

① いちばん大きな数

読み

② 二番目に大きな数

読み

③ いちばん小さい数

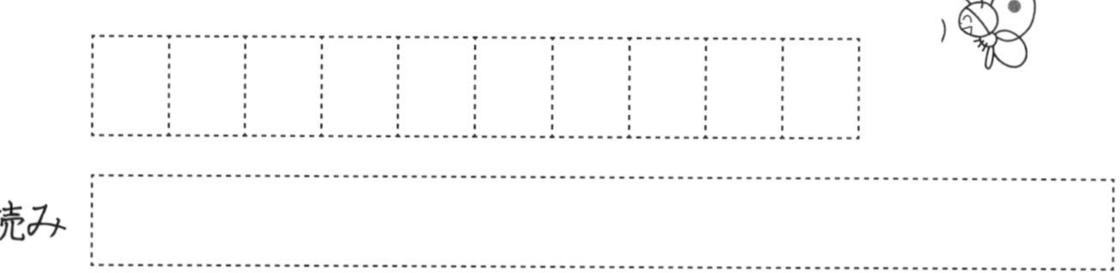

読み

めいろは，答えの大きい方をとおりましょう。とおった方の答えに○をつけましょう。

スタート

①9541008400

①9541008450

②1035200708

②103520709

③4600380012

③4603080012

ゴール

1 億より大きい数（9）

名前

● 計算をしましょう。

①

213
×312

②

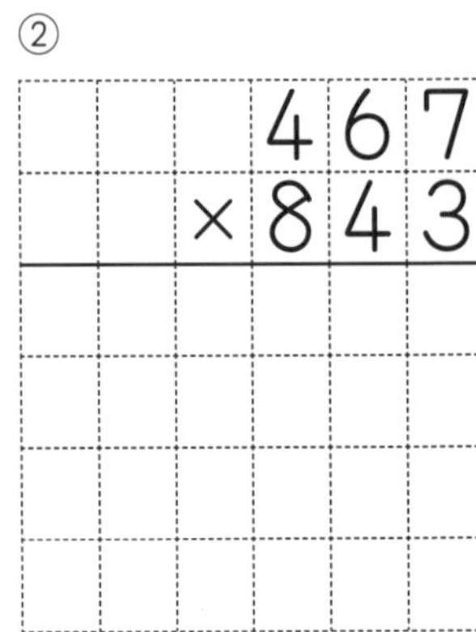

③

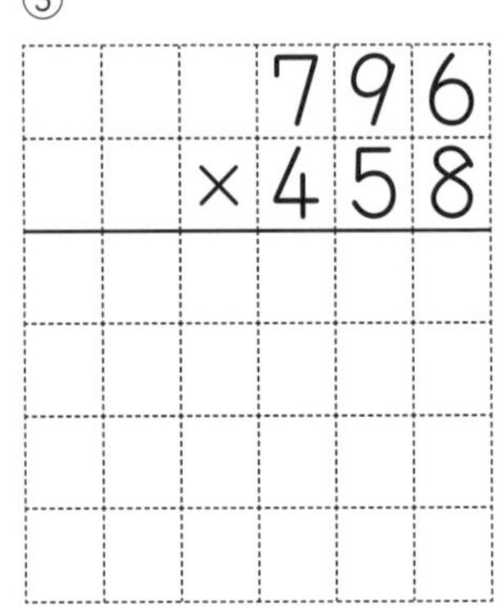

④

602
×525

⑤

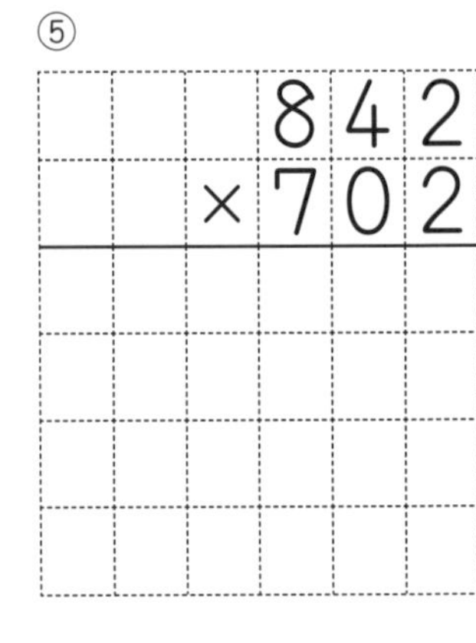

⑥

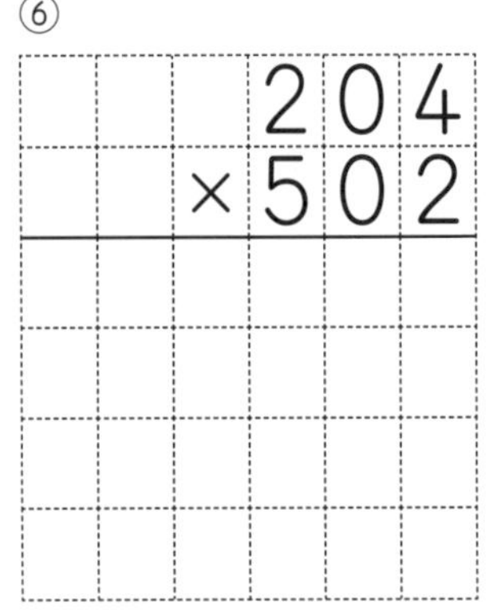

⑦ 3 × 800

⑧ 900 × 5

⑨ 140 × 60

⑩ 2300 × 700

⑪ 2600 × 200

⑫ 9200 × 60

1 億より大きい数（10）

名前

1 26 × 37 = 962 を使って，次の答えを求(もと)めましょう。

① 260 × 370

② 2600 × 3700

③ 26 万 × 37 万

2 34 × 23 = 782 を使って，次の答えを求めましょう。

① 340 × 230

② 3400 × 2300

③ 34 万 × 23 万

めいろは，答えの大きい方をとおりましょう。とおった方の答えを下の□に書きましょう。

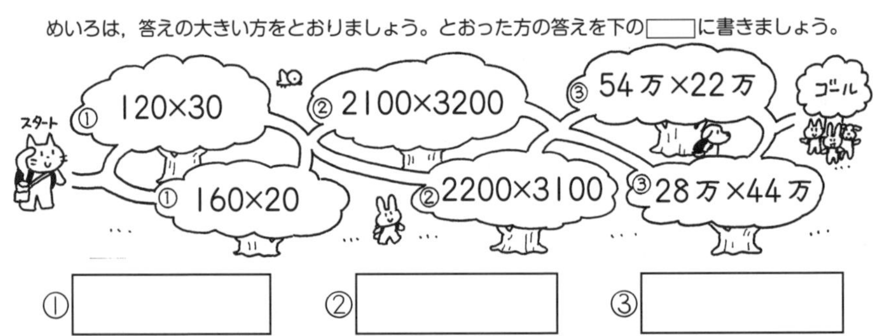

① □　② □　③ □

ふりかえりテスト　1億より大きい数

名前

1 次の数について問いに答えましょう。(4×4)

38725640000000

① 7は何の位の数ですか。（　　）の位

② 一兆の位の数は何ですか。

③ 十億の位の数は何ですか。

④ 読みを漢字で書きましょう。

2 次の数を数字で書きましょう。(4×5)

① 六兆七千八百二十四億三千万

② 九兆五千八十七億

③ 1億を72000こ集めた数

④ 1000億を39こ集めた数

⑤ 1兆を25こと，1億を430こあわせた数

3 次の数の10倍した数と100倍した数を書きましょう。(4×4)

① 3000万　② 400億

	10倍した数	100倍した数
3000万		
400億		

4 次の数を10でわった数を書きましょう。(4×2)

① 5億

② 9兆

5 次の数直線の㋐㋑㋒の数を書きましょう。(3×6)

① 0　1億

㋐　㋑　㋒

② 2兆　3兆

㋐　㋑　㋒

6 次の数の大小を不等号を使って表しましょう。(4×3)

① 350099999 □ 355009999

② 23353698745 □ 23356398745

③ 49968687998 □ 49968687899

7 次の計算をしましょう。(5×2)

① 457×534

② 405×706

折れ線グラフ（1）

名前

● 長崎市の月別気温を折(お)れ線グラフで表しました。
問いに答えましょう。

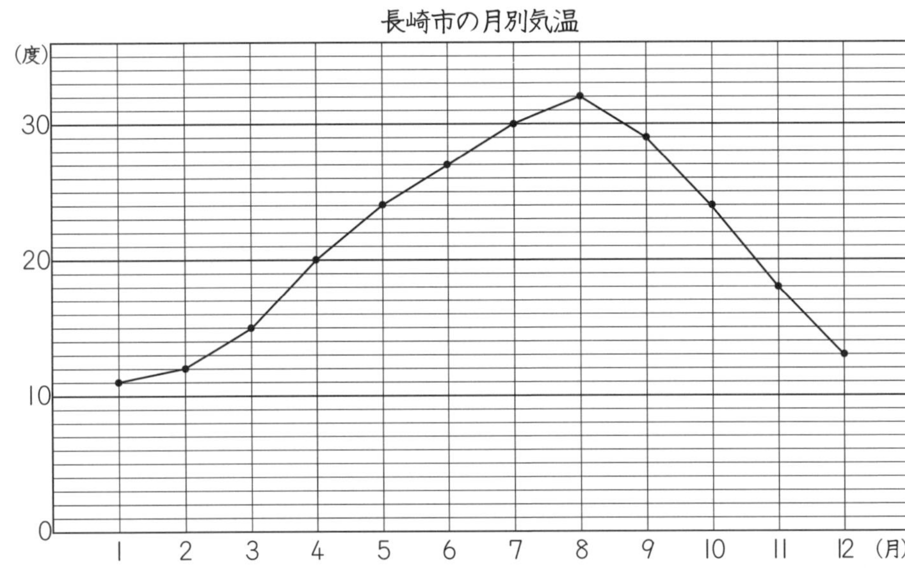

① グラフのたてじくと，横じくはそれぞれ何を表していますか。

たてじく（　　　　　）　横じく（　　　　）

② 3月・7月・11月の気温は何度でしょうか。

3月（　　　　）7月（　　　　）11月（　　　　）

③ 気温がもっとも高いのは何月ですか。（　　　）月

④ 気温がもっとも低いのは何月ですか。（　　　）月

⑤ 気温の上がり方がいちばん大きいのは何月から何月ですか。

（　　　）月から（　　　）月

⑥ 気温の下がり方がいちばん大きいのは何月から何月ですか。

（　　　）月から（　　　）月

折れ線グラフ（2）

名前

● 右の表は，1日の気温の変わり方を表にしたものです。
下の手順(じゅん)で，折(お)れ線グラフに表しましょう。

① たてじくに目もりと単位を書く。
（最高(さいこう)気温がかけるように）

② 横じくに時間と単位を書く。

③ 表を見て点をうつ。

④ 点と点を直線で結ぶ。

⑤ 表題を書く。

1日の気温

時こく（時）	気温（度）
午前　9	16
10	19
11	25
12	28
午後　1	30
2	32
3	31

午前　午後

折れ線グラフ（3）

名前

① 次の中で，折れ線グラフに表したらよいのはどれですか。よいものに○をつけましょう。

ア（　　）クラスの人それぞれの身長

イ（　　）かぜをひいたときの，１時間おきの体温

ウ（　　）学校の前を１時間の間に通った車の種類とその台数

エ（　　）校庭の午前９時から午後４時までの気温

オ（　　）各都道府県の人口

カ（　　）ある町のここ30年間の人口の変化

キ（　　）１週間の曜日ごとに保健室を利用した人数

② 折れ線グラフの変化に合うことばを下から選んで，記号を（　）に書きましょう。

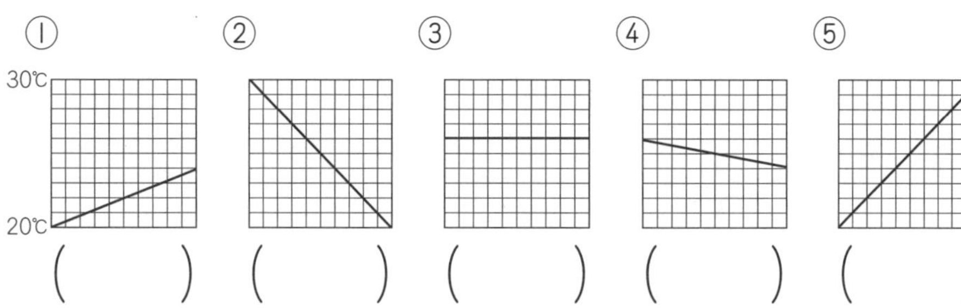

①（　　）　②（　　）　③（　　）　④（　　）　⑤（　　）

㋐ 大きく上がる　㋑ 少し上がる　㋒ 変わらない
㋓ 少し下がる　㋔ 大きく下がる

折れ線グラフ（4）

名前

● 右の表は，こうたさんの小学校時代の身長を表したものです。折れ線グラフに表しましょう。

① ㋐のグラフのたてじくに，最高の164cmが表せるように目もりを書きましょう。

② ㋐と㋑のグラフに表を見て点をうちましょう。

③ 点と点を直線でむすびましょう。

④ ㋐と㋑，どちらのグラフの方が変化がわかりやすいですか。（　　）

こうたさんの身長

学年	身長（cm）
1	124
2	130
3	138
4	144
5	156
6	164

㋐

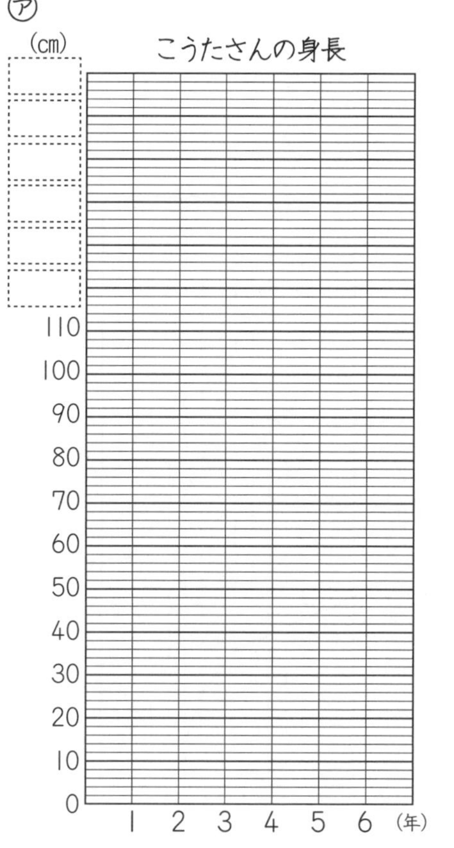

㋑

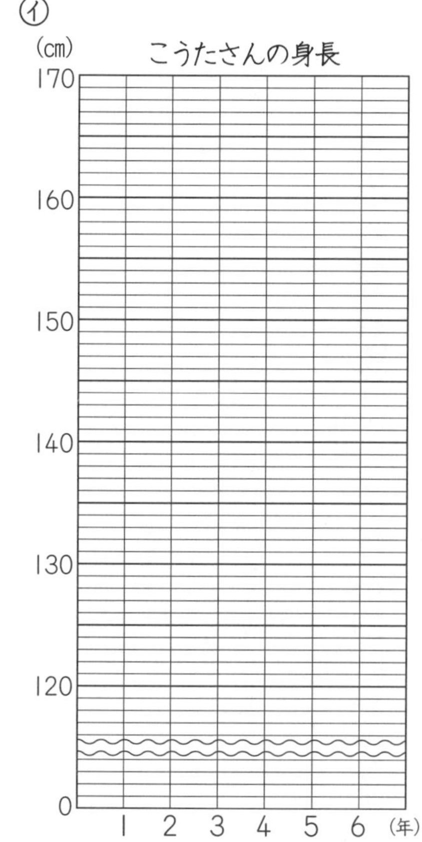

ふりかえりテスト　折れ線グラフ

名前

1　京都市の月別気温を折(お)れ線グラフに表しました。グラフをみて問いに答えましょう。

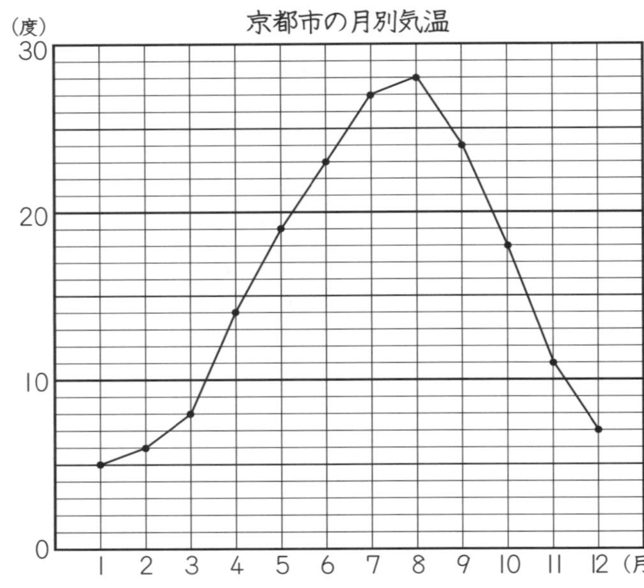

① グラフのたてじくと横じくは，それぞれ何を表していますか。(5×2)

たてじく（　　　　）　横じく（　　　）

② 気温がいちばん大きく上がったのは，何月から何月で，何度上がっていますか。(10)

（　　　）月から（　　　）月

（　　　）度上がっている。

③ 気温がいちばん大きく下がったのは，何月から何月で，何度下がっていますか。(10)

（　　　）月から（　　　）月

（　　　）度下がっている。

2　次の中で折れ線グラフで表したらよいものに○，ちがうものに×をつけましょう。(4×5)

ア（　　）1日の気温の変化

イ（　　）クラス 30 人の体重

ウ（　　）1時間に通った車の種類(しゅるい)と台数

エ（　　）ある町の 20 年間の人口変化

オ（　　）小学校時代の身長の変化

3　下の表は，新潟市の月別気温を表したものです。折れ線グラフに表しましょう。(25)

新潟市の月別気温

月	1	2	3	4	5	6	7	8	9	10	11	12
気温(度)	3	2	6	12	17	21	25	27	23	16	11	6

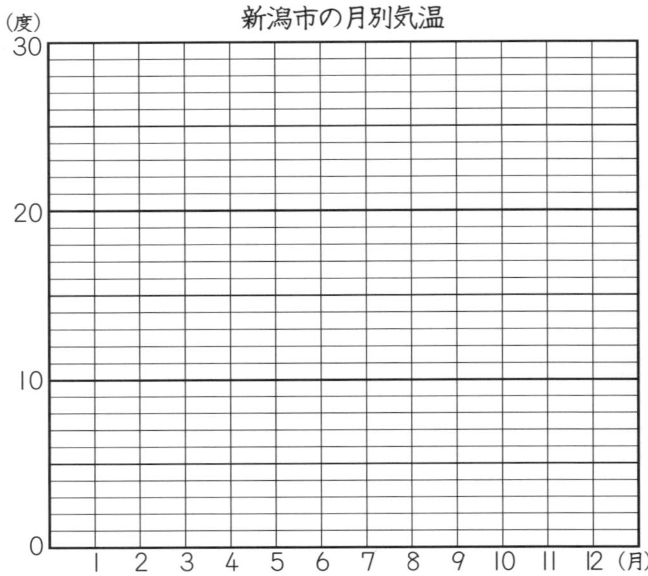

4　下の表は，もねさんの小学校時代の身長を表したものです。折れ線グラフに表しましょう。(25)

もねさんの身長

学年	身長(cm)
1	126
2	132
3	139
4	147
5	156
6	160

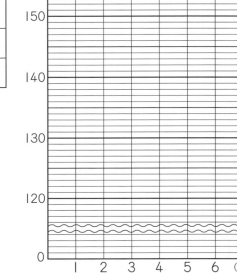

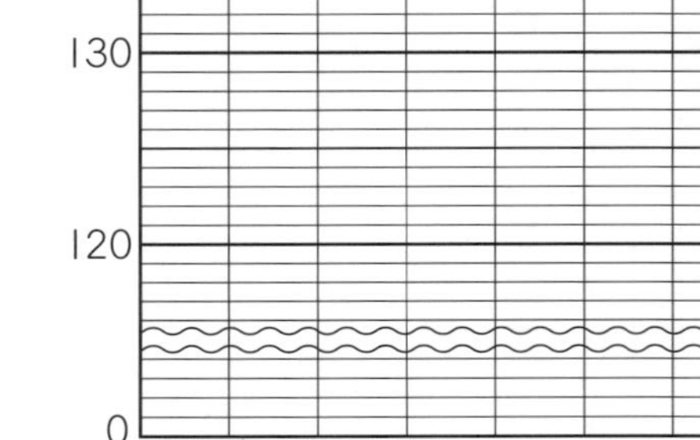

資料の整理（1）

名前

● 下の表は，ある学校の１週間のけがのようすを表したものです。

場　所	けがの種類
教　室	すりきず
運動場	すりきず
体育館	つきゆび
ろうか	すりきず
ろうか	打ぼく
運動場	打ぼく
階だん	ねんざ
運動場	打ぼく

場　所	けがの種類
ろうか	切りきず
運動場	すりきず
教　室	打ぼく
ろうか	すりきず
体育館	こっせつ
運動場	こっせつ
体育館	つきゆび
教　室	打ぼく

場　所	けがの種類
運動場	すりきず
体育館	打ぼく
運動場	すりきず
教　室	切りきず
体育館	すりきず
教　室	すりきず
教　室	つきゆび
運動場	ねんざ

① けがをした場所別に表に書きましょう。

けがをした場所別人数（人）

けがをした場所	人数	
	正の字	数字
運動場	正正	
ろうか	正正	
教　室	正正	
体育館	正正	
階だん	正正	
合　計		

② けがの種類（しゅるい）別に表に書きましょう。

けがの種類別人数（人）

けがの種類	人数	
	正の字	数字
切りきず		
打ぼく		
すりきず		
こっせつ		
つきゆび		
ねんざ		
合　計		

③ ①と②を一つの表にまとめて調べましょう。

けがの種類と，けがをした場所（人）

種類／場所	切りきず		打ぼく		すりきず		こっせつ		つきゆび		ねんざ		合計
	正の字	数字	正の字	数字	正の字	数字	正の字	数字	正の字	数字	正の字	数字	
運動場													
ろうか													
教　室													
体育館													
階だん													
合　計													

㋐ どこでけがをする人がいちばん多いですか。（　　　　　）

㋑ どんなけがをする人がいちばん多いですか。（　　　　　）

㋒ 運動場で打ぼくをした人は，何人いますか。（　　　　　）人

㋓ ねんざをした場所は，どことどこですか。
（　　　　　）と（　　　　　）

㋔ どこでどんなけがをする人がいちばん多いですか。
（　　　　　）で（　　　　　）

㋕ 一週間でけがをした人は全部で何人ですか。（　　　　　）人

資料の整理（2）

名前

● 4年生56人の遠足のおやつについて調べてみました。

- ○ チョコレートを持ってきている人は33人いました。
- ○ あめを持ってきている人は37人いました。
- ○ チョコレートもあめも持ってきている人は27人いました。

① 上のことがらをもとに，下の表を完成（かんせい）させましょう。

遠足のおやつ調べ（人）

		チョコレート		合計
		持ってきた	持ってこなかった	
あめ	持ってきた			
	持ってこなかった			
合計				

② あめだけを持ってきた人は何人いますか。

（　　　　）人

③ チョコレートだけを持ってきた人は何人いますか。

（　　　　）人

④ 両方とも持ってこなかった人は何人いますか。

（　　　　）人

⑤ あめを持ってこなかった人は何人いますか。

（　　　　）人

資料の整理（3）

名前

● 下の表は，ある日の図書室で，本を借（か）りた学年の人数と本の種類（しゅるい）を調べたものです。表にまとめて答えましょう。

学年	種類	学年	種類	学年	種類	学年	種類
3	自然	5	社会	4	スポーツ	4	物語
5	社会	4	スポーツ	6	れきし	5	図工
4	科学	5	物語	4	自然	5	自然
5	社会	5	科学	6	スポーツ	5	物語
5	スポーツ	3	スポーツ	3	物語	3	物語
4	科学	5	物語	3	図工	6	れきし
4	物語	5	スポーツ	3	物語	3	物語
4	図工	4	物語	4	図工	5	れきし

① 表にまとめましょう。

図書室で借りた本の種類と人数（人）

	3年	4年	5年	6年	合計
自然（しぜん）					
科学					
社会					
スポーツ					
図工					
物語					
れきし					
合計					

② どの学年がいちばん多く借りていますか。（　　　　）

③ どんな種類の本がいちばん多く借りられていますか。

（　　　　）

わり算の筆算1（1）

名前

① 20 ÷ 2　② 40 ÷ 2

③ 20 ÷ 1　④ 60 ÷ 2

⑤ 80 ÷ 4　⑥ 90 ÷ 3

⑦ 60 ÷ 3　⑧ 80 ÷ 2

⑨ 150 ÷ 3　⑩ 320 ÷ 8

⑪ 400 ÷ 8　⑫ 180 ÷ 2

⑬ 200 ÷ 5　⑭ 560 ÷ 7

⑮ 360 ÷ 4　⑯ 100 ÷ 2

⑰ 630 ÷ 9　⑱ 300 ÷ 6

⑲ 500 ÷ 5　⑳ 200 ÷ 1

㉑ 400 ÷ 2　㉒ 600 ÷ 3

㉓ 1200 ÷ 4　㉔ 2000 ÷ 5

㉕ 4000 ÷ 5

わり算の筆算1（2）

2けた ÷ 1けた　あまりなし

名前

① 68 ÷ 2　② 42 ÷ 2　③ 69 ÷ 3　④ 84 ÷ 4

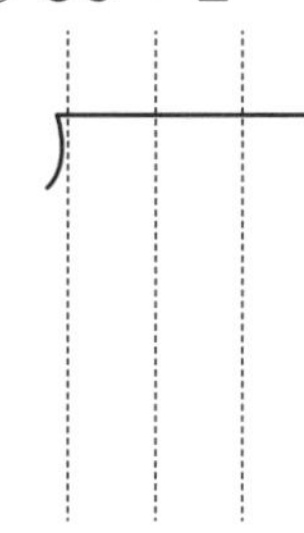

⑤ 78 ÷ 6　⑥ 65 ÷ 5　⑦ 48 ÷ 3　⑧ 96 ÷ 8

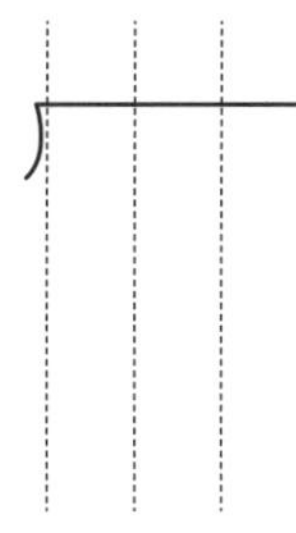

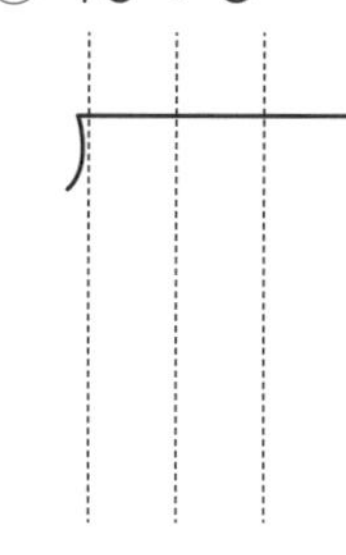

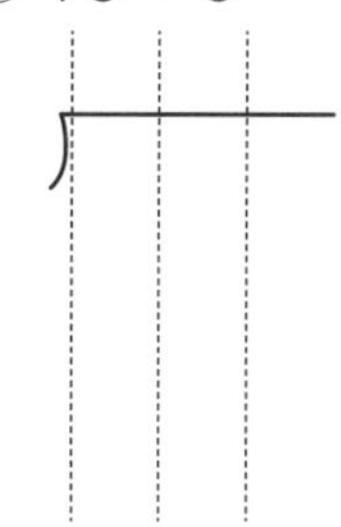

⑨ 68 ÷ 4　⑩ 81 ÷ 3　⑪ 92 ÷ 4　⑫ 84 ÷ 6

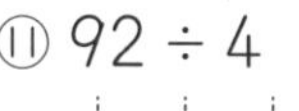

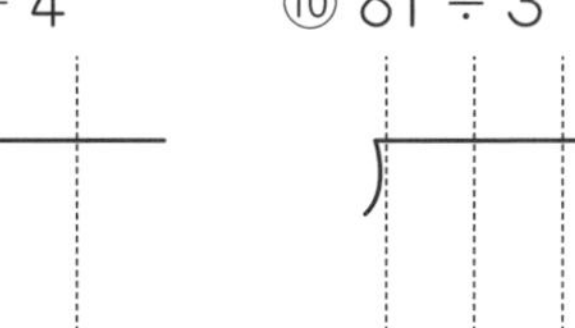

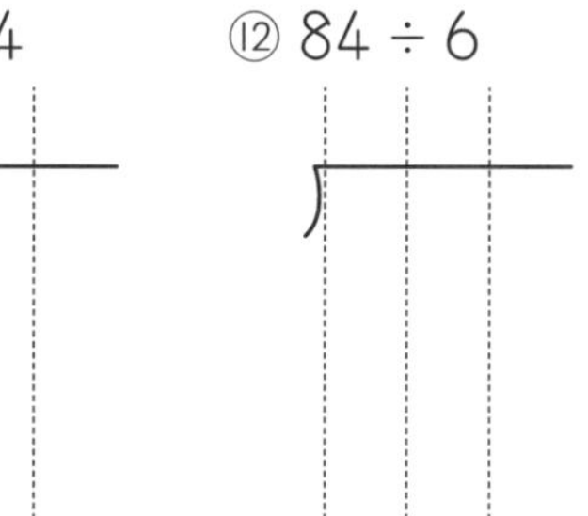

めいろは，答えの大きい方をとおりましょう。とおった方の答えを下の□に書きましょう。

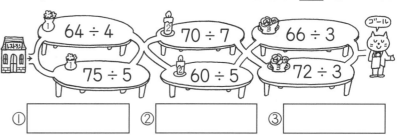

レストラン

64 ÷ 4　70 ÷ 7　66 ÷ 3

75 ÷ 5　60 ÷ 5　72 ÷ 3

ゴール

① □　② □　③ □

わり算の筆算1 (3)

2けた ÷ 1けた　あまりあり

名前

① 92 ÷ 7

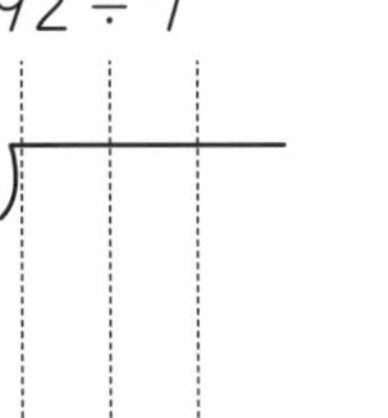

② 58 ÷ 5

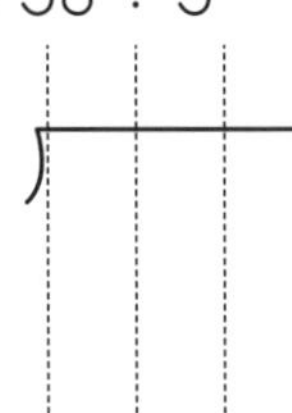

③ 96 ÷ 9

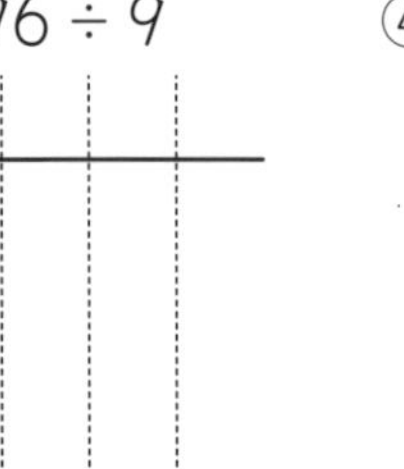

④ 77 ÷ 4

⑤ 80 ÷ 6

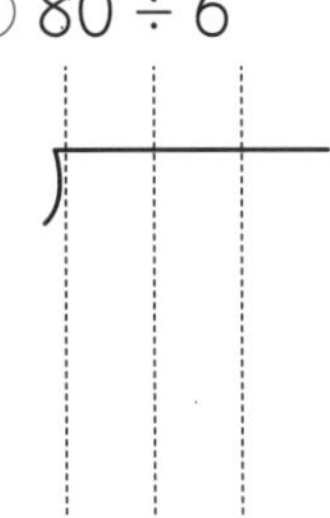

⑥ 98 ÷ 8

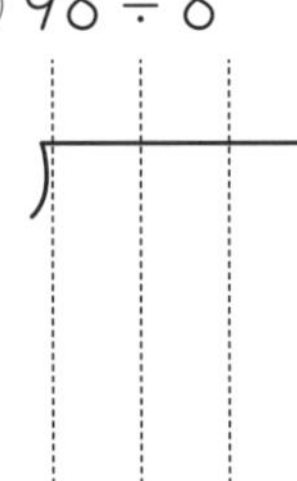

⑦ 64 ÷ 6

⑧ 66 ÷ 4

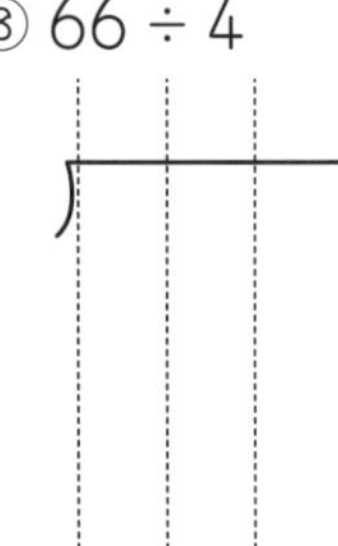

⑨ 89 ÷ 2

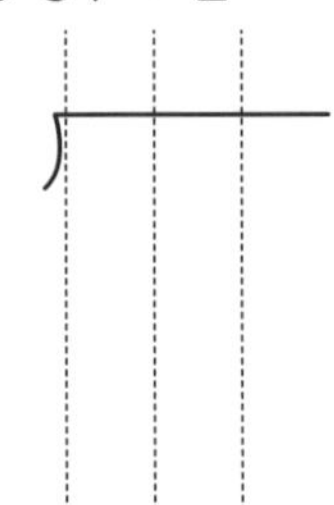

⑩ 53 ÷ 3

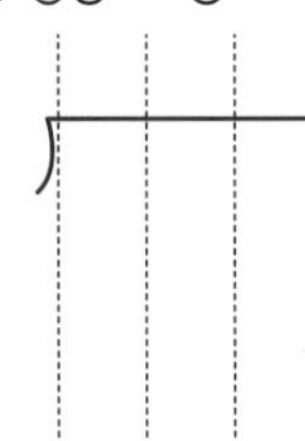

⑪ 72 ÷ 5

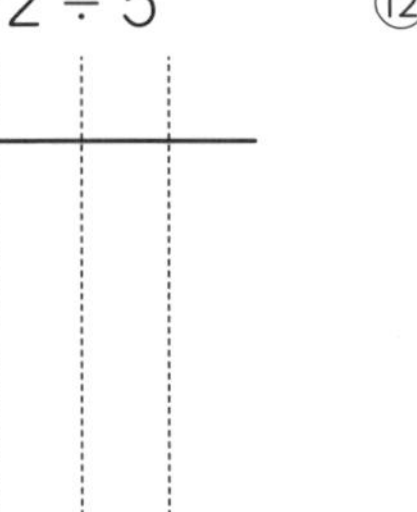

⑫ 80 ÷ 3

⑬ 83 ÷ 7

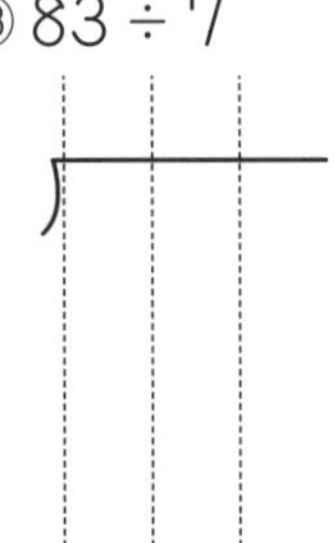

⑭ 75 ÷ 6

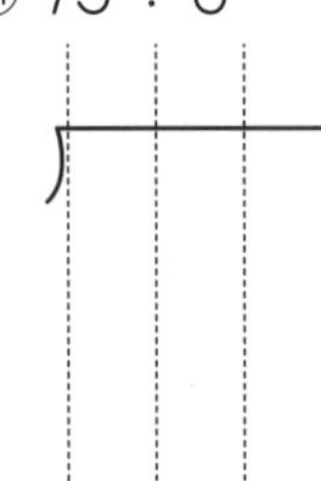

⑮ 94 ÷ 8

わり算の筆算1 (4)

2けた ÷ 1けた　あまりあり・なし

名前

① 90 ÷ 6

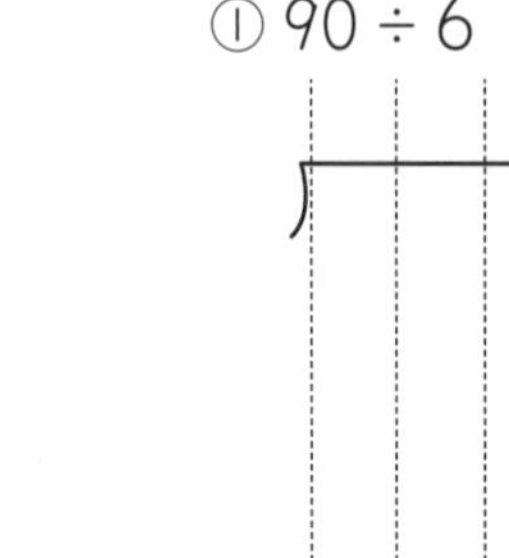

② 84 ÷ 7

③ 92 ÷ 8

④ 84 ÷ 5

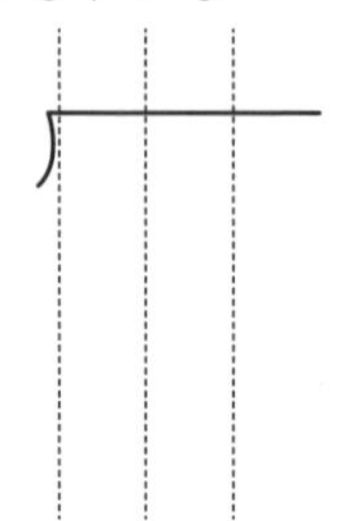

⑤ 52 ÷ 5

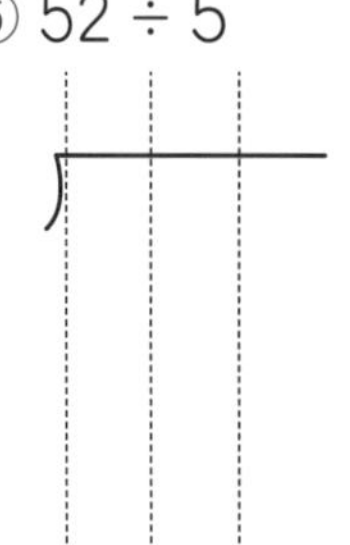

⑥ 41 ÷ 3

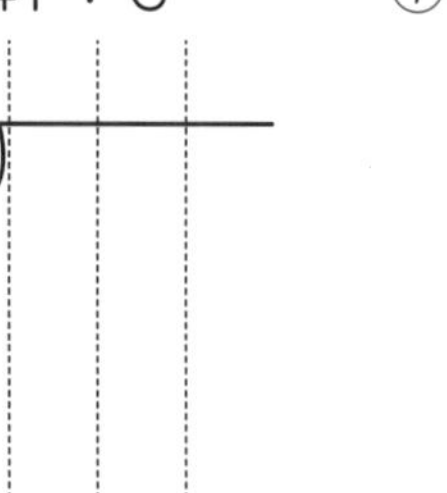

⑦ 73 ÷ 5

⑧ 83 ÷ 4

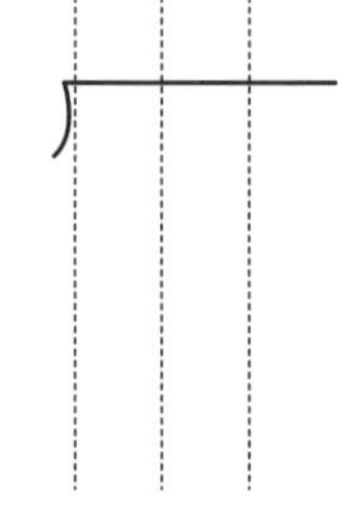

⑨ 80 ÷ 3

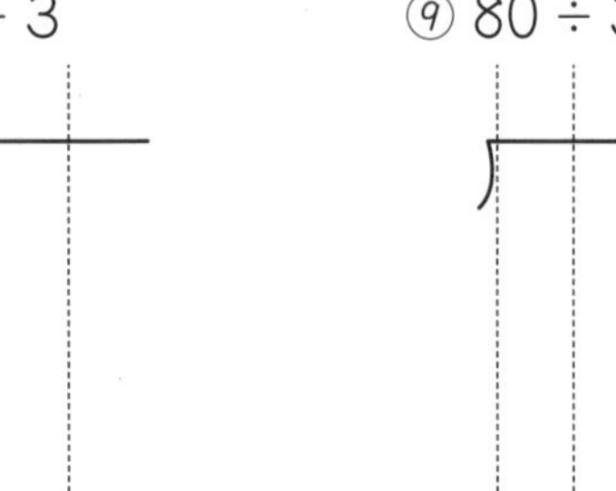

⑩ 94 ÷ 6

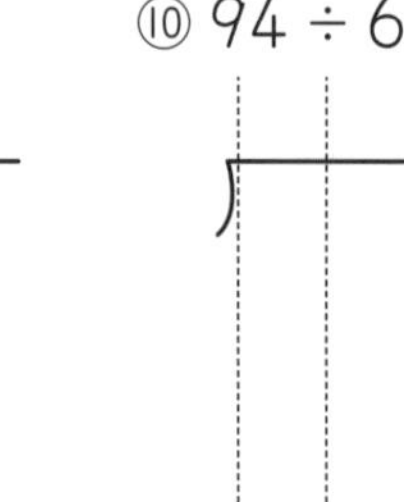

⑪ 91 ÷ 7

⑫ 99 ÷ 4

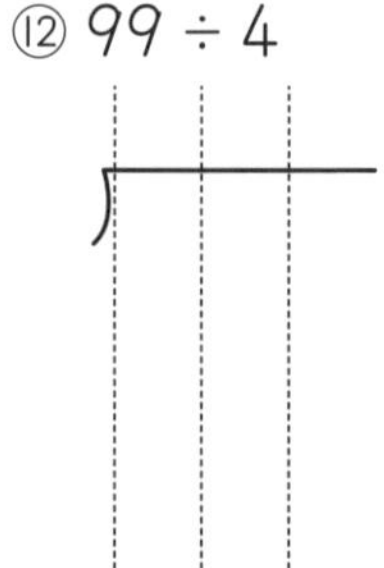

めいろは，答えの大きい方をとおりましょう。とおった方の答えを下の□に書きましょう。

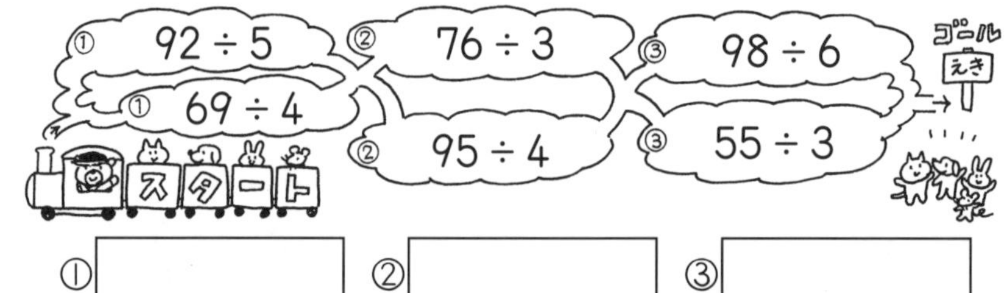

① □　② □　③ □

わり算の筆算1 (5)

2けた ÷ 1けた　商の一の位に0が立つのを含む

名前

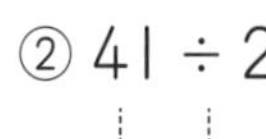

① 54 ÷ 5　② 41 ÷ 2

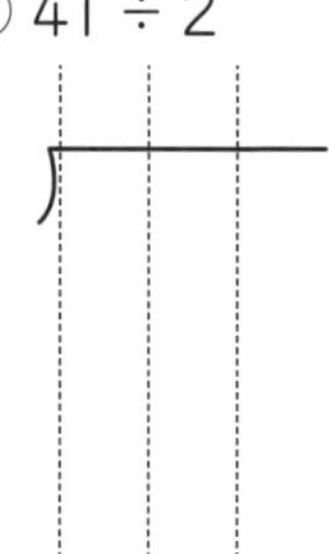

③ 91 ÷ 3

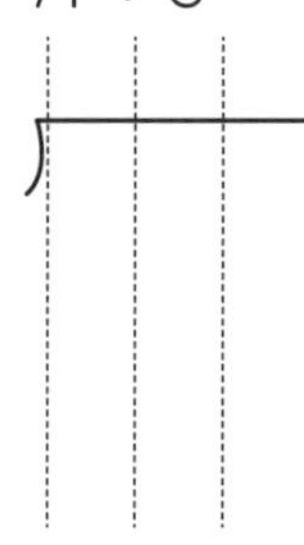

④ 82 ÷ 6

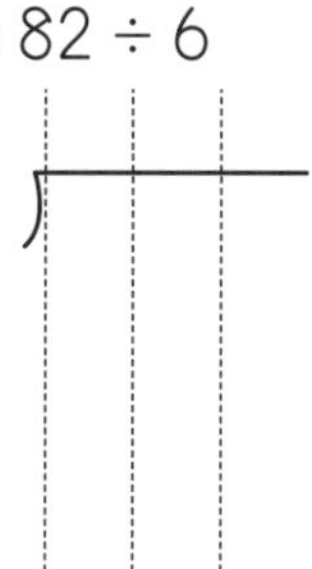

⑤ 65 ÷ 6　⑥ 88 ÷ 7

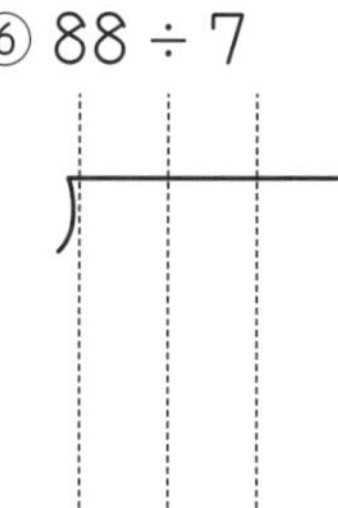

⑦ 83 ÷ 3

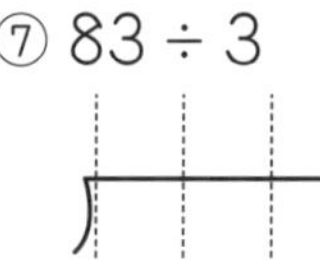

⑧ 79 ÷ 5

⑨ 62 ÷ 3　⑩ 72 ÷ 2

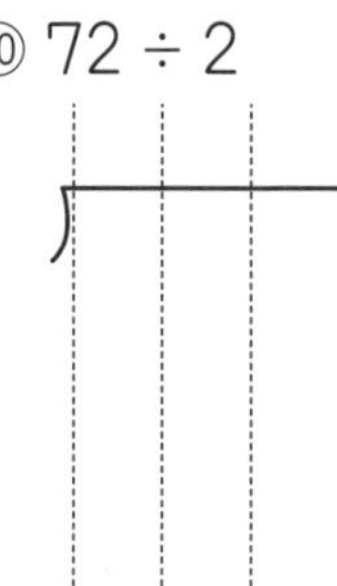

⑪ 83 ÷ 4

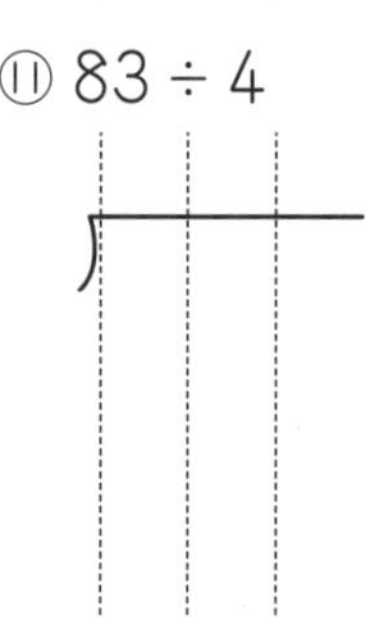

⑫ 99 ÷ 2

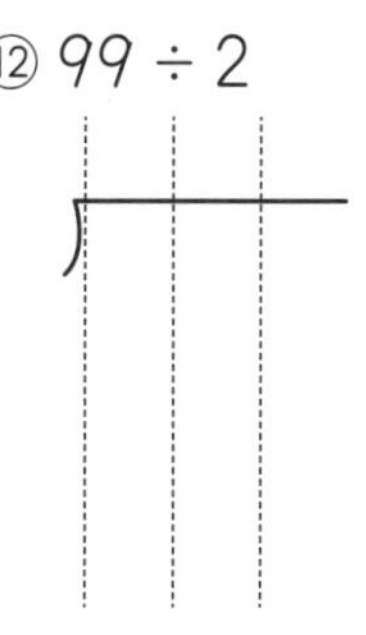

⑬ 96 ÷ 9　⑭ 74 ÷ 6

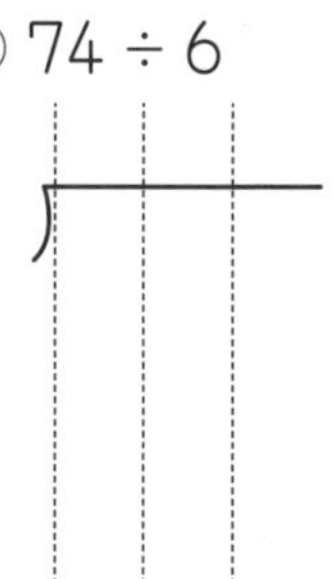

⑮ 86 ÷ 6　⑯ 91 ÷ 7

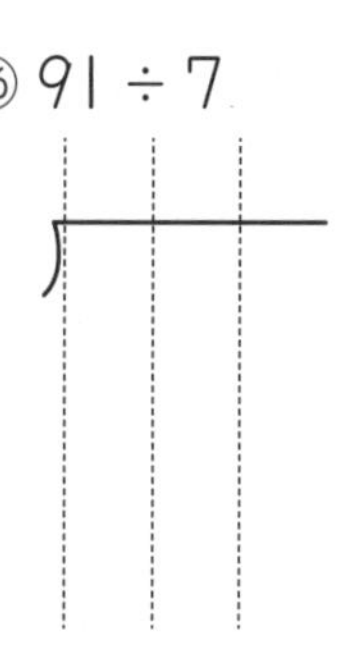

わり算の筆算1 (6)

2けた ÷ 1けた　たしかめ算

名前

● 筆算になおして計算しましょう。そのあとに，答えのたしかめをしましょう。

① 56 ÷ 3

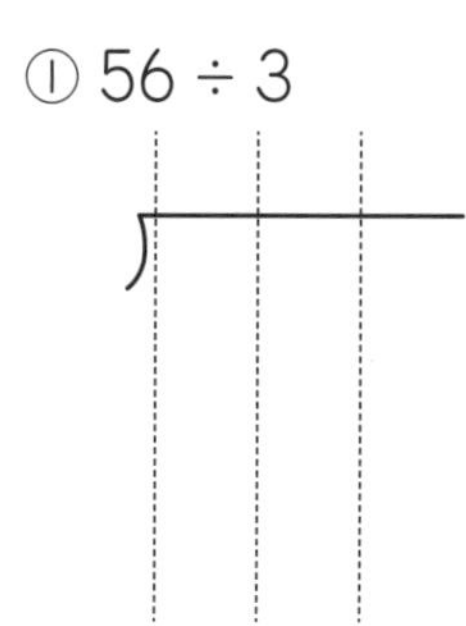

たしかめ式　3×18+2＝56

② 37 ÷ 2

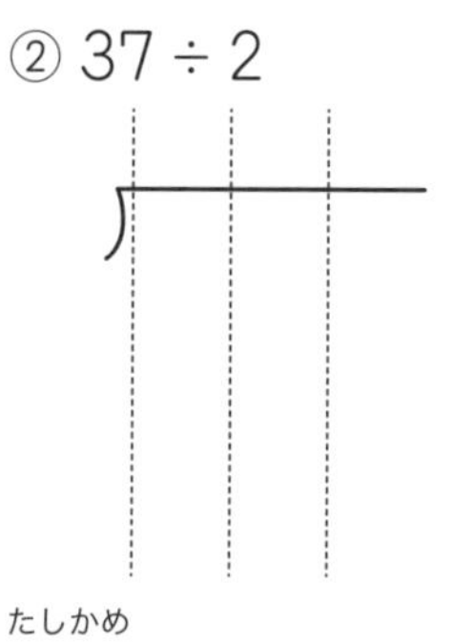

たしかめ式

③ 63 ÷ 5

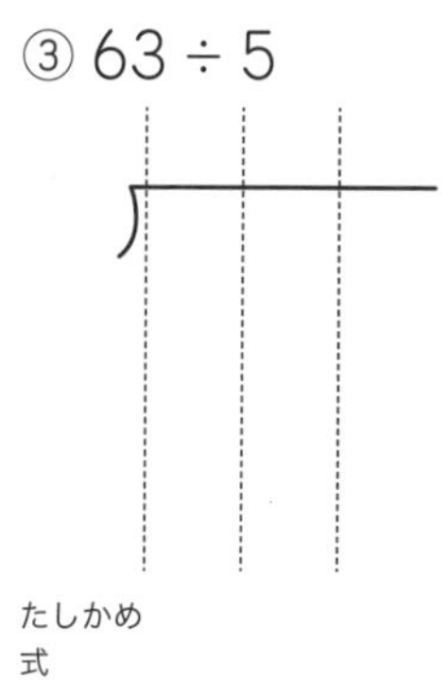

たしかめ式

④ 75 ÷ 6　⑤ 69 ÷ 4

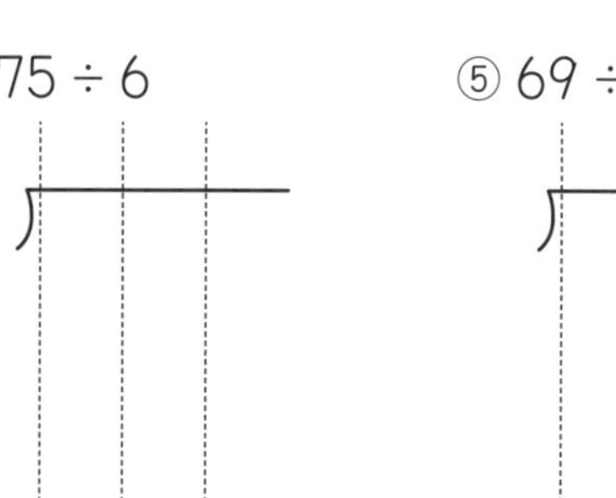

たしかめ式

たしかめ式

⑥ 99 ÷ 7

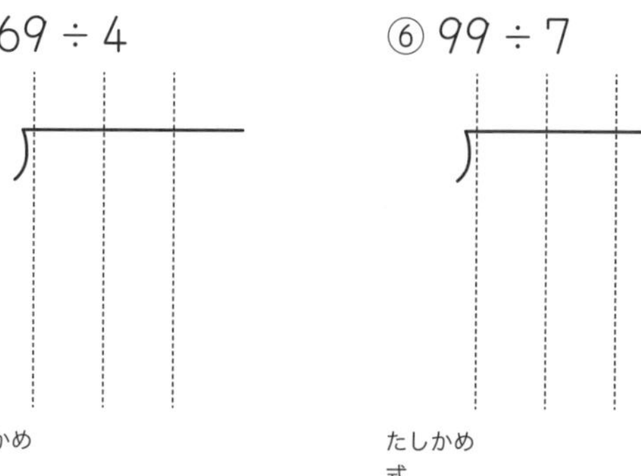

たしかめ式

めいろは，答えの大きい方をとおりましょう。とおった方の答えを下の□に書きましょう。

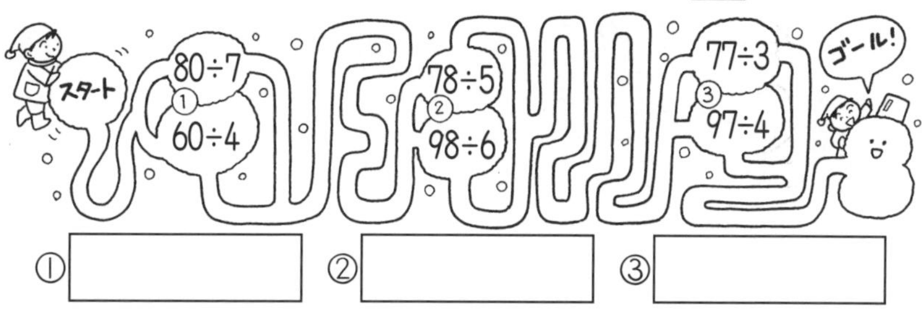

① □　② □　③ □

わり算の筆算1 (7)

3けた ÷ 1けた＝3けた

名前

① 7)994

② 3)745

③ 7)887

④ 6)979

⑤ 5)725

⑥ 6)926

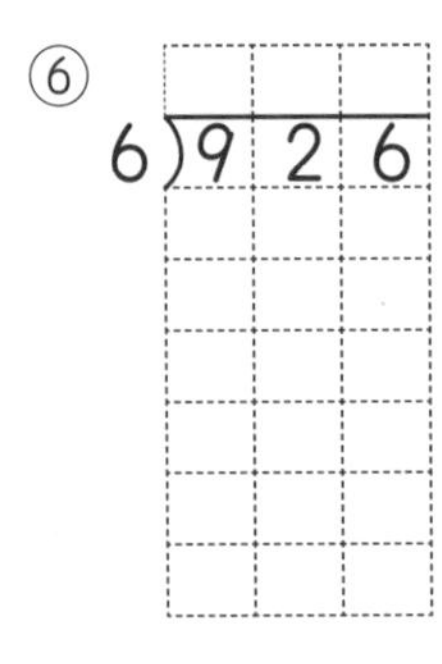

⑦ 5)663

⑧ 4)943

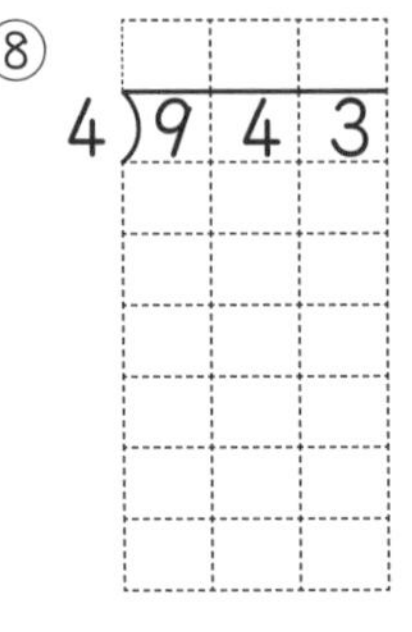

⑨ 2)559

⑩ 5)888

⑪ 6)765

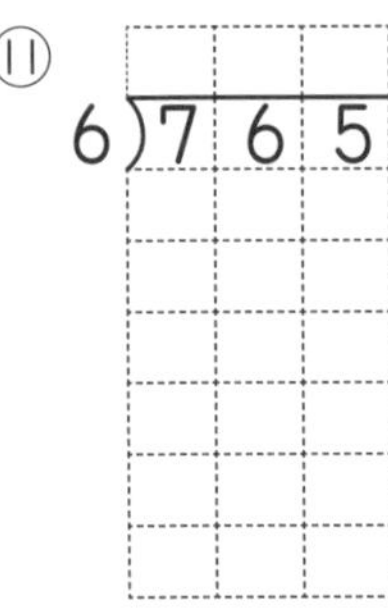

⑫ 7)853

⑬ 3)448

⑭ 7)978

⑮ 6)740

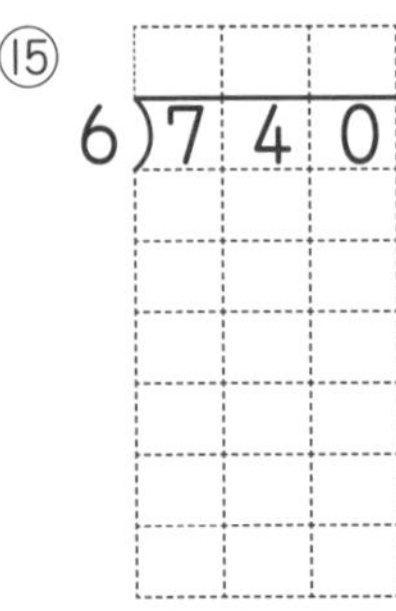

⑯ 4)985

わり算の筆算1 (8)

3けた ÷ 1けた＝3けた　商に0を含む

名前

① 967 ÷ 8

② 732 ÷ 7

③ 812 ÷ 8

④ 921 ÷ 4

⑤ 868 ÷ 8

⑥ 651 ÷ 6

⑦ 965 ÷ 9

⑧ 917 ÷ 9

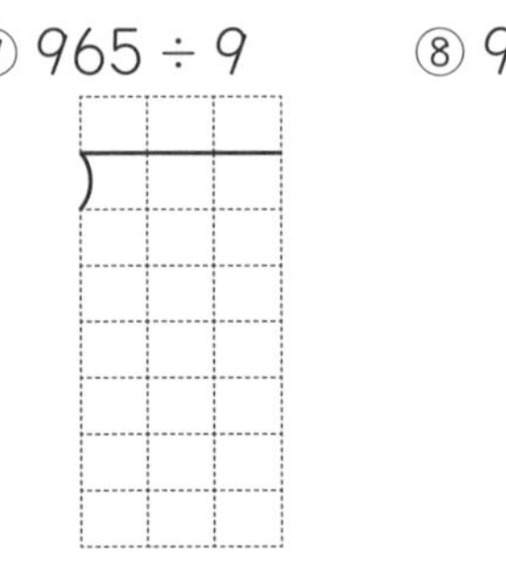

⑨ 821 ÷ 2

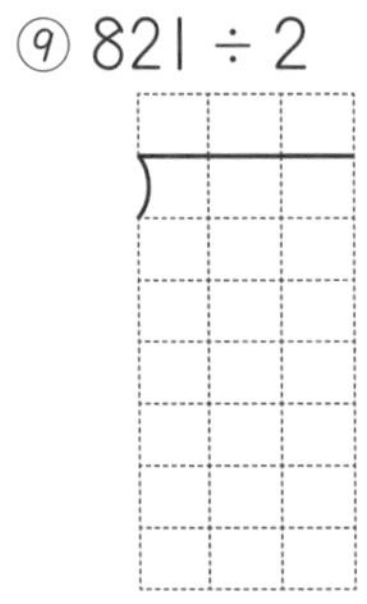

⑩ 324 ÷ 3

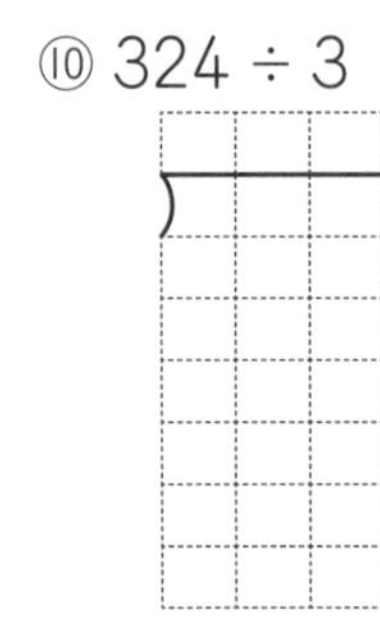

⑪ 515 ÷ 5

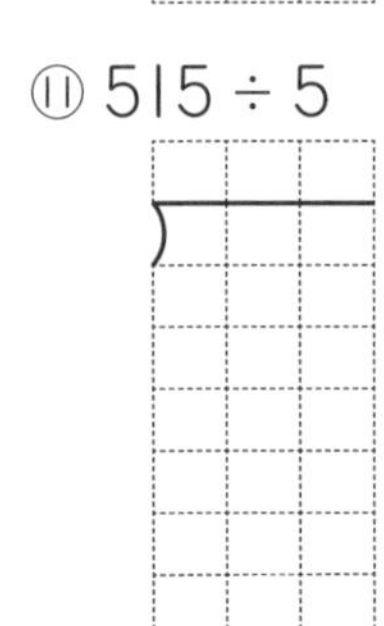

⑫ 985 ÷ 9

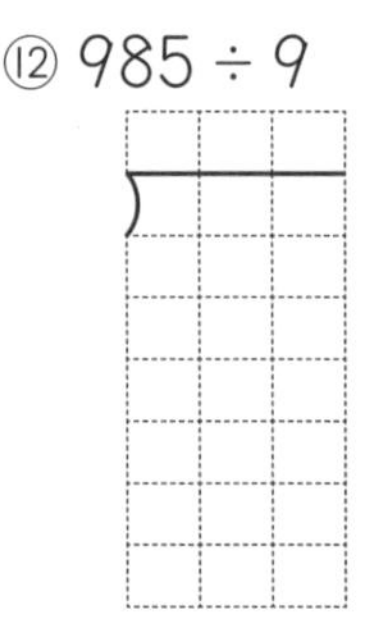

めいろは，答えの大きい方をとおりましょう。とおった方の答えを下の□に書きましょう。

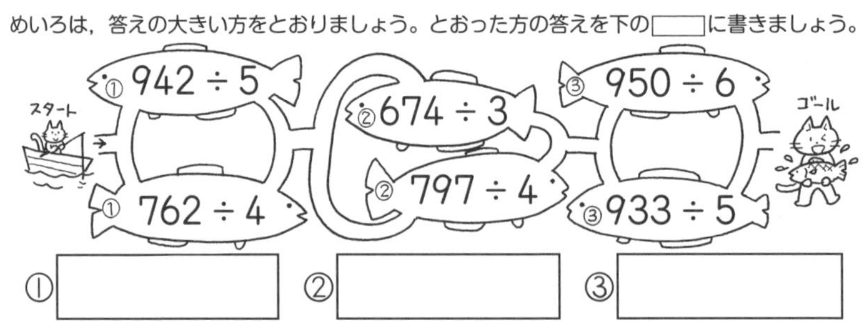

① □　② □　③ □

わり算の筆算1 (9)

3けた ÷ 1けた＝2けた

名前

① 8)121
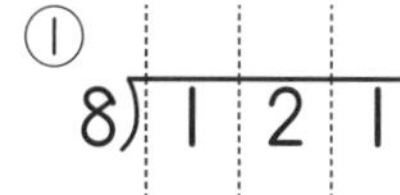

② 7)521
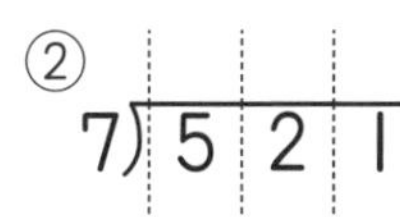

③ 6)193
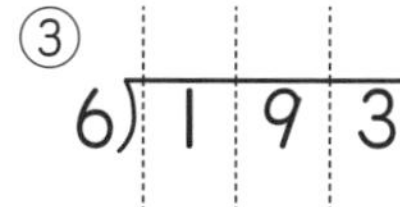

④ 6)278

⑤ 7)314

⑥ 7)320
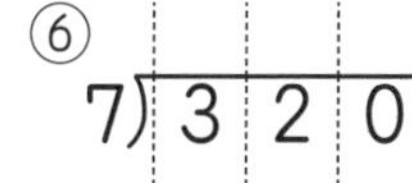

⑦ 8)653
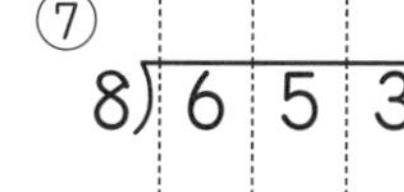

⑧ 4)366

⑨ 7)689

⑩ 8)731
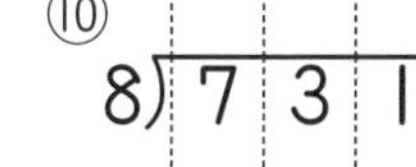

⑪ 6)466
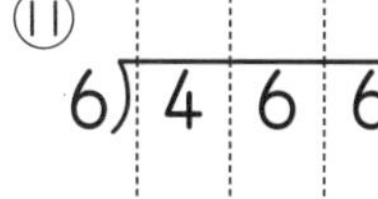

⑫ 8)539
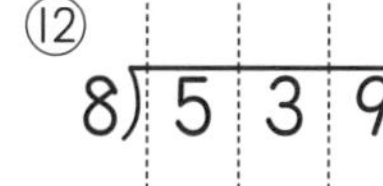

⑬ 5)372

⑭ 3)226
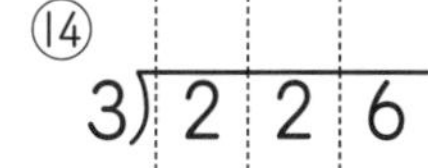

⑮ 8)714
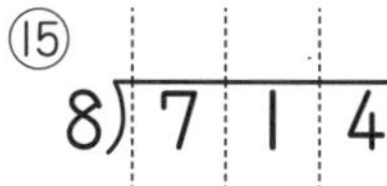

⑯ 5)491

わり算の筆算1 (10)

3けた ÷ 1けた＝2けた　商に0を含む

名前

① 402 ÷ 5
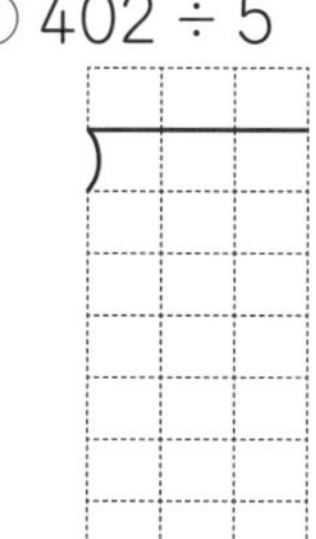

② 631 ÷ 9

③ 726 ÷ 8

④ 456 ÷ 9
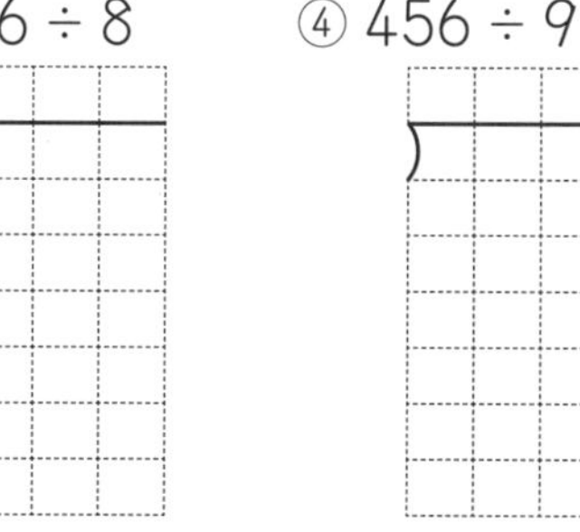

⑤ 362 ÷ 4

⑥ 212 ÷ 3
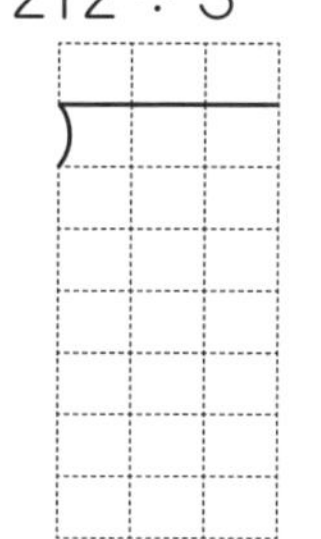

⑦ 545 ÷ 9

⑧ 496 ÷ 7
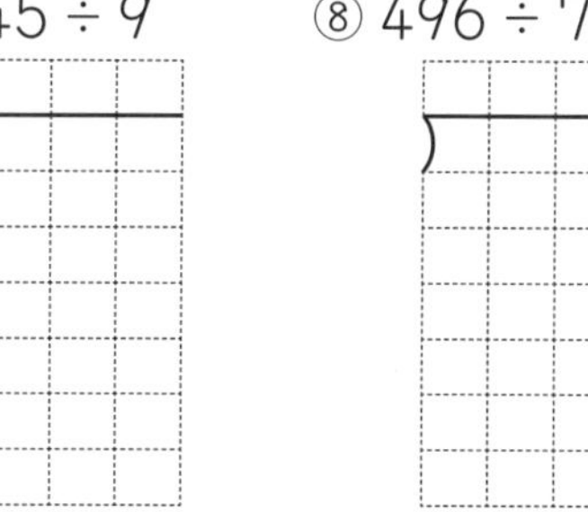

⑨ 355 ÷ 7
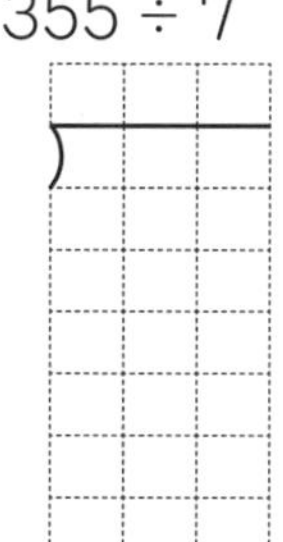

⑩ 483 ÷ 8

⑪ 272 ÷ 3

⑫ 541 ÷ 6
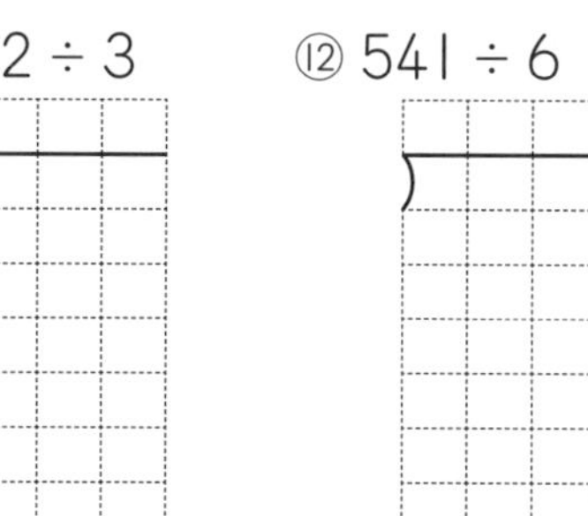

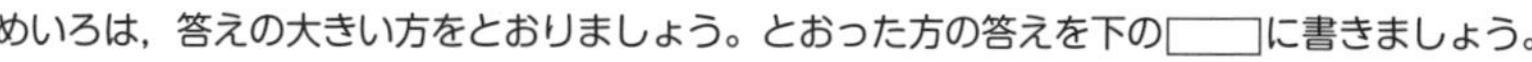
めいろは，答えの大きい方をとおりましょう。とおった方の答えを下の□に書きましょう。

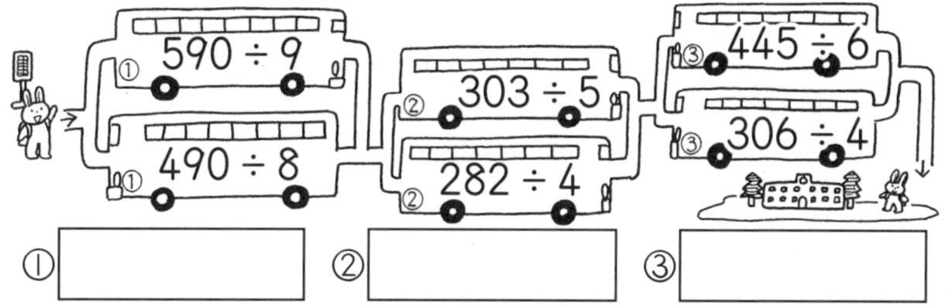

① □　② □　③ □

わり算の筆算[1]（11）

3 けた ÷ 1 けた＝ 2,3 けた

名前

① 292 ÷ 3　② 966 ÷ 9　③ 314 ÷ 5　④ 939 ÷ 2

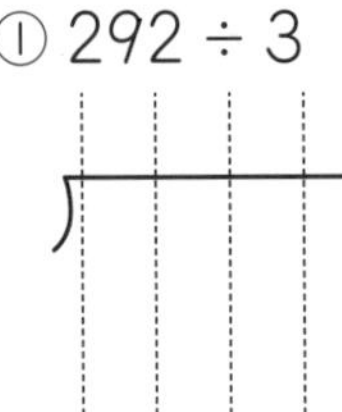

⑤ 655 ÷ 7　⑥ 793 ÷ 6　⑦ 750 ÷ 4　⑧ 553 ÷ 8

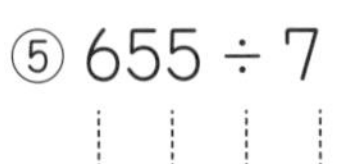

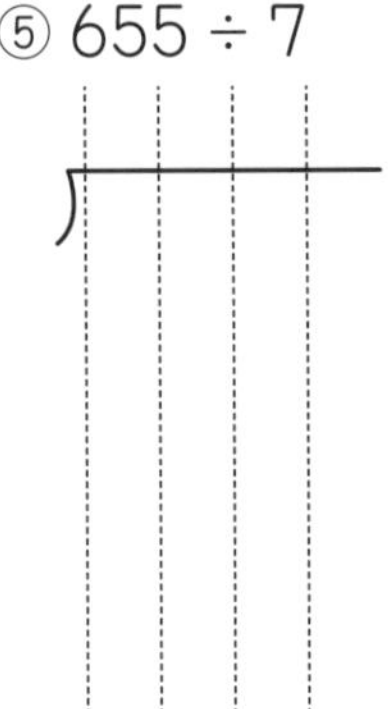

⑨ 349 ÷ 4　⑩ 800 ÷ 6　⑪ 575 ÷ 7　⑫ 827 ÷ 3

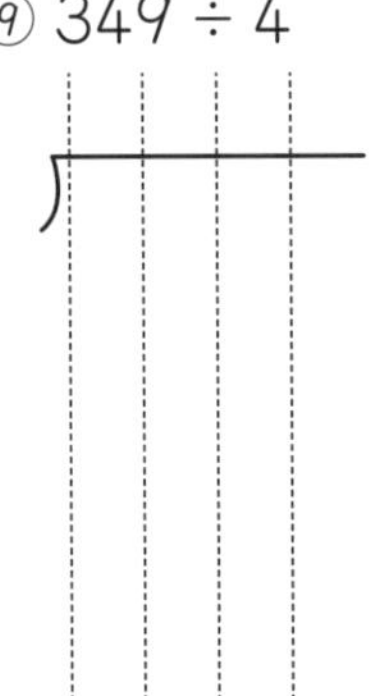

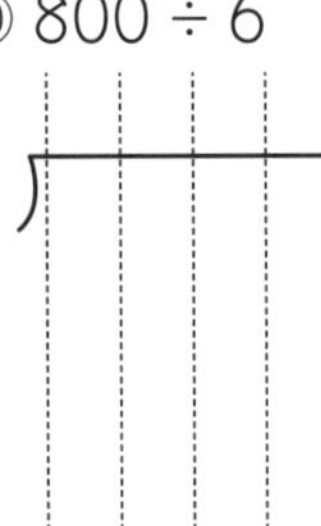

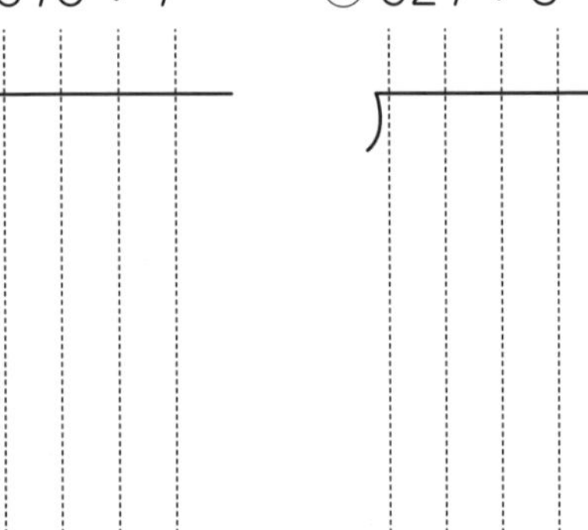

わり算の筆算[1]（12）

3 けた ÷ 1 けた＝ 2,3 けた

名前

① 778 ÷ 9　② 930 ÷ 8　③ 858 ÷ 4　④ 289 ÷ 4

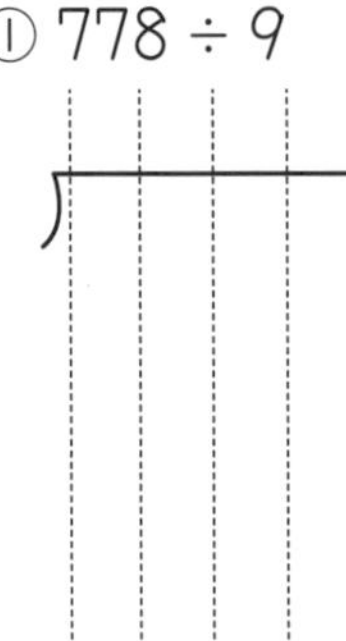

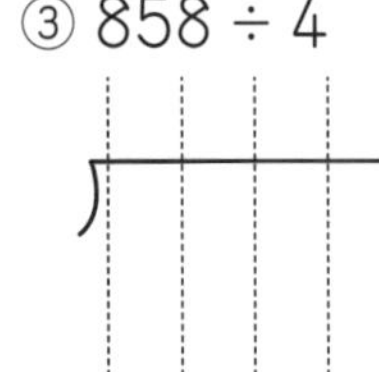

⑤ 693 ÷ 4　⑥ 735 ÷ 2　⑦ 567 ÷ 6　⑧ 897 ÷ 7

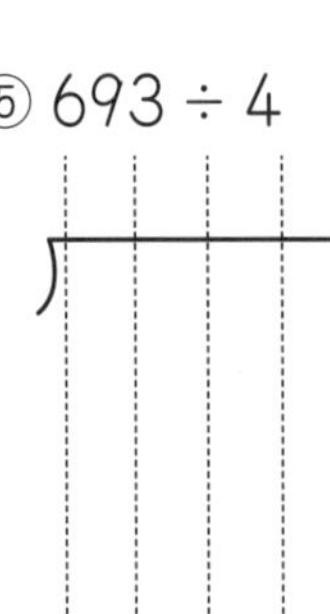

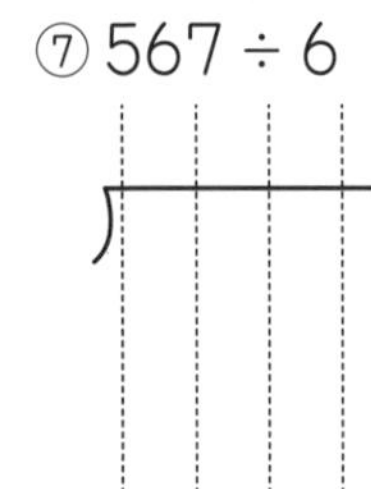

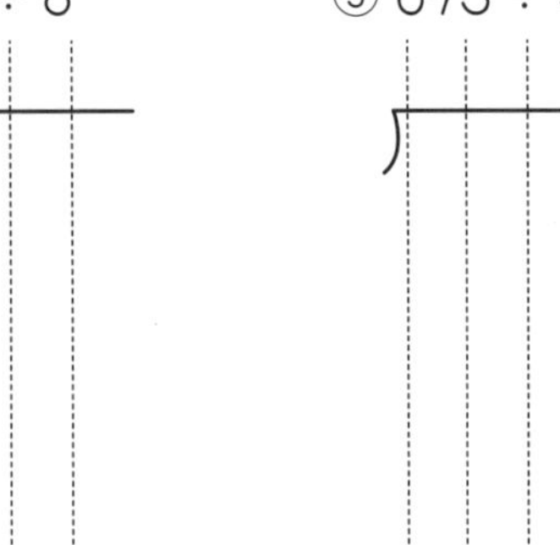

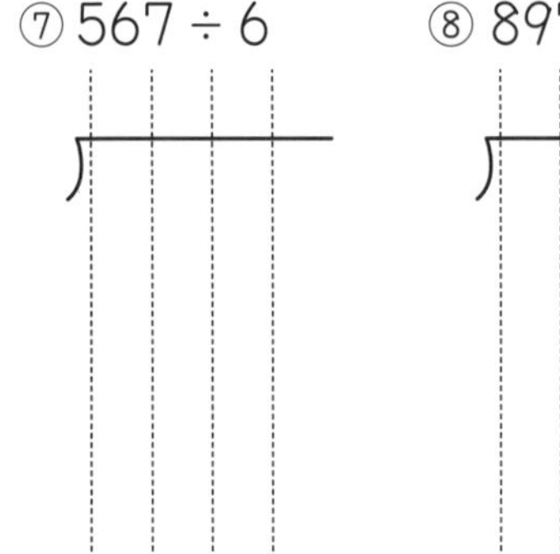

めいろは，答えの大きい方をとおりましょう。とおった方の答えを下の□に書きましょう。

①　　②　　③

わり算の筆算[1]（13）

文章題①

名前

[1] 96まいの色紙を6人で同じ数ずつ分けます。1人分は，何まいになりますか。

式

答え

[2] 86cmのテープがあります。6cmのテープが何本できて，何cmあまりますか。

式

答え

[3] 45このゼリーを1人に4こずつ分けると，何人に分けられて，何こあまりますか。

式

答え

[4] ガムを3こ買うと，87円でした。ガム1このねだんは，何円ですか。

式

答え

わり算の筆算[1]（14）

文章題②

名前

[1] 158まいのカードを3人で同じ数ずつ分けます。1人分は，何まいになって，何まいあまりますか。

式

答え

[2] リボンを5m買うと，900円でした。1mのねだんは，何円ですか。

式

答え

[3] 220cmのはり金から，9cmのはり金は何本とれますか。また，あまりは何cmですか。

式

答え

[4] 100日は，何週間と何日といえますか。

式

答え

わり算の筆算1（15）
文章題③

名前

1　96dLのジュースを8dLずつびんに入れました。8dL入りのびんは何本できますか。

式

答え

2　978まいの色紙を7人で同じ数ずつ分けると，1人分は何まいで，何まいあまりますか。

式

答え

3　266ページの本を1週間（7日間）で読むには，1日何ページずつ読めばよいでしょうか。

式

答え

4　チョコレートを4まい買うと，356円でした。チョコレート1まいのねだんは，何円ですか。

式

答え

わり算の筆算1（16）
文章題④

名前

1　83人の子どもが長いすにすわります。長いす1きゃくに4人ずつすわります。全員がすわるには，長いすは何きゃくいりますか。

式

答え

2　725まいのカードを6人で同じ数ずつ分けると，1人分は何まいで，何まいあまりますか。

式

答え

3　あめが192こあります。

①　8人で同じ数ずつ分けると，1人分は何こになりますか。

式

答え

②　9こずつくばると，何人にくばることができますか。

式

答え

ふりかえりテスト わり算の筆算1

名前

1　筆算になおして計算しましょう。(4×9)

① 94 ÷ 7　② 98 ÷ 4　③ 73 ÷ 6

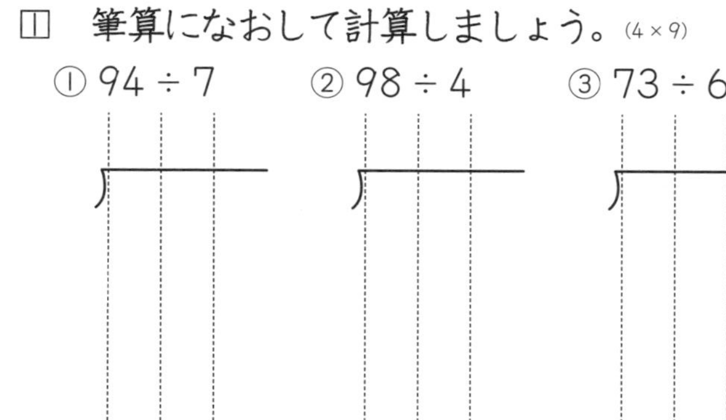

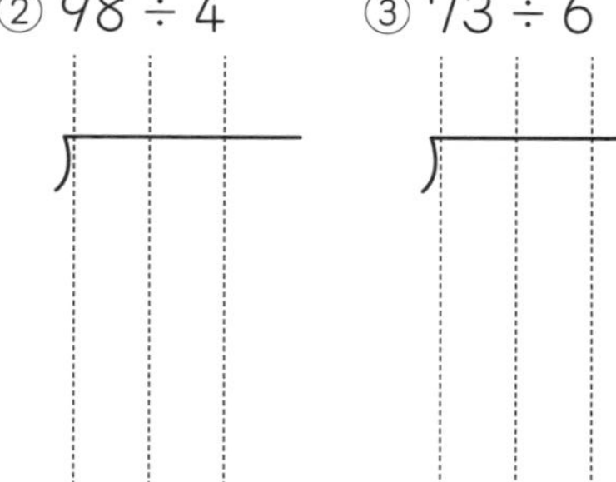

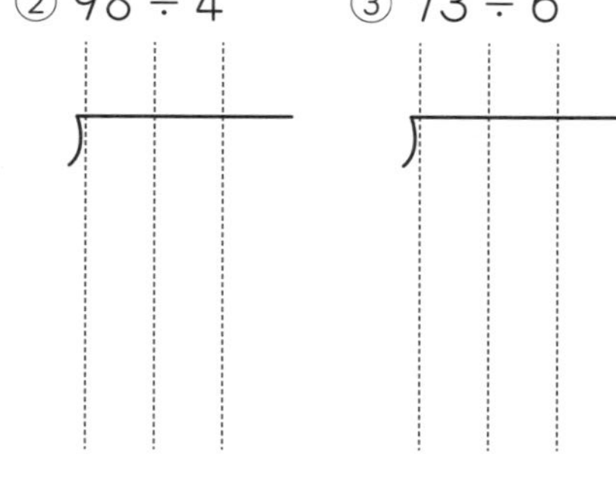

④ 87 ÷ 3　⑤ 78 ÷ 4　⑥ 69 ÷ 5

⑦ 84 ÷ 7　⑧ 71 ÷ 3　⑨ 93 ÷ 9

2　筆算になおして計算しましょう。(5×9)

① 500 ÷ 8　② 590 ÷ 7　③ 726 ÷ 6

④ 735 ÷ 6　⑤ 747 ÷ 7　⑥ 842 ÷ 6

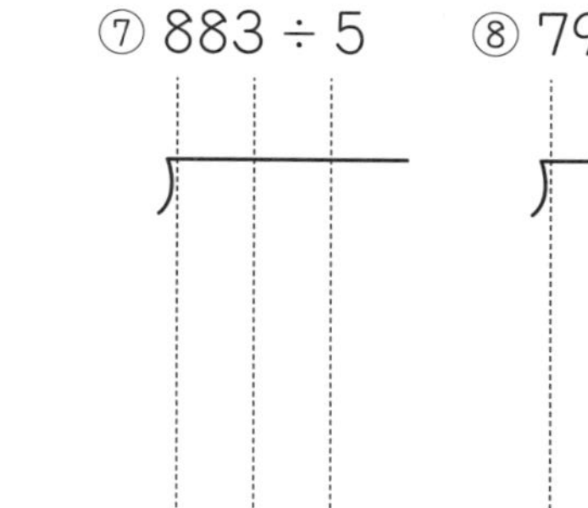

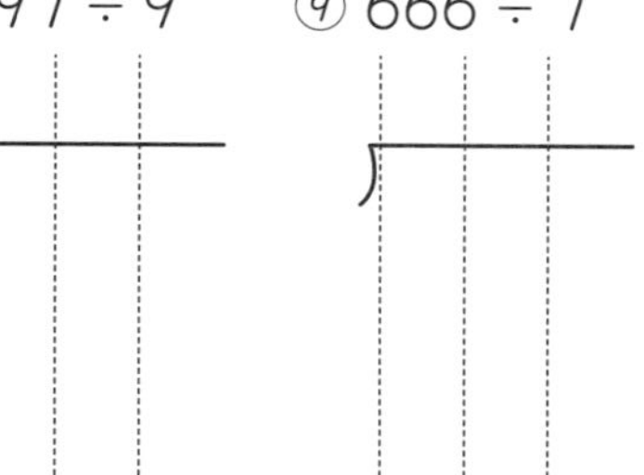

⑦ 883 ÷ 5　⑧ 797 ÷ 9　⑨ 666 ÷ 7

3　次の筆算の答えは，正しいでしょうか。たしかめの式を書きましょう。(6)

```
    8 6
7)6 0 8
  5 6
    4 8
    4 2
      6
```

式

4　84このみかんを同じ数ずつ3つの箱に分けます。1つの箱は，何こになりますか。(6)

式

答え

5　315このいちごを8こずつパックにつめると，何パックできますか。また，何こあまりますか。(7)

式

答え

角の大きさ（1）

名前

□1 次の問いに答えましょう。

① 直角は何度ですか。 (　　　　　)

② 半回転の角は，何度ですか。 (　　　　　)

③ 一回転の角は，何度ですか。 (　　　　　)

□2 分度器を使って，角度をはかりましょう。

① (　　　　　)

② (　　　　　)

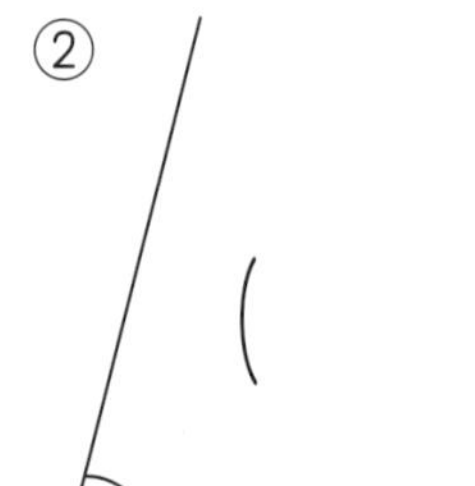

③ (　　　　　)

④ (　　　　　)

⑤ (　　　　　)

角の大きさ（2）

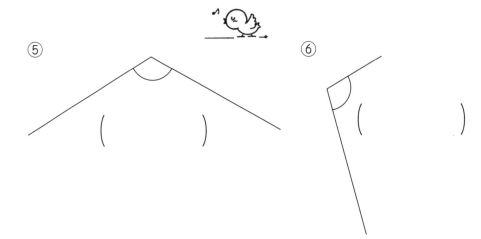

名前

● 分度器を使って，角度をはかりましょう。

① (　　　　　)

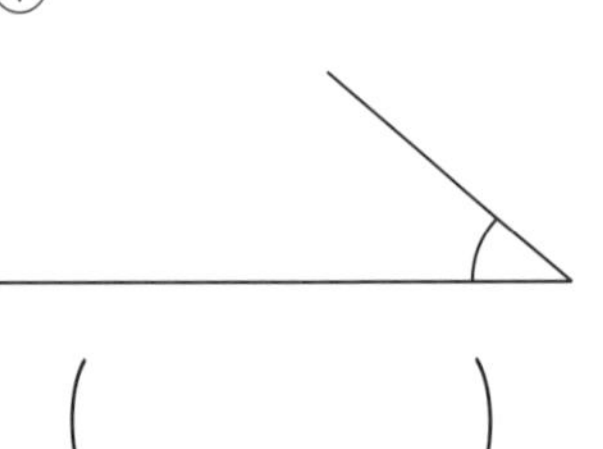

② (　　　　　)

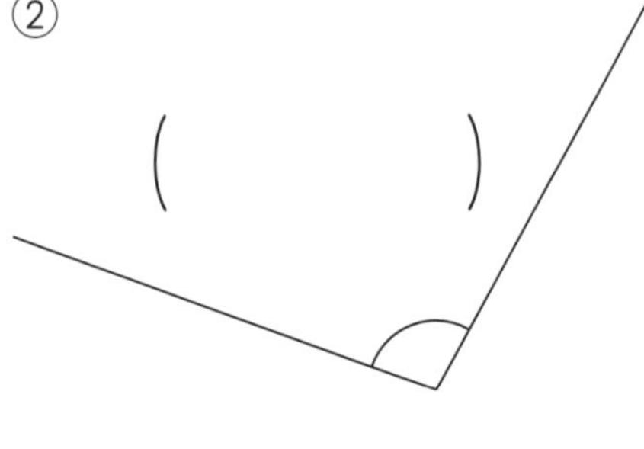

③ (　　　　　)

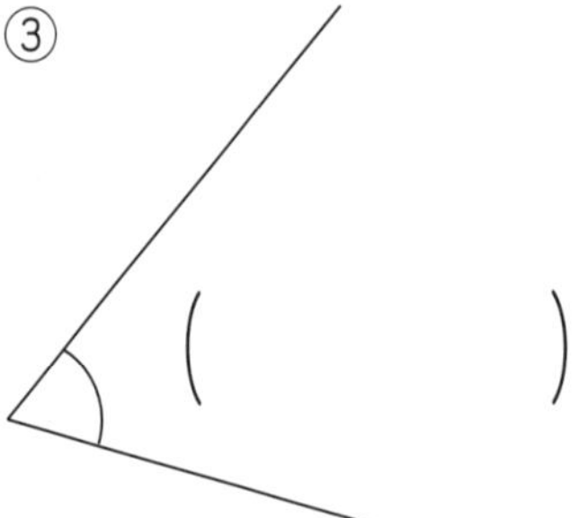

④ (　　　　　)

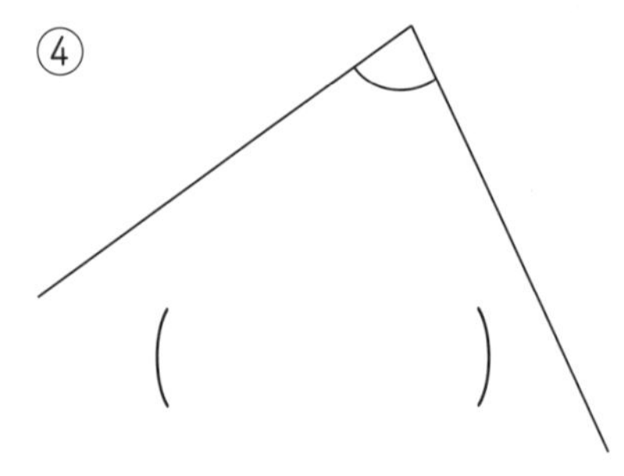

⑤ (　　　　　)

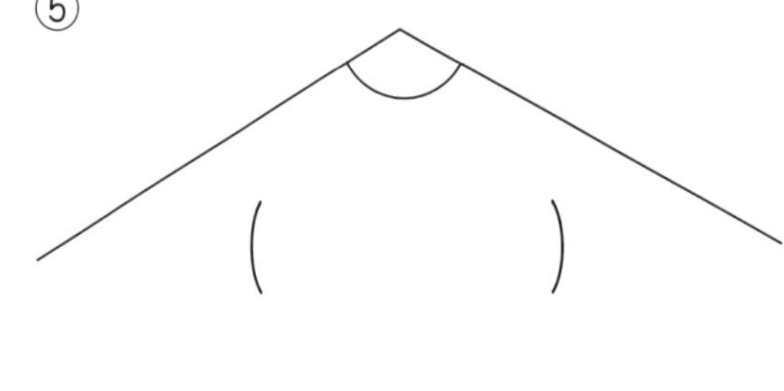

⑥ (　　　　　)

角の大きさ（3）

名
前

● 分度器を使って，角度をはかりましょう。

②

①

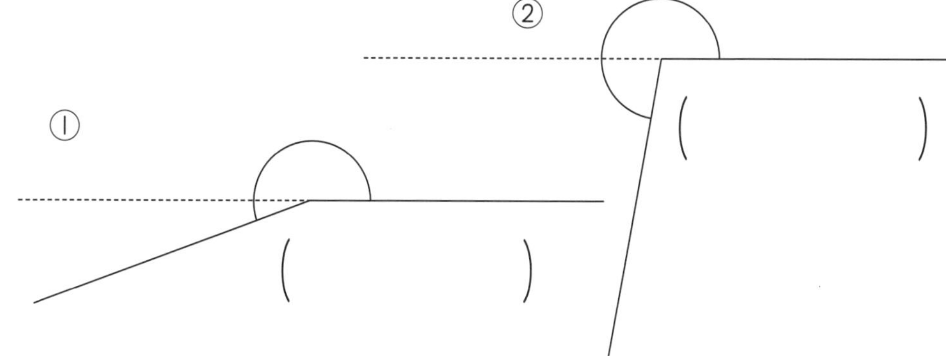

③

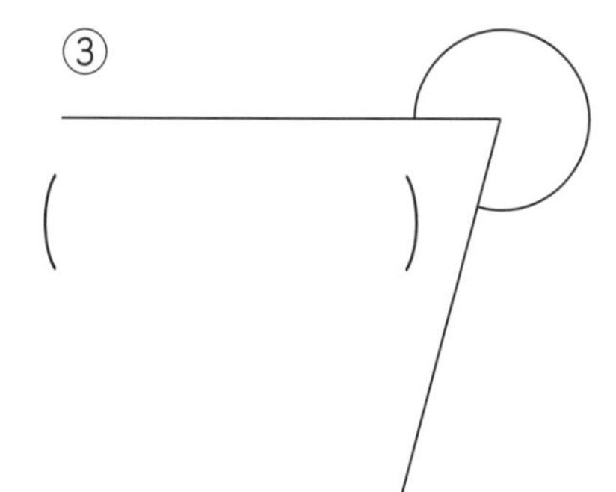

④

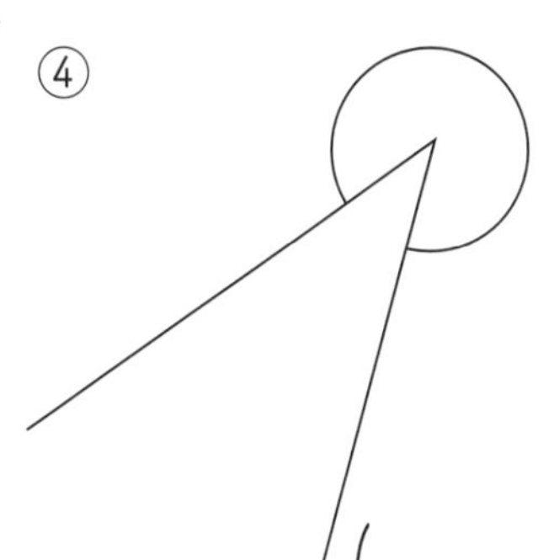

⑤

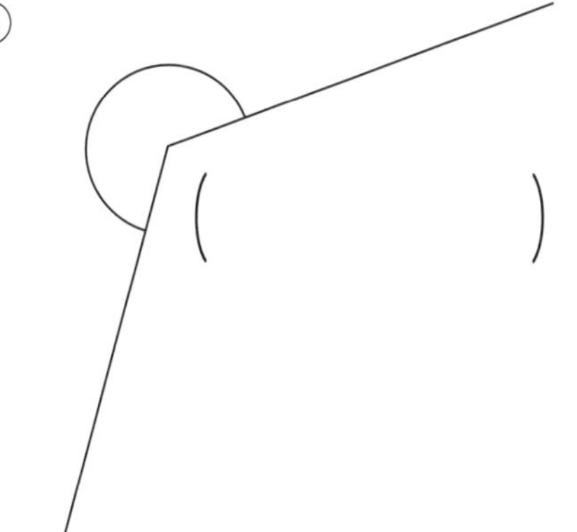

角の大きさ（4）

名
前

● 式を書いて計算で角度を求(もと)めましょう。

①

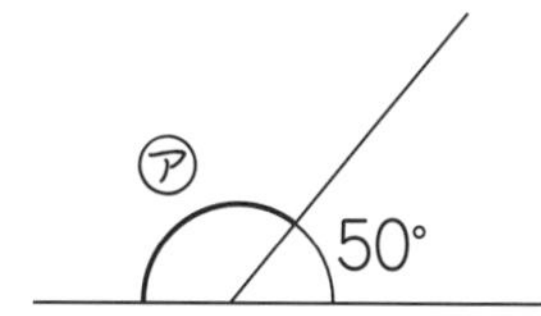

㋐ 式

（　　　　）

②

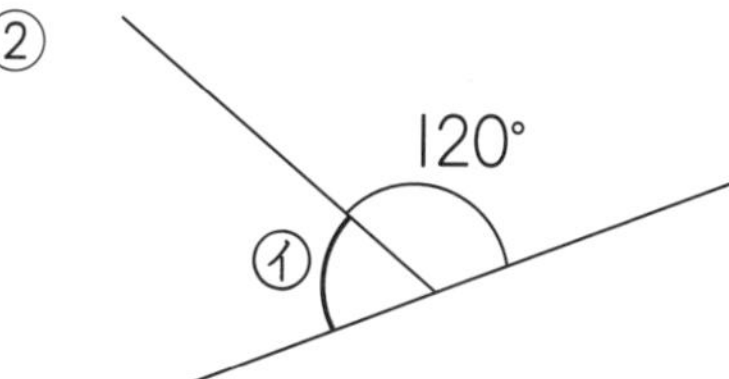

㋑ 式

（　　　　）

③

㋒ 式

（　　　　）

④

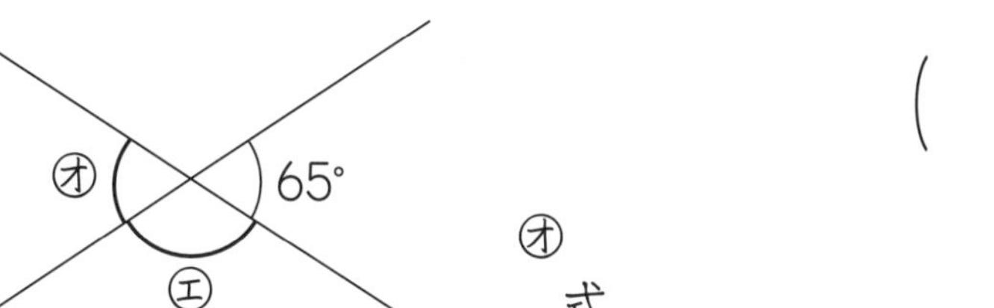

㋓ 式

（　　　　）

㋔ 式

（　　　　）

角の大きさ（5）

名前

● ・を中心として，矢印の方向に次の角をかきましょう。

① 50°

② 135°

③ 75°

④ 160°

角の大きさ（6）

名前

● ・を中心として，矢印の方向に次の角をかきましょう。

① 190°

② 210°

③ 280°

④ 335°

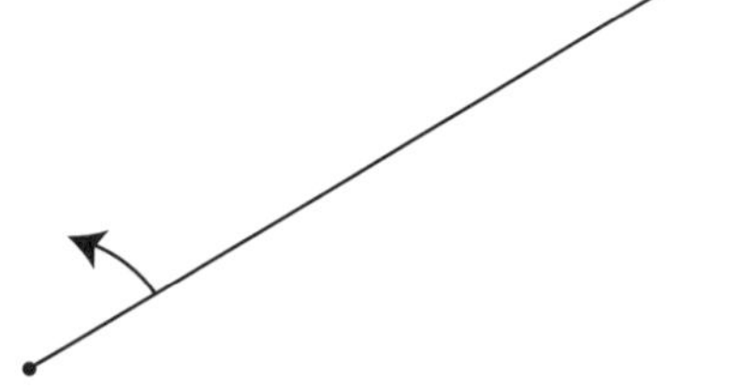

角の大きさ（7）

名前

● 下の図のような三角形をかきましょう。

①

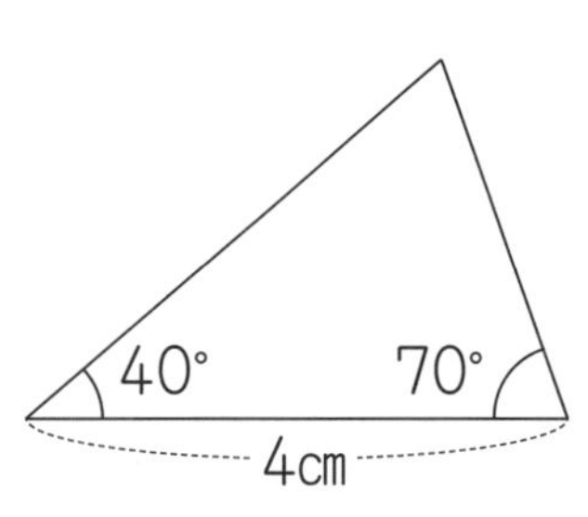

②

45°
45°
5cm

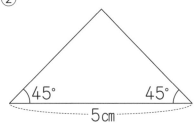

③

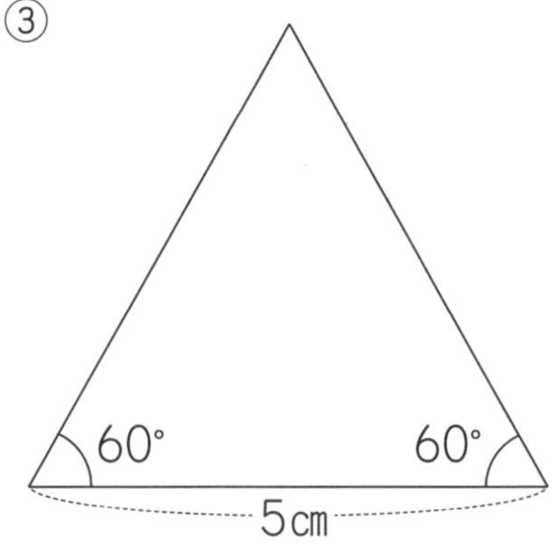

角の大きさ（8）

名前

● 三角じょうぎを組み合わせてできる角度を求めましょう。

①

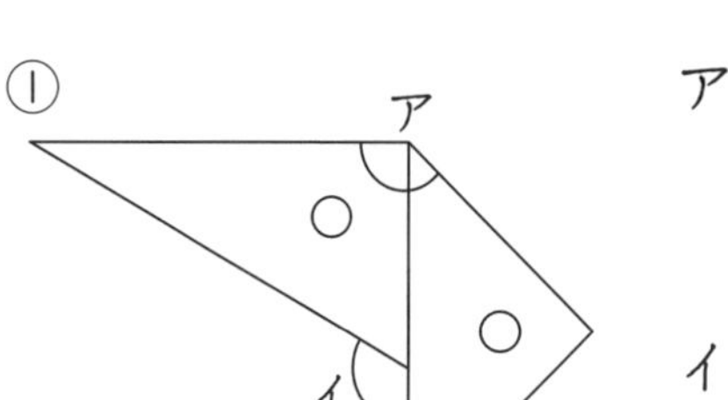

ア　式

（　　　）

イ　式

（　　　）

②

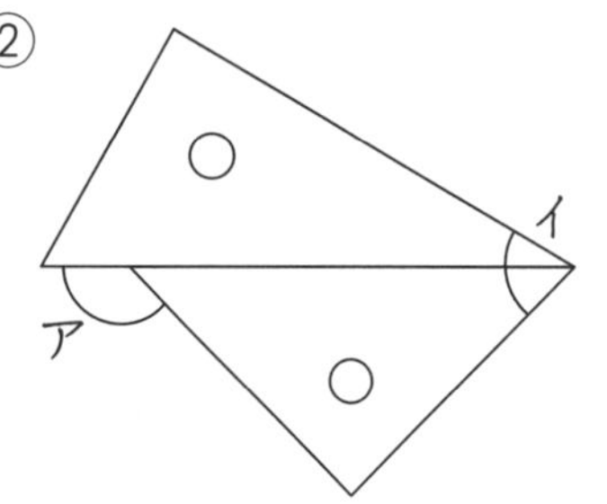

ア　式

（　　　）

イ　式

（　　　）

③

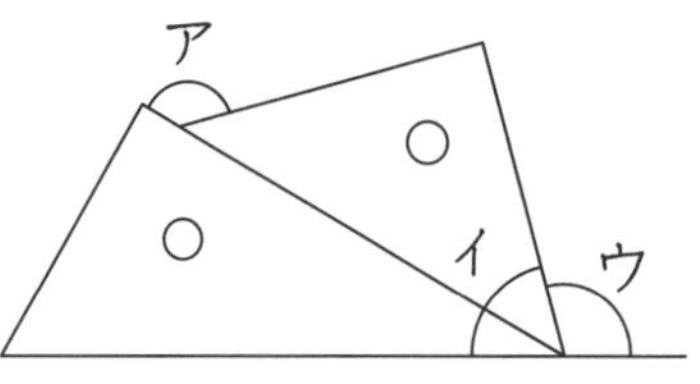

ア　式

（　　　）

イ　式

（　　　）

ウ　式

（　　　）

ふりかえりテスト 角の大きさ

名前

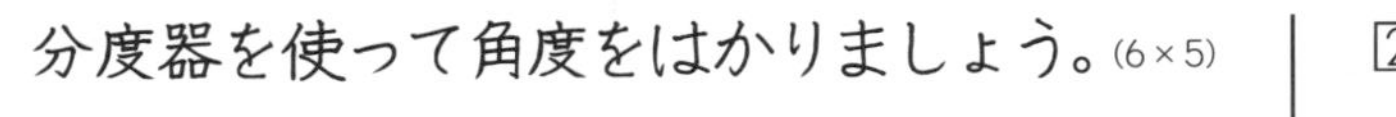

1 分度器を使って角度をはかりましょう。(6×5)

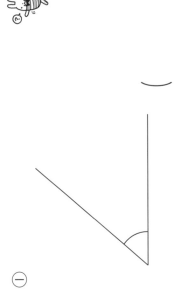

①

(　　　　)

②

(　　　　)

③

(　　　　)

④

(　　　　)

⑤

(　　　　)

2 ・を中心にして角をかきましょう。(8×3)

① 40°

② 125°

③ 280°

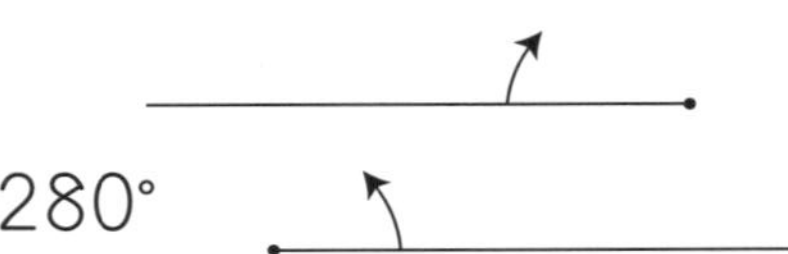

3 計算で㋐㋑の角度を求(もと)めましょう。(10×2)

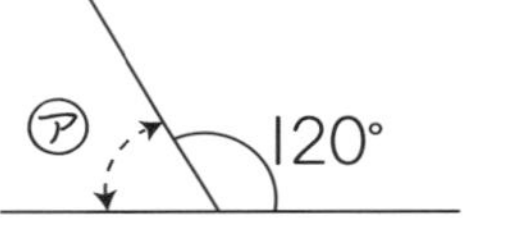

式

式

㋐ (　　　　)　㋑ (　　　　)

4 三角じょうぎでできる角度は何度でしょうか。(13×2)

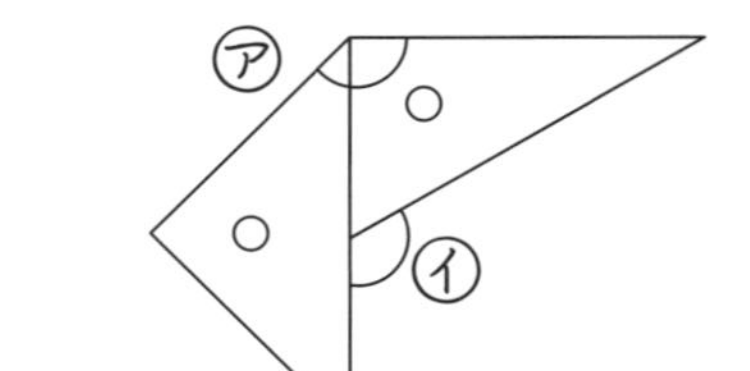

㋐ 式

(　　　　)

㋑ 式

(　　　　)

小数（1）

名前

● 水のかさをL単位で，小数で表しましょう。

①

1L 1L 0.1L 0.1L

□.□□ L

②

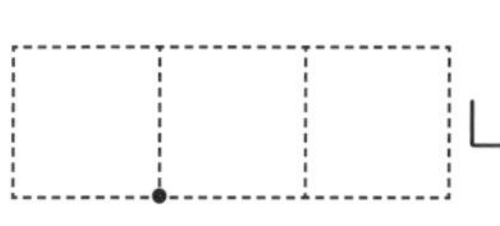

③

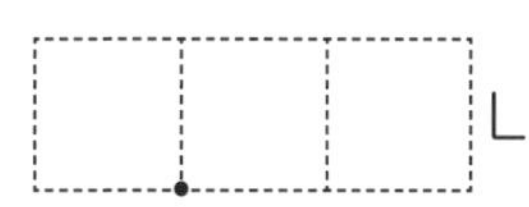

④

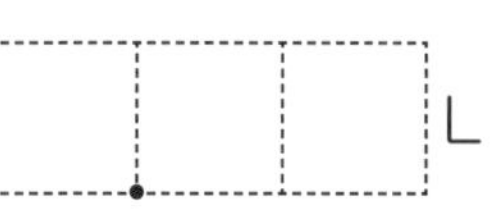

⑤

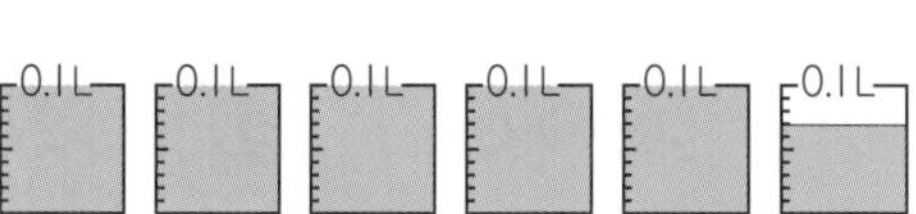

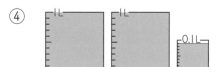

⑥

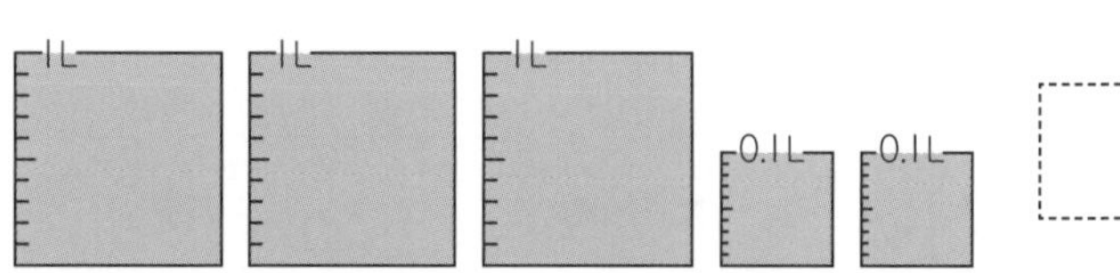

□.□□ L

小数（2）

名前

● 紙飛行機を飛ばしました。記録を下の数直線上に表しました。

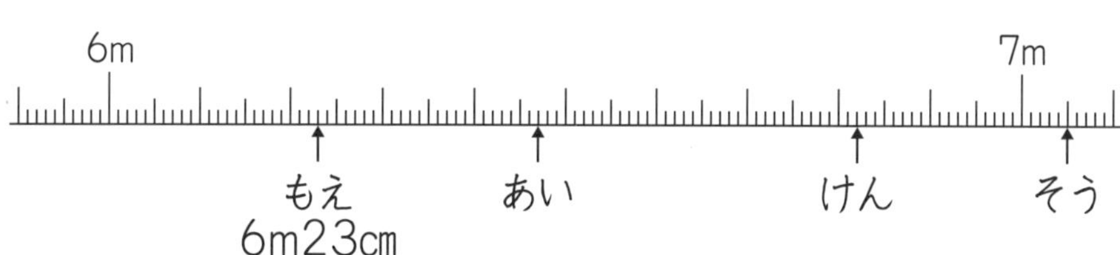

① もえさんの記録をmを単位として表します。
□にあてはまる数を書きましょう。

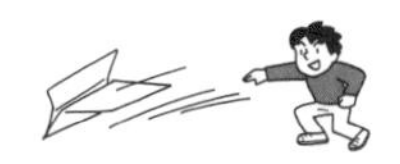

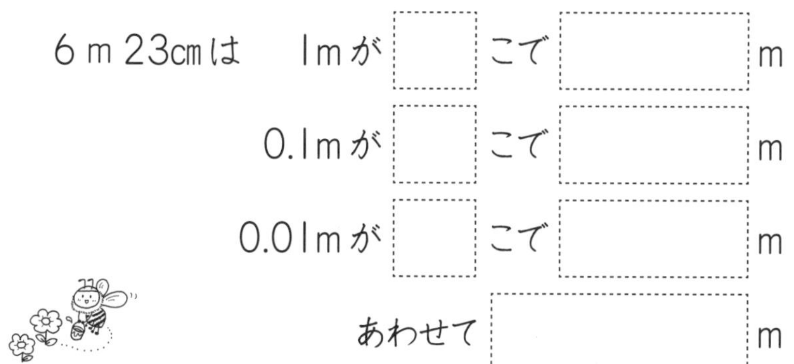

6ｍ23cmは　1mが□こで□m

0.1mが□こで□m

0.01mが□こで□m

あわせて□m

② あいさん，けんさん，そうさんの記録をｍを単位とし，小数で表しましょう。□にあてはまる数を書きましょう。

あいさん□m□cm＝□m

けんさん□m□cm＝□m

そうさん□m□cm＝□m

小数（3）

名前

1 4.385 の数について調べましょう。

① 8は，何の位（くらい）の数ですか。　（　　　　）の位

② $\frac{1}{1000}$ の位の数は何ですか。　（　　　　）

③ 4.385は，1を（　　）こと，0.1を（　　）こと，
0.01を（　　）こと，0.001を（　　）こあわせた数です。

④ 4.385は，0.001を（　　　　）こ集めた数です。

2 （　）にあてはまる数を書きましょう。

① 5.26は，1を（　　）こと，0.1を（　　）こと，
0.01を（　　）こあわせた数です。
また，0.01を（　　　　）こ集めた数です。

② 0.07は，0.01を（　　）こ集めた数です。

③ 1を4こ，0.1を0こ，0.01を9こあわせた数は，
（　　　　）です。

④ 0.01を32こ集めた数は，（　　　　）です。

3 次の重さをkgの単位で表しましょう。

① 3kg456g □kg　② 5kg20g □kg

③ 269g □kg　④ 80g □kg

小数（4）

名前

1 下の数直線をみて答えましょう。

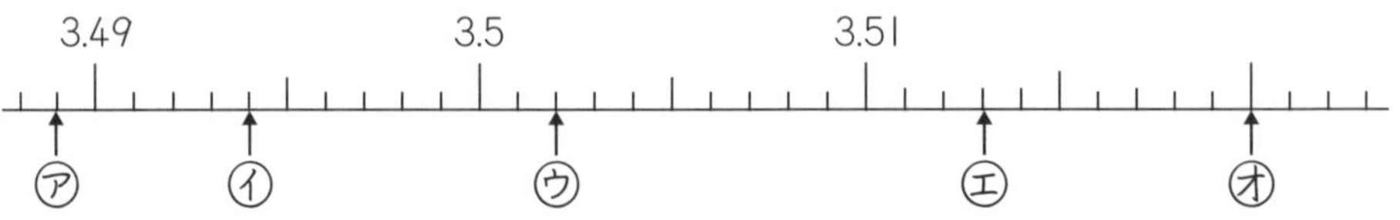

① ㋐㋑㋒㋓㋔の表す数を書きましょう。

㋐（　　　　）　㋑（　　　　）　㋒（　　　　）

㋓（　　　　）　㋔（　　　　）

② 上の数直線に次の数を↑で表しましょう。

あ 3.498　い 3.507

2 次の数を数直線に↑で表し，小さい順（じゅん）に □ に数を書きましょう。

① ㋐ 0.02　㋑ 0　㋒ 0.005　㋓ 0.038

□ → □ → □ → □

② ㋐ 0.616　㋑ 0.608　㋒ 0.62　㋓ 0.601

□ → □ → □ → □

小数（5）

名前

□1 次の数を10倍した数を書きましょう。

① 5.675　② 0.068

③ 0.25　④ 3.49

□2 次の数を100倍した数を書きましょう。

① 3.706　② 4.37

③ 2.4　④ 0.762

□3 次の数を10でわった数（$\frac{1}{10}$にした数）を書きましょう。

① 3.58　② 0.09

③ 6　④ 80.1

□4 次の数を100でわった数（$\frac{1}{100}$にした数）を書きましょう。

① 0.5　② 6.3

③ 10.4　④ 2

小数（6）

たし算①　3けた＋3けた

名前

①	②	③	④
4.23	2.74	5.65	3.28
＋3.55	＋6.14	＋1.73	＋3.36

⑤	⑥	⑦	⑧
3.53	4.72	0.82	8.02
＋5.56	＋0.82	＋5.15	＋4.69

⑨	⑩	⑪	⑫
4.46	6.27	0.08	4.16
＋1.07	＋0.02	＋6.06	＋8.39

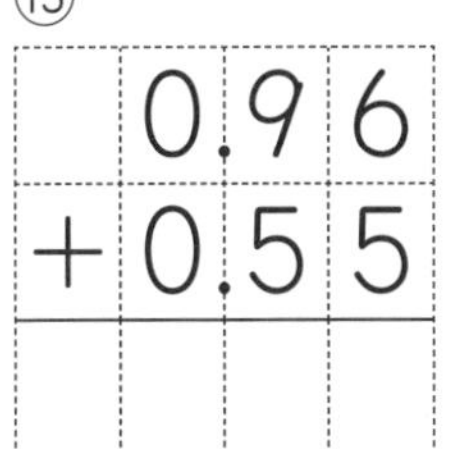

⑬	⑭	⑮	⑯
0.96	7.59	0.49	1.37
＋0.55	＋0.52	＋2.09	＋9.77

小数（7）

たし算② 位をそろえる

名前

● 筆算になおして計算しましょう。

① 8.17 + 7.8　② 4.8 + 5.38　③ 0.7 + 8.98　④ 4.07 + 1.9

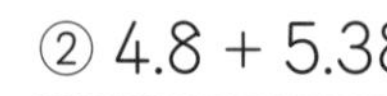
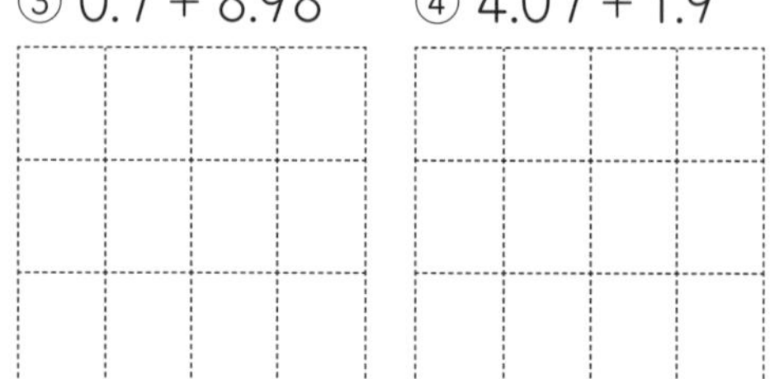

⑤ 9.8 + 2.01　⑥ 4.2 + 6.05　⑦ 9 + 13.2　⑧ 0.8 + 0.08

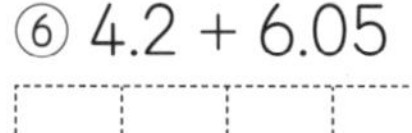

⑨ 5 + 7.73　⑩ 5.6 + 0.86　⑪ 7 + 3.77　⑫ 6.68 + 9

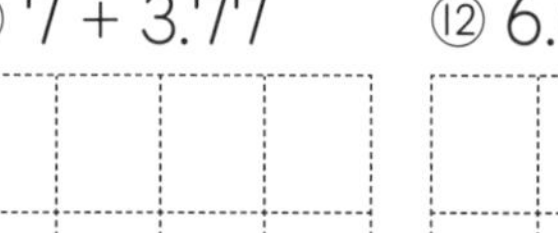

⑬ 0.63 + 0.5　⑭ 0.17 + 9.9　⑮ 0.7 + 0.38　⑯ 9.52 + 4

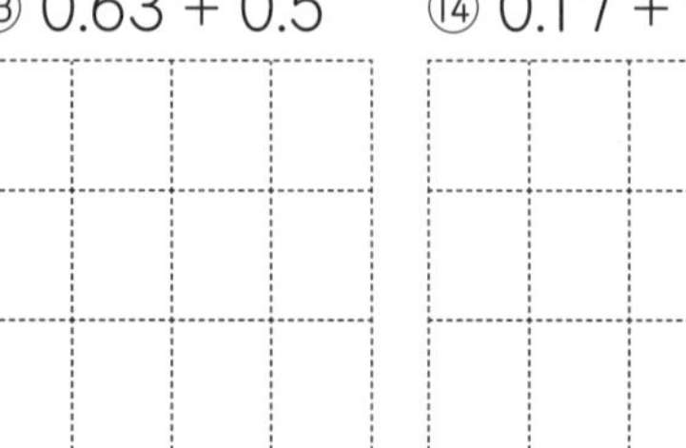

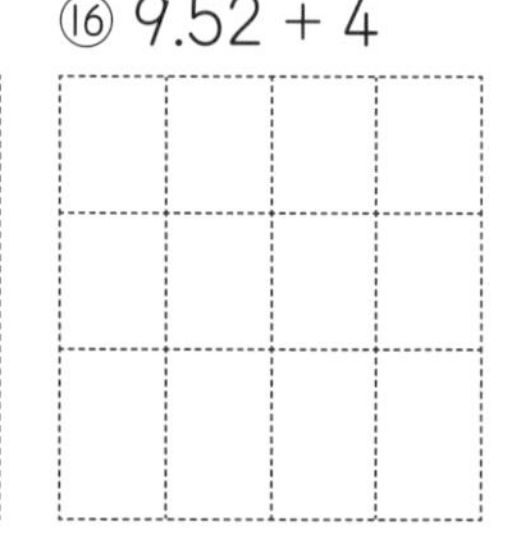

小数（8）

たし算③ 答えの 0 を消す問題を含む

名前

● 筆算になおして計算しましょう。

① 0.09 + 2.89　② 0.83 + 0.57　③ 2.08 + 7.17　④ 3.09 + 5.07

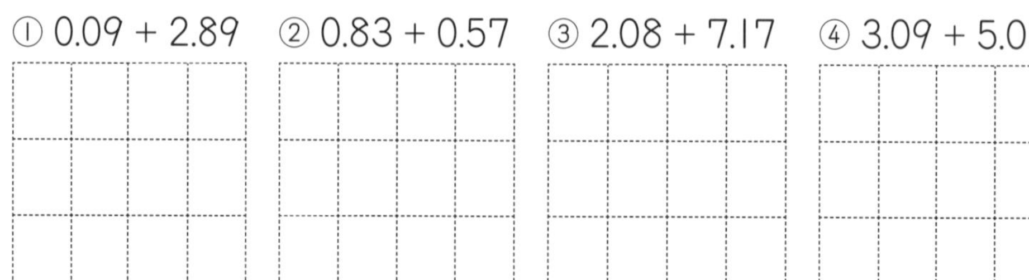

⑤ 0.34 + 0.06　⑥ 2.28 + 0.72　⑦ 1.53 + 1.8　⑧ 4.73 + 5.3

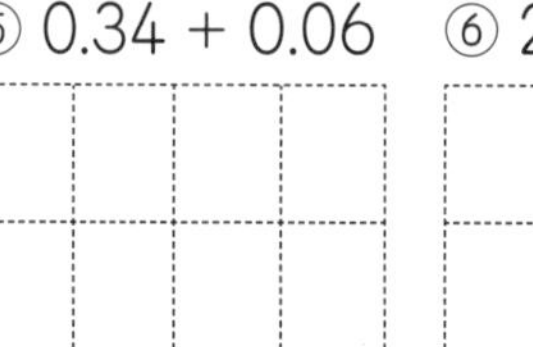

⑨ 1.08 + 9　⑩ 1.38 + 5.02　⑪ 1.88 + 9.12　⑫ 0.03 + 15

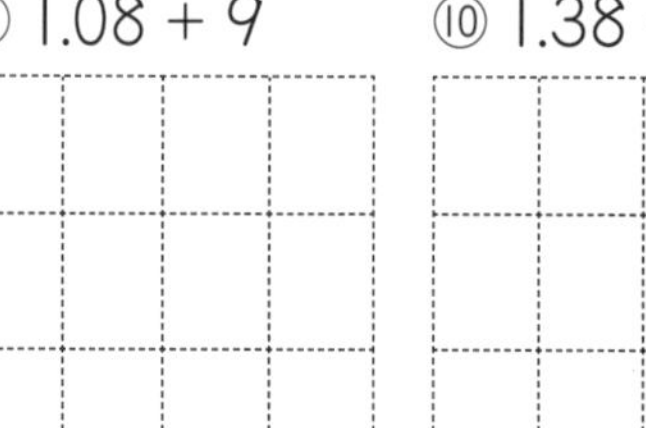
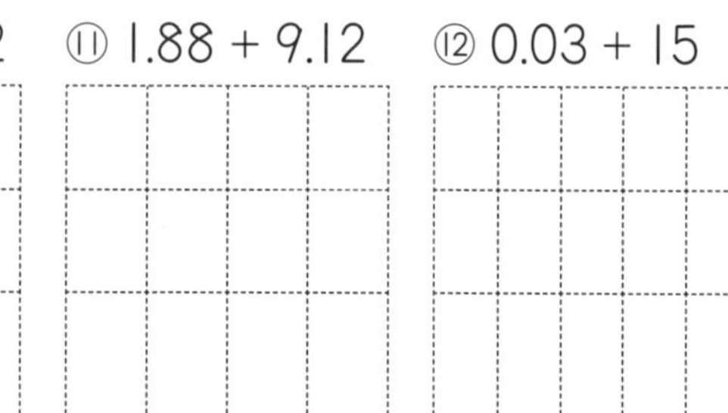

めいろは，答えの大きい方をとおりましょう。とおった方の答えを下の□に書きましょう。

①□　②□　③□

小数（9）

たし算④　いろいろな型

名前

● 筆算になおして計算しましょう。

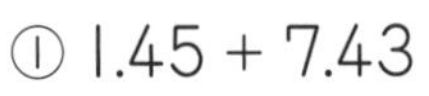

① 1.45 + 7.43

② 7.55 + 2.06
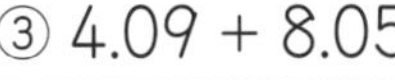
③ 4.09 + 8.05
④ 0.91 + 0.09

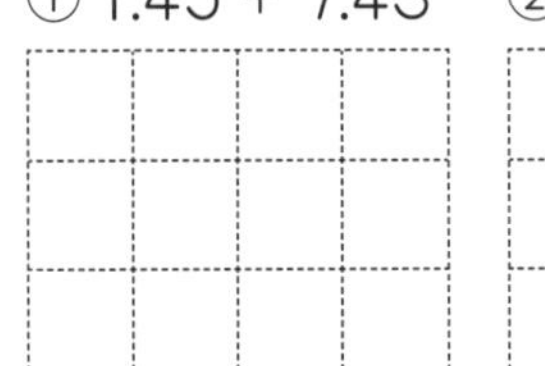

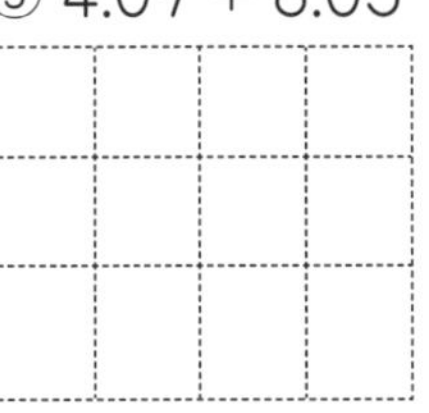
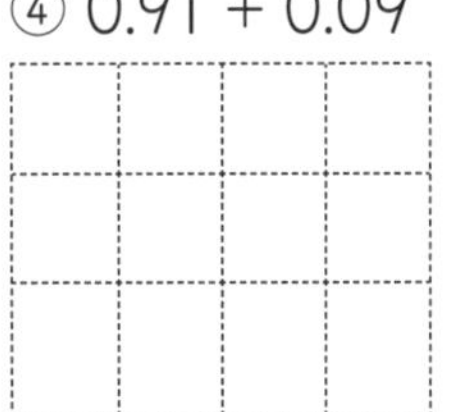

⑤ 4.43 + 5.57
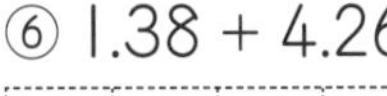
⑥ 1.38 + 4.26
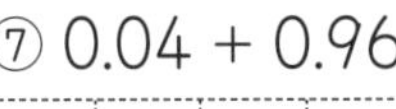
⑦ 0.04 + 0.96
⑧ 0.08 + 0.92

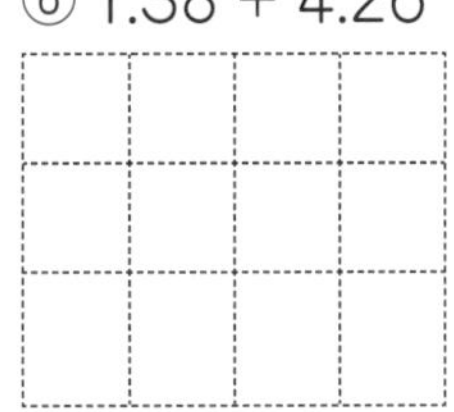
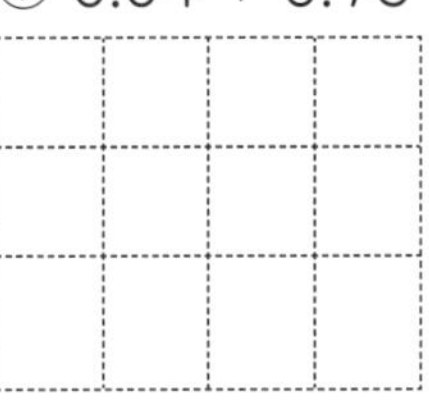
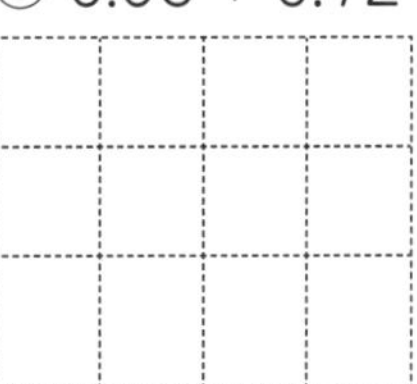

⑨ 6.5 + 4.37
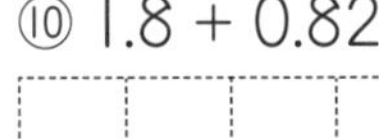
⑩ 1.8 + 0.82
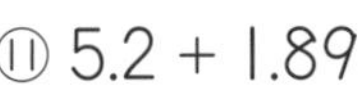
⑪ 5.2 + 1.89

⑫ 0.36 + 5.44

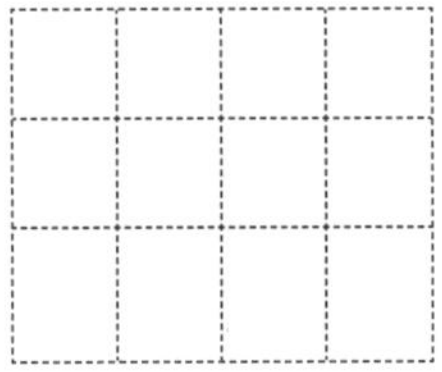

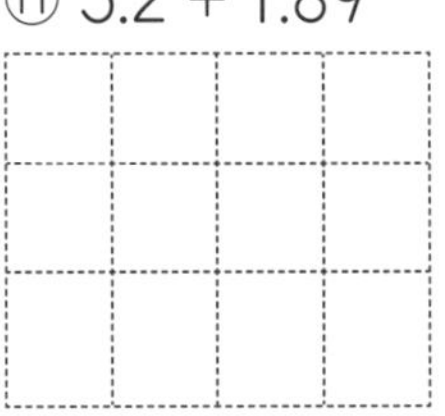
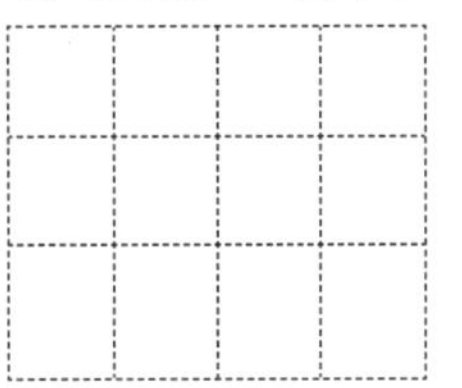

⑬ 5.83 + 27.3
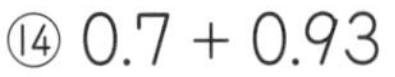
⑭ 0.7 + 0.93
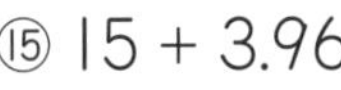
⑮ 15 + 3.96

⑯ 3.26 + 8

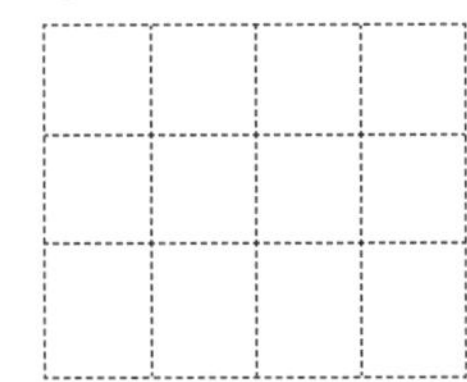

⑰ 5 + 4.83
⑱ 0.04 + 0.76
⑲ 73 + 0.87
⑳ 5.48 + 14.52

小数（10）

めいろ　たし算

名前

● 次の計算をして，答えの大きい方へすすみましょう。
とおった方の答えを□に書きましょう。

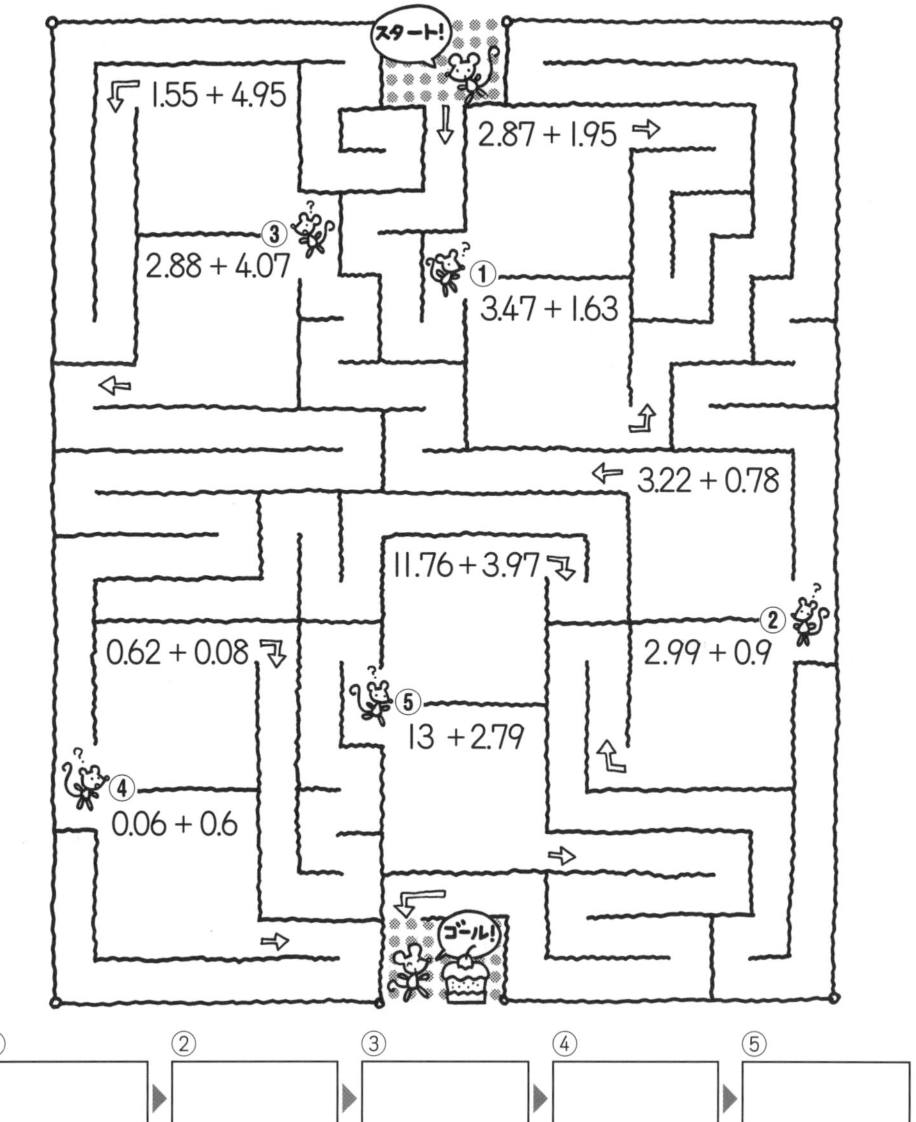

① ▶ ② ▶ ③ ▶ ④ ▶ ⑤

小数（11）

ひき算①　3けた－3けた

名前

● 筆算になおして計算しましょう。

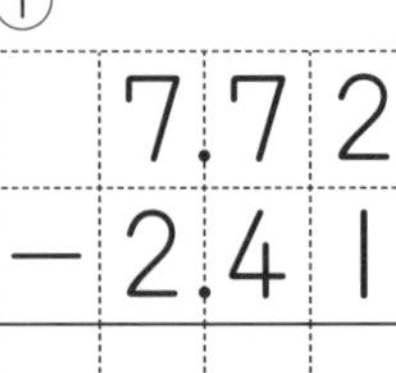

① 7.72 − 2.41

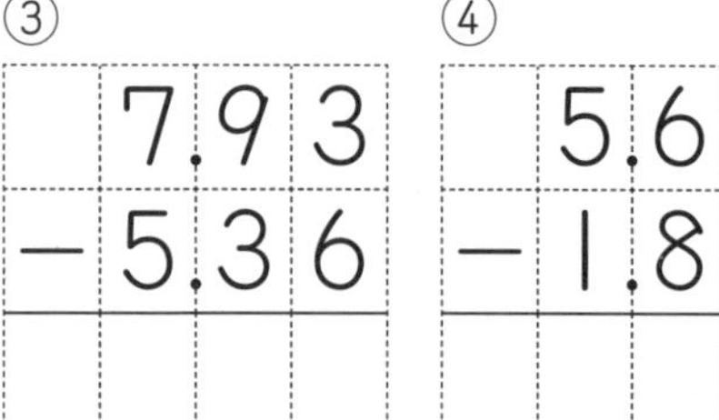

② 4.57 − 3.35

③ 7.93 − 5.36

④ 5.65 − 1.83

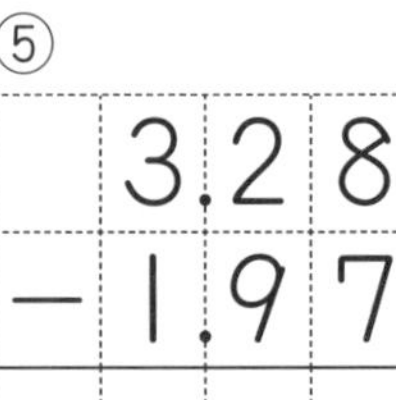

⑤ 3.28 − 1.97

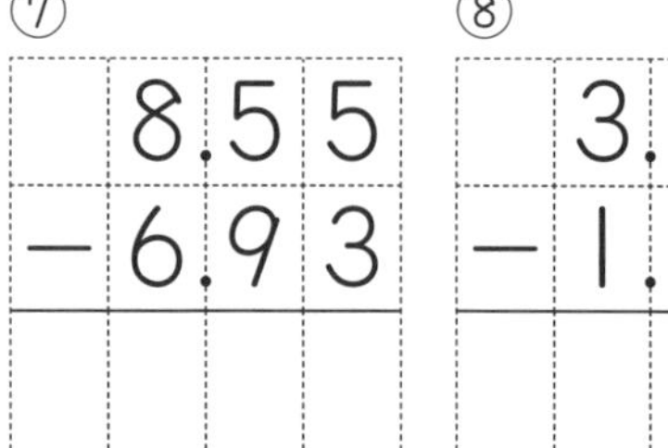

⑥ 6.53 − 4.45

⑦ 8.55 − 6.93

⑧ 3.67 − 1.81

⑨ 1.56 − 0.08

⑩ 7.52 − 4.03

⑪ 9.05 − 0.06

⑫ 2.07 − 0.99

⑬ 3.93 − 0.24

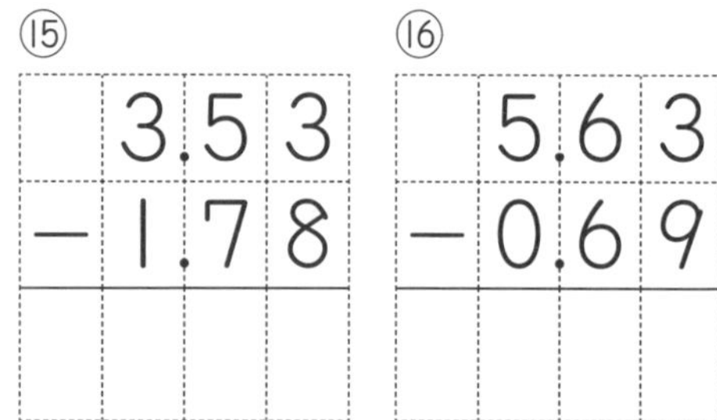

⑭ 8.01 − 4.02

⑮ 3.53 − 1.78

⑯ 5.63 − 0.69

小数（12）

ひき算②　位をそろえる

名前

● 筆算になおして計算しましょう。

① 7.23−4.6

② 5−0.47

③ 7.78−7.09

④ 1.6−1.08

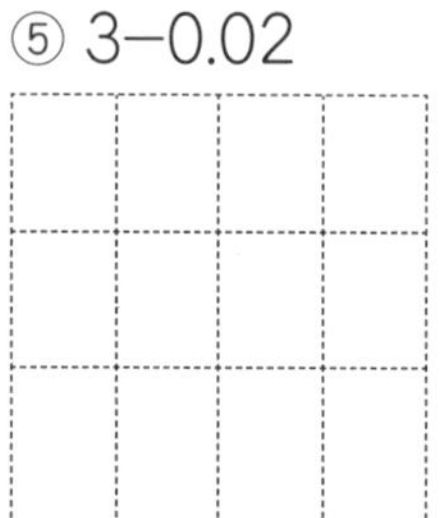

⑤ 3−0.02

⑥ 6.07−5.09

⑦ 4.08−3

⑧ 0.7−0.07

⑨ 1.28−1.2

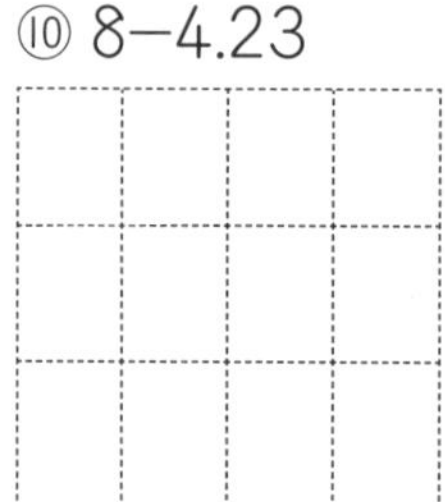

⑩ 8−4.23

⑪ 4.03−1.8

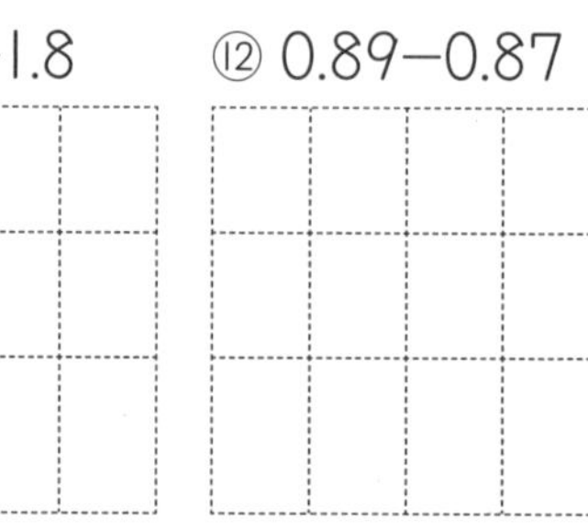

⑫ 0.89−0.87

めいろは，答えの大きい方をとおりましょう。とおった方の答えを下の□に書きましょう。

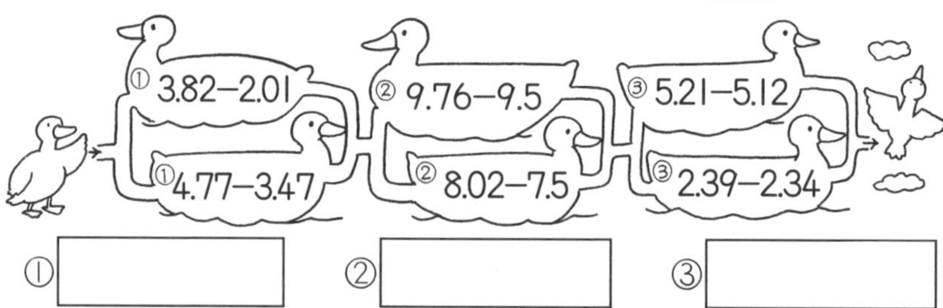

①　　②　　③

小数（13）

ひき算③　答えの０を消す問題を含む

名前

● 筆算になおして計算しましょう。

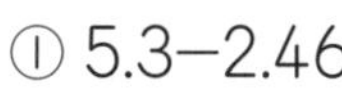   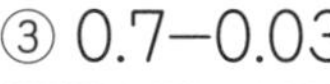 

①　5.3−2.46　　②　8.07−0.67　　③　0.7−0.03　　④　6.24−3

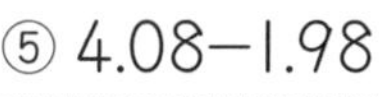 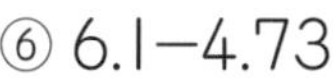 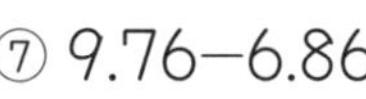

⑤　4.08−1.98　　⑥　6.1−4.73　　⑦　9.76−6.86　　⑧　1−0.01

 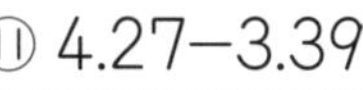

⑨　8−3.28　　⑩　14−7.98　　⑪　4.27−3.39　　⑫　10−0.99

⑬　7.29−6.6　　⑭　11−9.91　　⑮　4−3.23　　⑯　12−0.03

  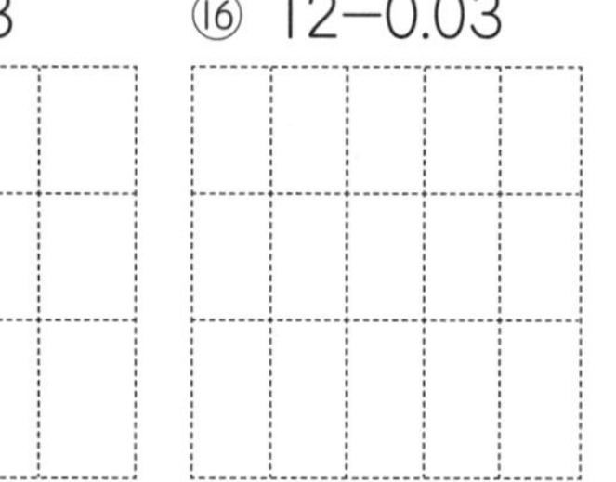

小数（14）

ひき算④　いろいろな型

名前

● 筆算になおして計算しましょう。

①　6.21−0.3　　②　5.43−3.03　　③　7.08−4.09　　④　0.7−0.09

⑤　7.04−3.97　　⑥　9.06−8.9　　⑦　0.6−0.57　　⑧　8.1−5.04

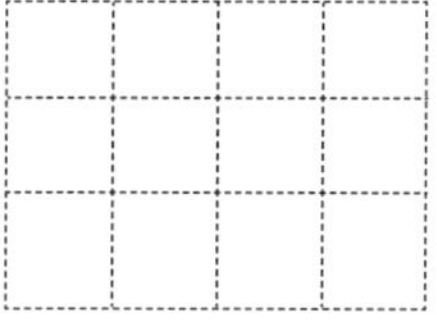  

⑨　17−3.75　　⑩　8.43−3.7　　⑪　6−3.62　　⑫　1−0.27

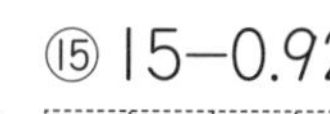

⑬　2.46−0.16　　⑭　6.5−4.99　　⑮　15−0.92　　⑯　10−1.12

めいろは，答えの大きい方をとおりましょう。とおった方の答えを下の□に書きましょう。

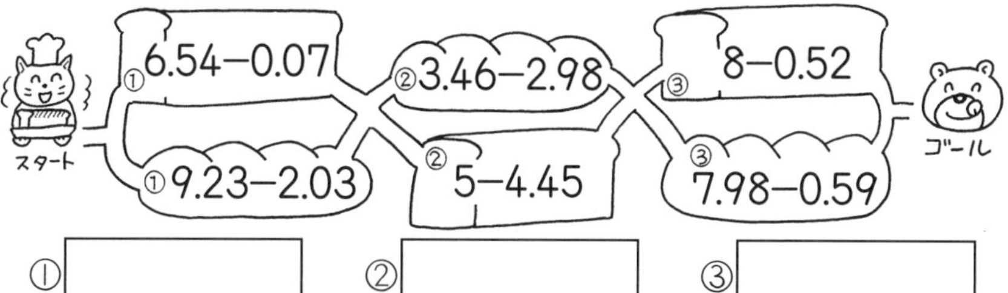

小数（15）

文章題

名前

① 麦茶が1.36Lありました。0.4L飲みました。何L残って（のこ）いますか。

式

答え

② 遠足がありました。1年生は2.27km歩きました。4年生は5.7km歩きました。4年生は1年生より何km長く歩きましたか。

式

答え

③ 兄の体重は，32kgです。弟の体重は，兄より3.2kg軽いそうです。弟の体重は何kgですか。

式

答え

④ 1.2kgのかばんに，2.86kgの本と0.34kgのおもちゃを入れると，あわせて何kgになりますか。

式

答え

小数（16）

めいろ　たし算とひき算

名前

● 次の計算をして，答えの大きい方へすすみましょう。
とおった方の答えをに書きましょう。

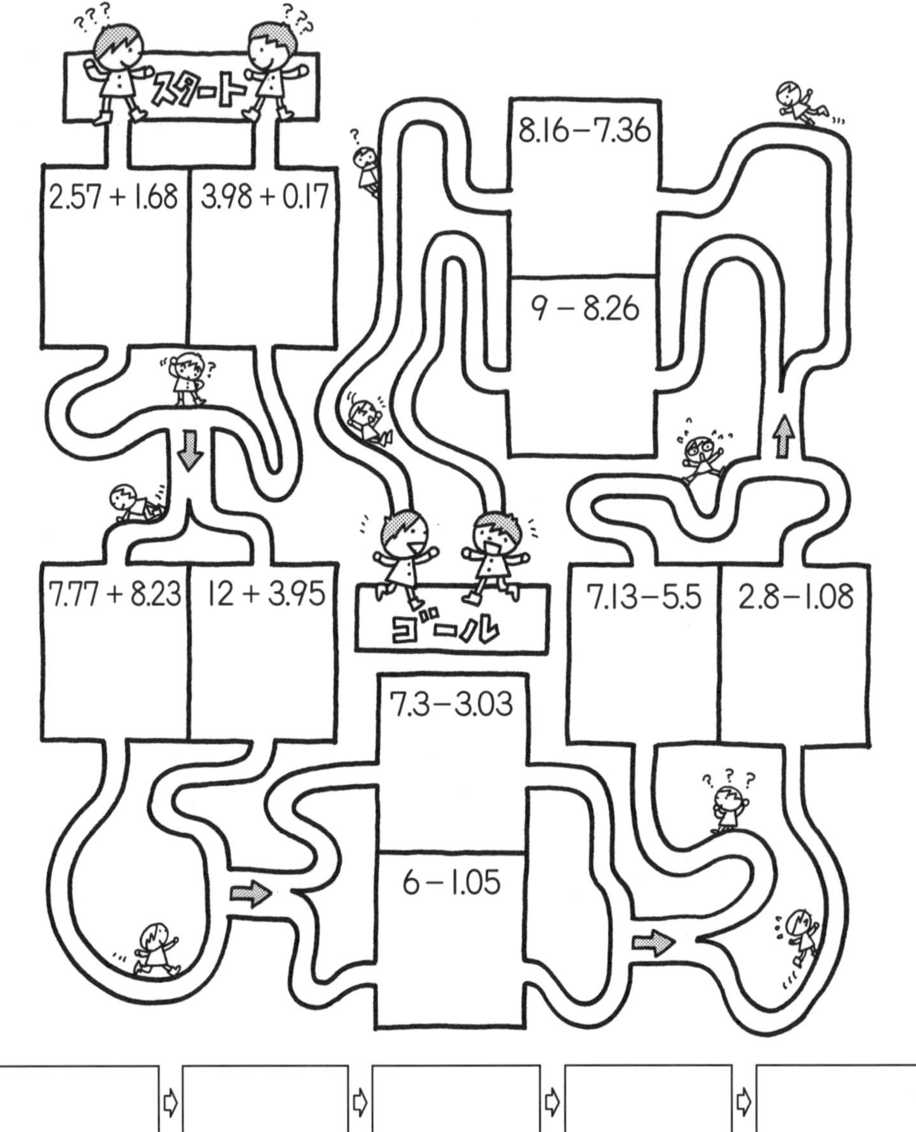

	⇨		⇨		⇨		⇨	

ふりかえりテスト 小数

名前

1 水のかさをＬ単位で表しましょう。(4×2)

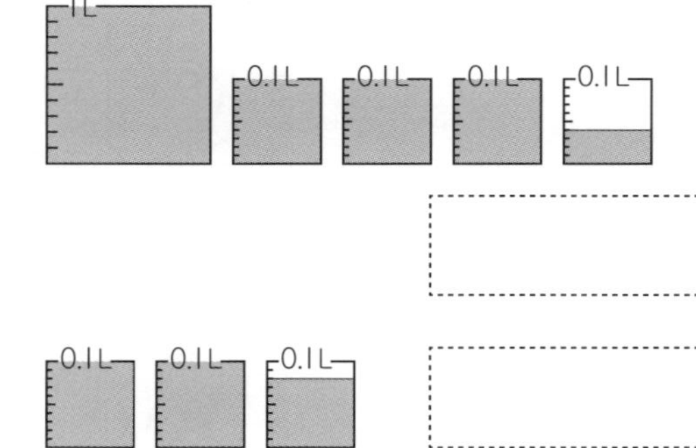

［　　］L

［　　］L

2 A, B, Cさんの走りはばとびの記録(きろく)は下の通りです。mを単位として表しましょう。(4×3)

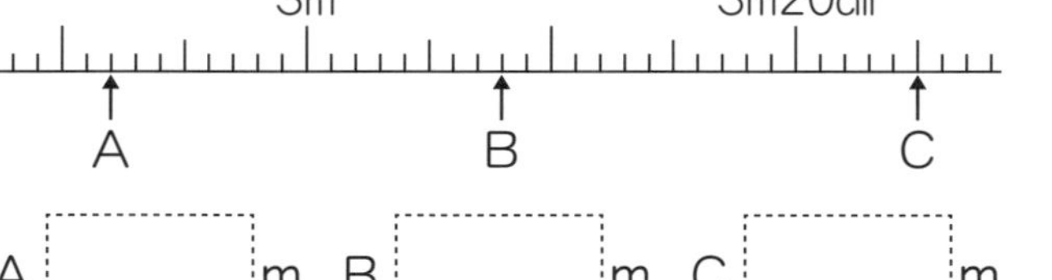

A［　　］m　B［　　］m　C［　　］m

3 ［　］にあてはまる数を書きましょう。(4×2)

① 1を4こと, 0.1を0こと, 0.01を7こあわせた数は［　　］です。

② 8.93は, 0.01を［　　］こ集めた数です。

4 次の数を求(もと)めましょう。(4×4)

① 5.34の10倍［　　］

② 0.26の100倍［　　］

③ 1.45の$\frac{1}{10}$［　　］

④ 3.9の$\frac{1}{100}$［　　］

5 筆算になおして計算しましょう。(4×10)

① 4.82＋0.68

② 0.86＋5.6

③ 0.5＋0.29

④ 12.2＋0.8

⑤ 7.73＋5

⑥ 8.56－0.06

⑦ 4.03－1.83

⑧ 6.08－5.2

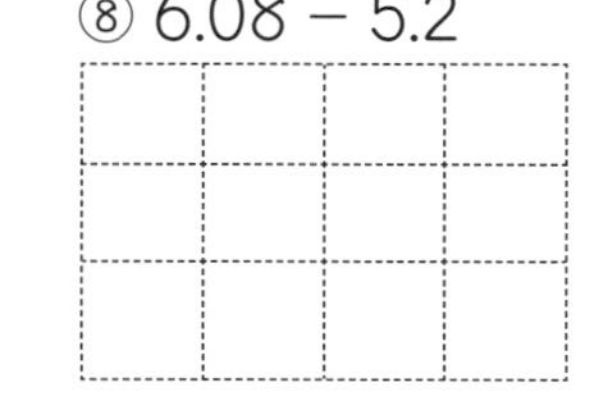

⑨ 8.3－6.29

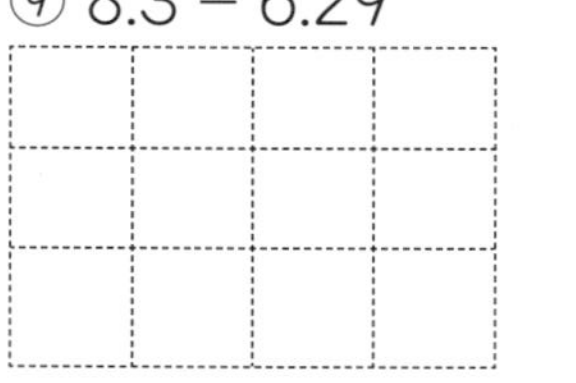

⑩ 11－4.56

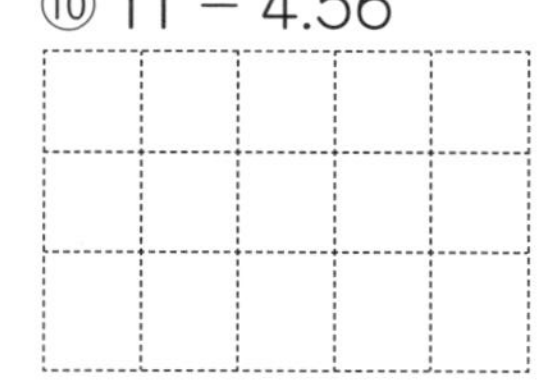

6 ジュースがびんに0.8Lあります。コップに, 0.28Lあります。ジュースは, あわせて何Lありますか。(8)

式

答え

7 お兄さんの荷物は, 10kgあります。妹の荷物は6.7kgです。兄のほうが何kg重いですか。(8)

式

答え

わり算の筆算[2]（1）

何十でわるわり算

名前

[1] 折り紙が 80 まいあります。1 人に 20 まいずつ分けると，何人に分けることができますか。

式

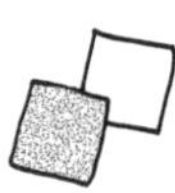

答え

[2] 計算をしましょう。

① 90 ÷ 30　　② 60 ÷ 30

③ 160 ÷ 40　　④ 210 ÷ 70

⑤ 540 ÷ 90　　⑥ 560 ÷ 80

⑦ 80 ÷ 30　　⑧ 90 ÷ 20

⑨ 160 ÷ 50　　⑩ 260 ÷ 80

⑪ 500 ÷ 60　　⑫ 840 ÷ 90

わり算の筆算[2]（2）

2けた÷2けた＝1けた　仮商の修正なし

名前

[1] あめが 63 こあります。21 人に同じ数ずつ分けると，1 人分は，何こになりますか。

式

答え

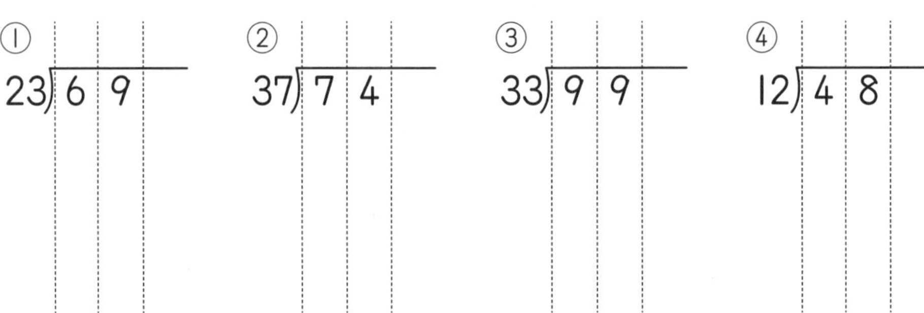

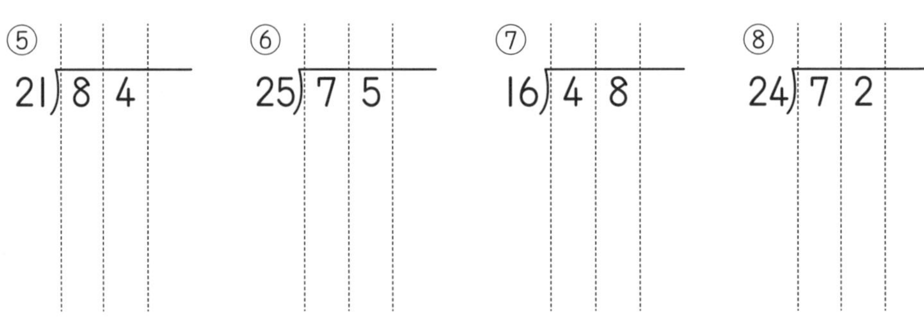

めいろは，答えの大きい方をとおりましょう。とおった方の答えを下の□に書きましょう。

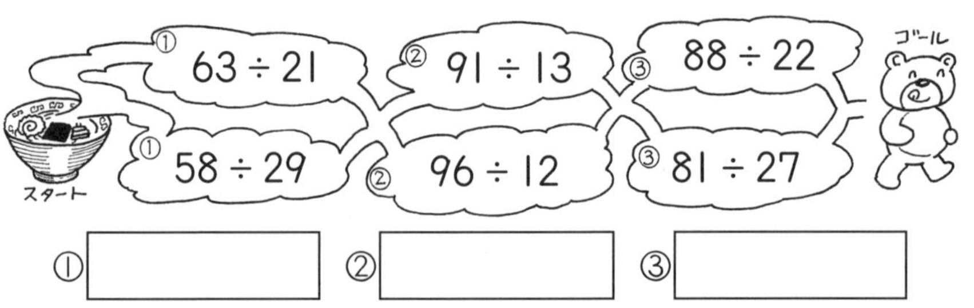

わり算の筆算2（3）

2けた÷2けた＝1けた　仮商の修正なし

名前

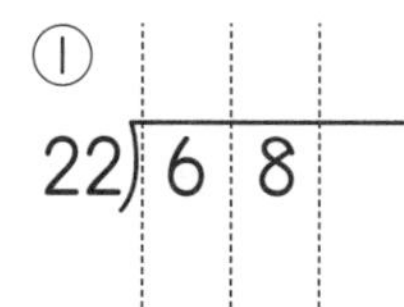

① 22)68

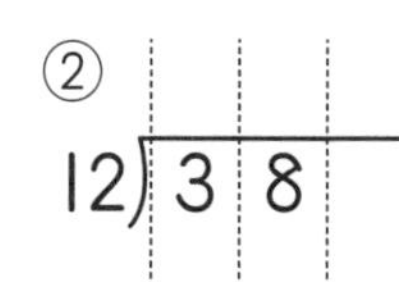

② 12)38

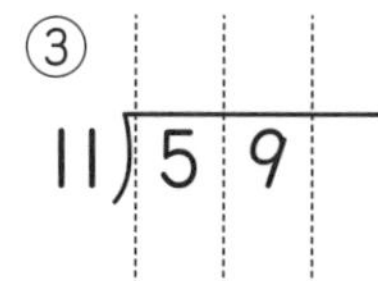

③ 11)59

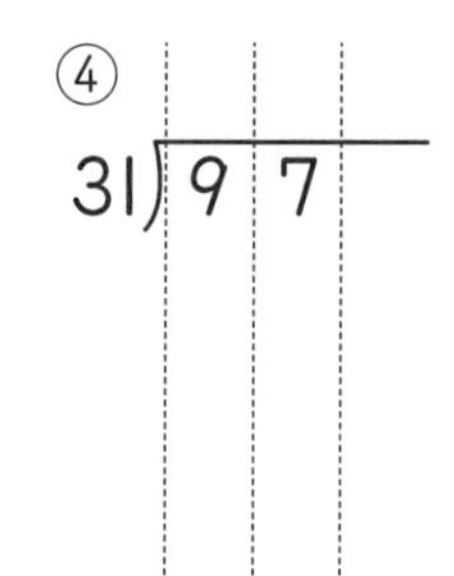

④ 31)97

⑤ 21)89

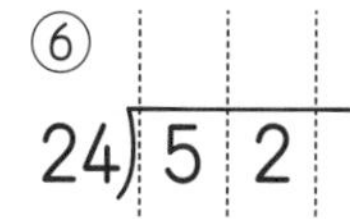

⑥ 24)52

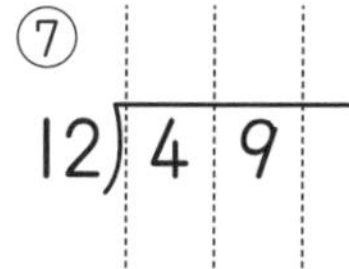

⑦ 12)49

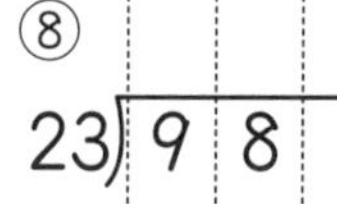

⑧ 23)98

⑨ 40)93

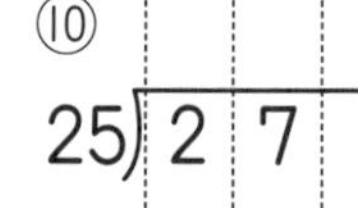

⑩ 25)27

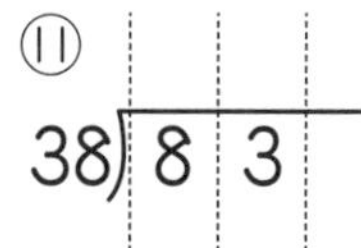

⑪ 38)83

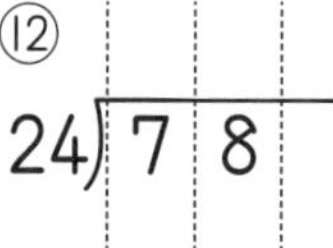

⑫ 24)78

わり算の筆算2（4）

2けた÷2けた＝1けた　仮商の修正なし

名前

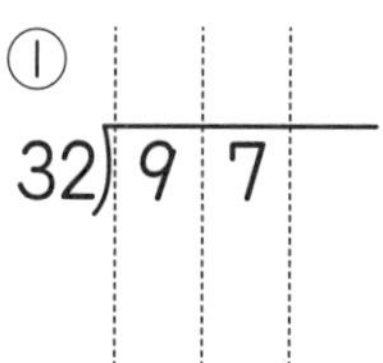

① 32)97

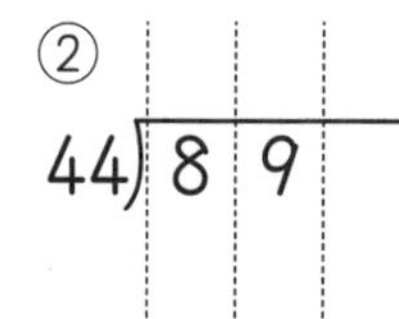

② 44)89

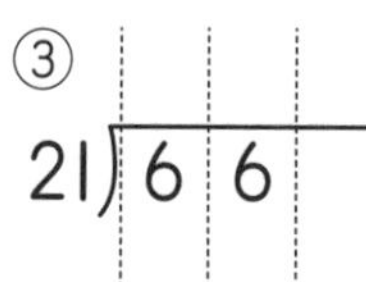

③ 21)66

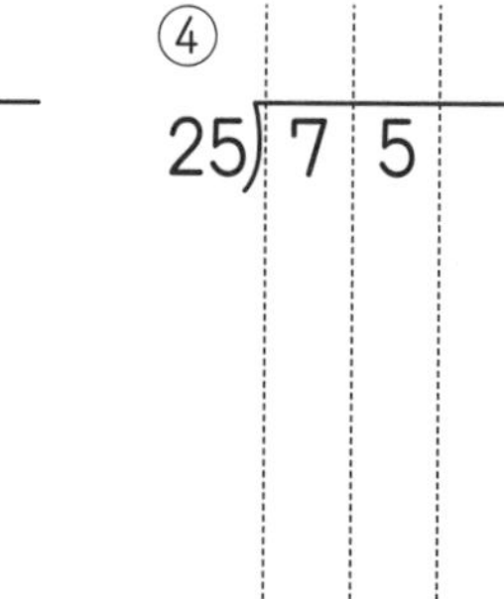

④ 25)75

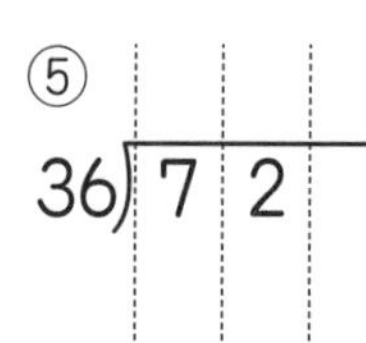

⑤ 36)72

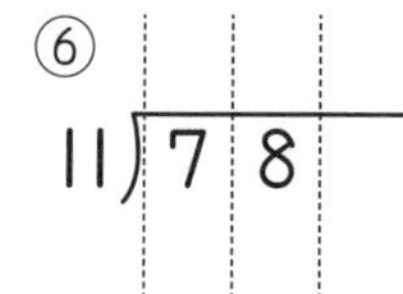

⑥ 11)78

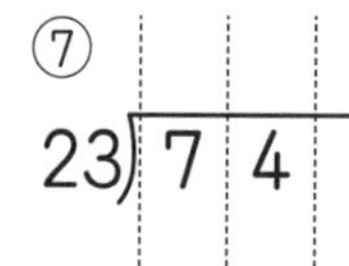

⑦ 23)74

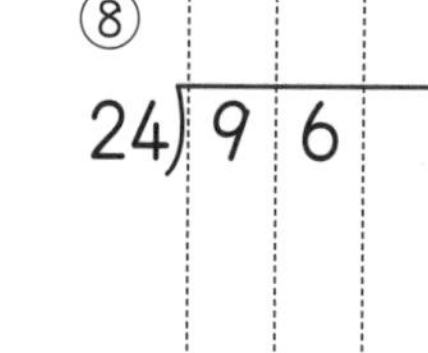

⑧ 24)96

めいろは，答えの大きい方をとおりましょう。とおった方の答えを下の□に書きましょう。

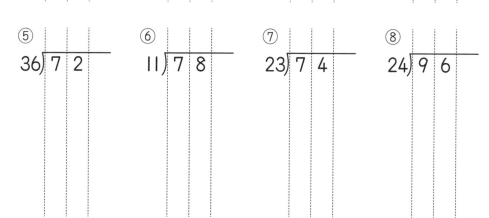

①□　②□　③□

わり算の筆算2（5）

2けた÷2けた＝1けた　仮商の修正あり

名前

① 12)96

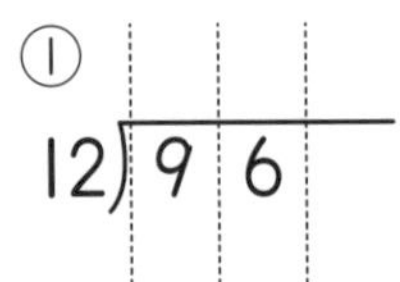

② 28)84

③ 13)91

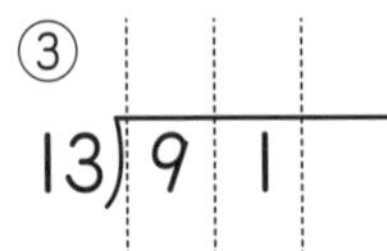

④ 21)82

⑤ 14)96

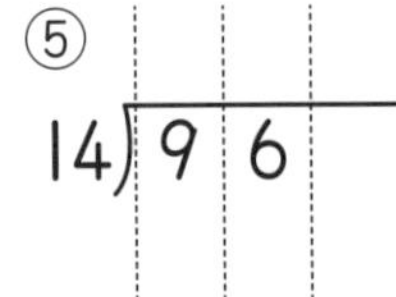

⑥ 34)98

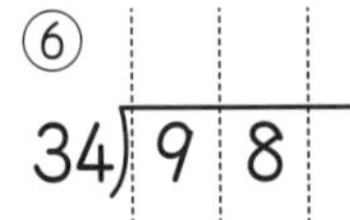

⑦ 26)82

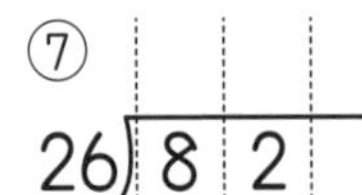

⑧ 23)96

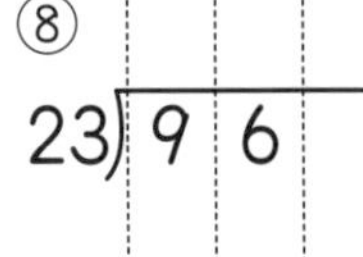

⑨ 25)90

⑩ 13)87

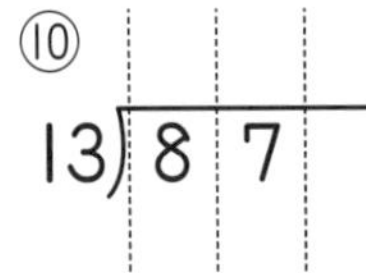

⑪ 29)92

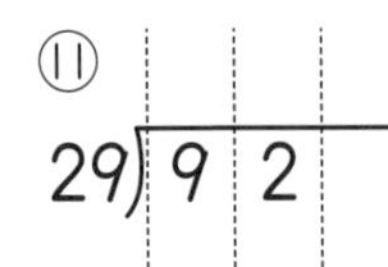

⑫ 16)88

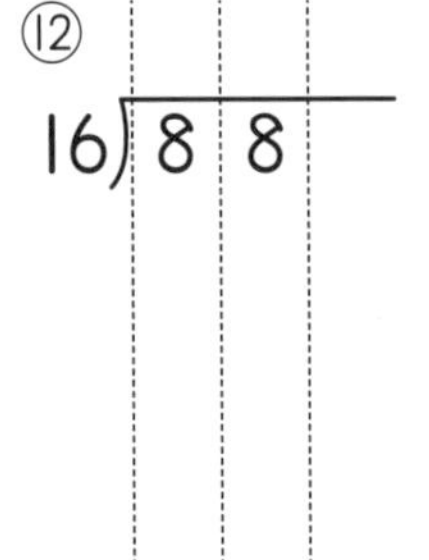

わり算の筆算2（6）

2けた÷2けた＝1けた　仮商の修正あり

名前

① 23)80

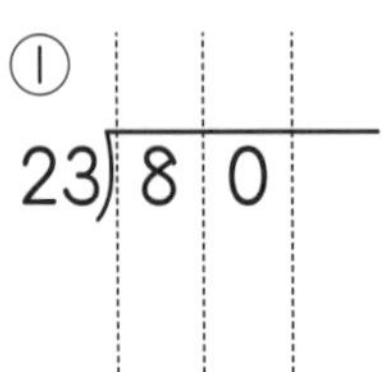

② 34)90

③ 19)95

④ 19)99

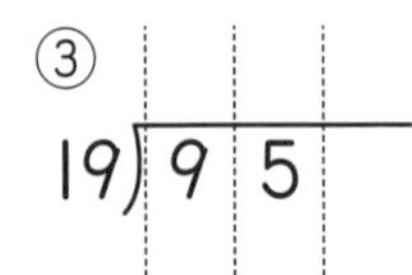

⑤ 17)85

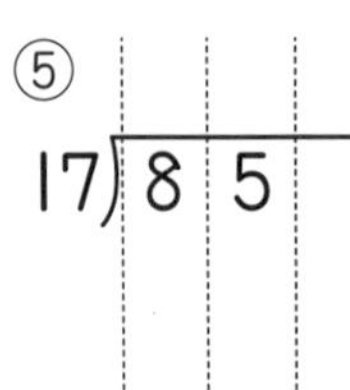

⑥ 16)92

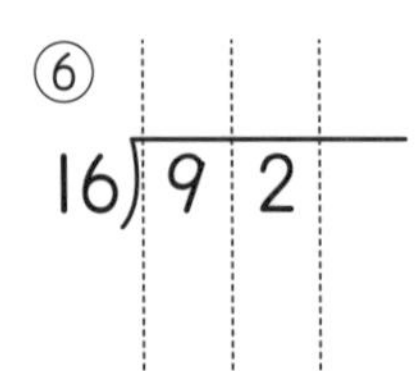

⑦ 14)97

⑧ 15)89

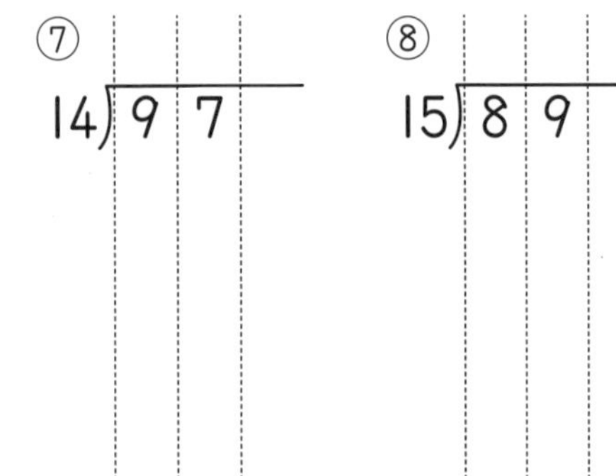

めいろは，答えの大きい方をとおりましょう。とおった方の答えを下の□に書きましょう。

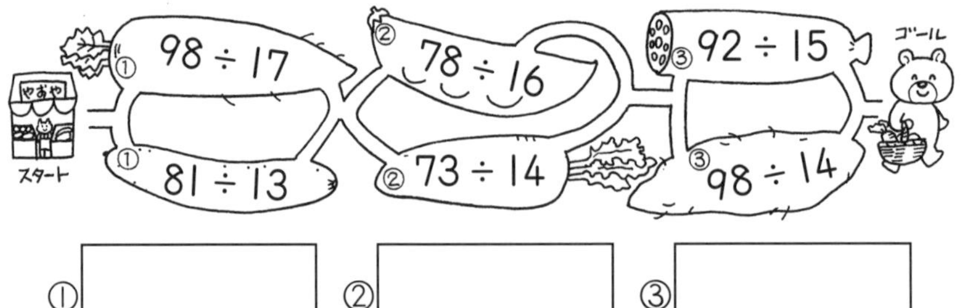

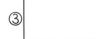

① □　② □　③ □

わり算の筆算2 (7)

3けた÷2けた＝1けた　仮商の修正なし

名前

① 41)246

② 52)468

③ 86)796

④ 87)348

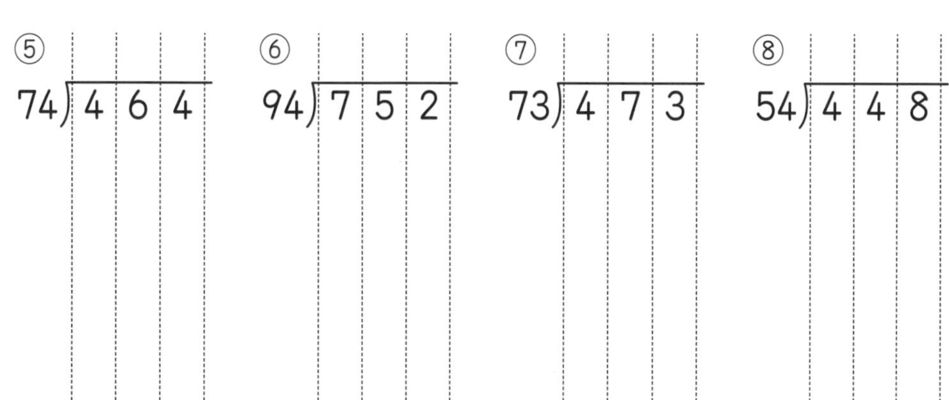

わり算の筆算2 (8)

3けた÷2けた＝1けた　仮商の修正あり

名前

① 36)288

② 39)273

③ 47)376

④ 27)162

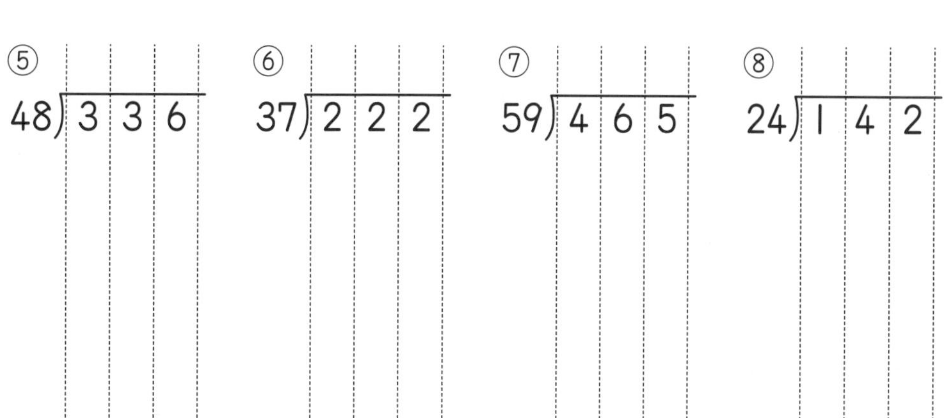

めいろは，答えの大きい方をとおりましょう。とおった方の答えを下の□に書きましょう。

わり算の筆算2 (9)

3けた÷2けた＝1けた　仮商の修正あり

名前

① 69)483

② 45)405

③ 34)296

④ 45)307

⑤ 35)315

⑥ 39)312

⑦ 68)522

⑧ 57)513

⑨ 78)650

⑩ 67)491

⑪ 16)128

⑫ 28)252

わり算の筆算2 (10)

3けた÷2けた＝1けた　いろいろな型

名前

① 37)235

② 99)891

③ 68)612

④ 29)247

⑤ 43)258

⑥ 58)521

⑦ 75)600

⑧ 25)126

めいろは，答えの大きい方をとおりましょう。とおった方の答えを下の□に書きましょう。

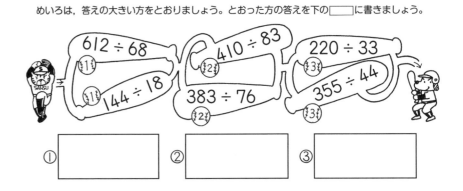

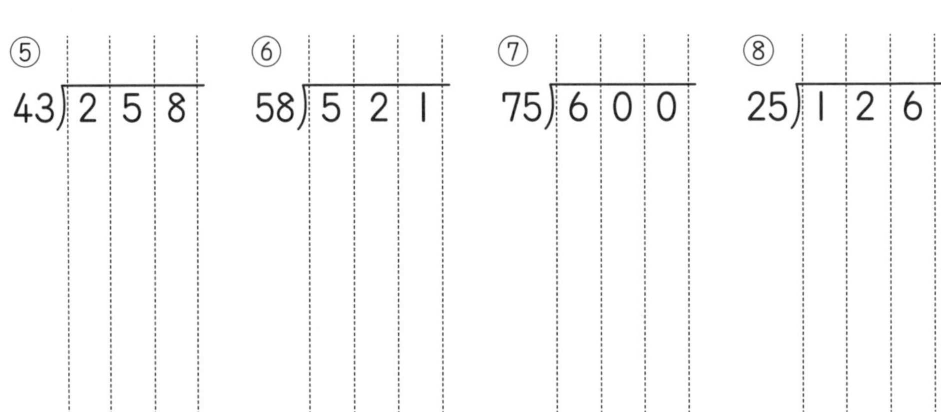

①　　②　　③

わり算の筆算2（11）

3けた÷2けた＝2けた　仮商の修正なし

名前

① 75)825　② 43)903　③ 57)969　④ 41)984

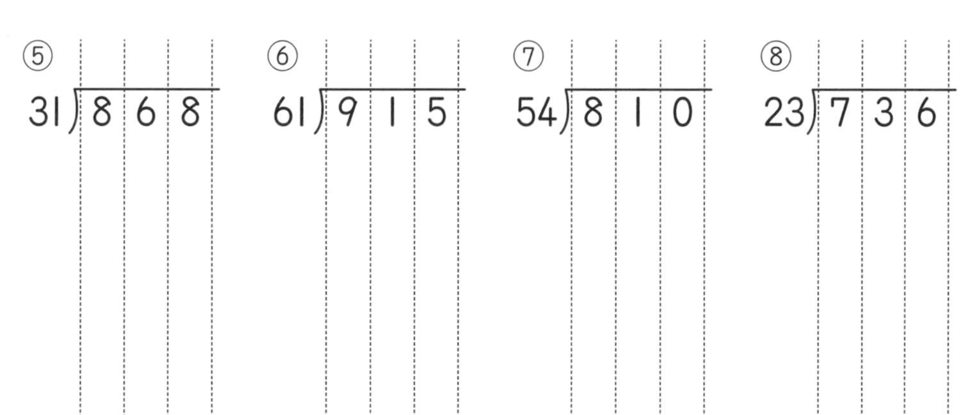

⑤ 31)868　⑥ 61)915　⑦ 54)810　⑧ 23)736

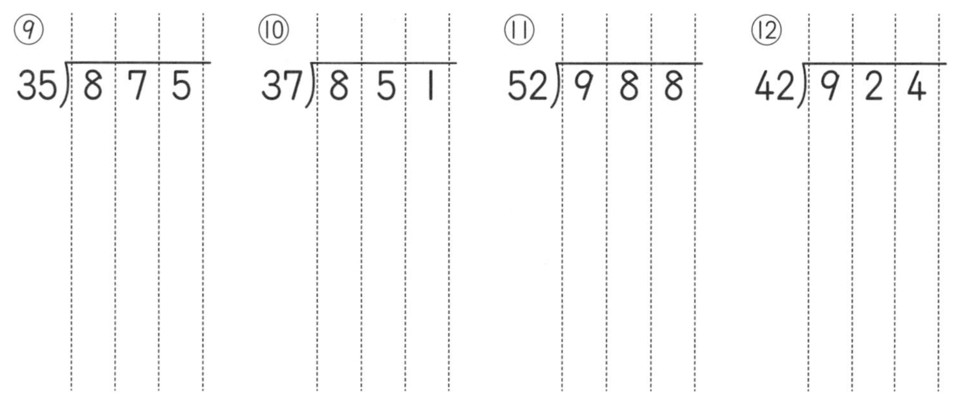

⑨ 35)875　⑩ 37)851　⑪ 52)988　⑫ 42)924

わり算の筆算2（12）

3けた÷2けた＝2けた　仮商の修正なし

名前

① 53)820　② 32)752　③ 41)915　④ 65)855

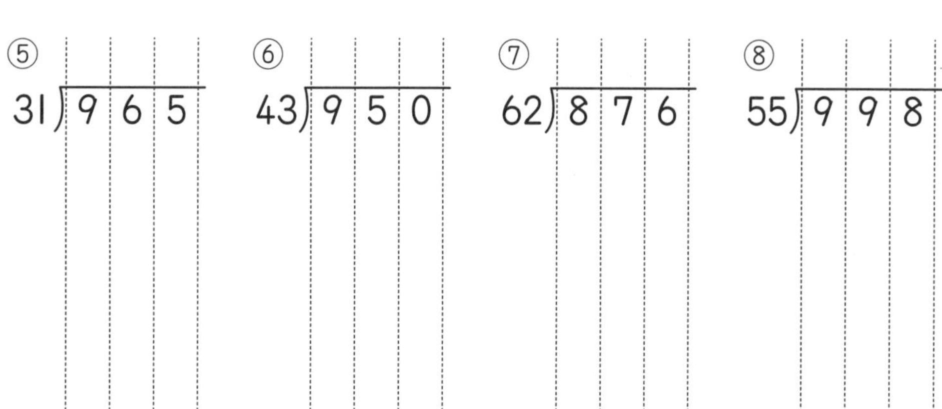

⑤ 31)965　⑥ 43)950　⑦ 62)876　⑧ 55)998

めいろは，答えの大きい方をとおりましょう。とおった方の答えを下の□に書きましょう。

すし

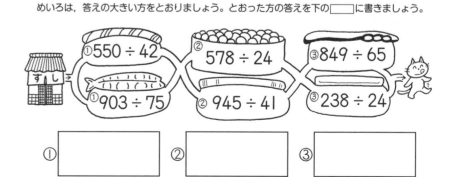

①550 ÷ 42　①903 ÷ 75

②578 ÷ 24　②945 ÷ 41

③849 ÷ 65　③238 ÷ 24

①□　②□　③□

わり算の筆算2（13）

3けた÷2けた＝2けた　仮商の修正あり

名前

① 36)828　② 79)948　③ 42)714　④ 45)990

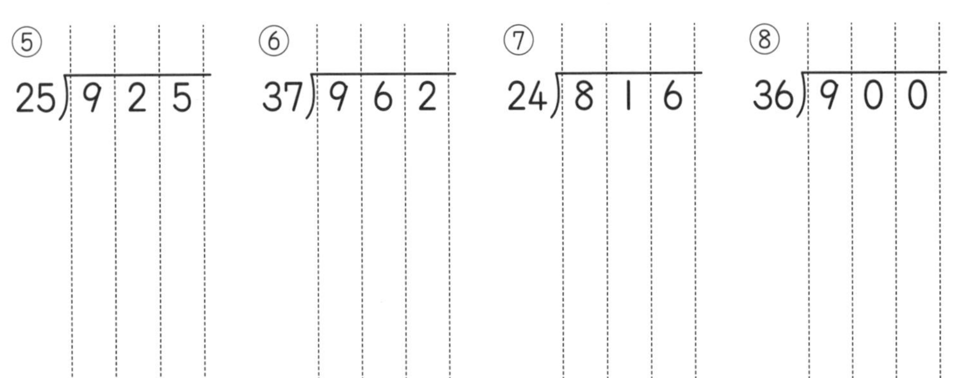

⑤ 25)925　⑥ 37)962　⑦ 24)816　⑧ 36)900

⑨ 21)975　⑩ 18)972　⑪ 71)781　⑫ 67)918

わり算の筆算2（14）

3けた÷2けた＝2けた　仮商の修正あり

名前

① 14)473　② 36)717　③ 32)929　④ 48)816

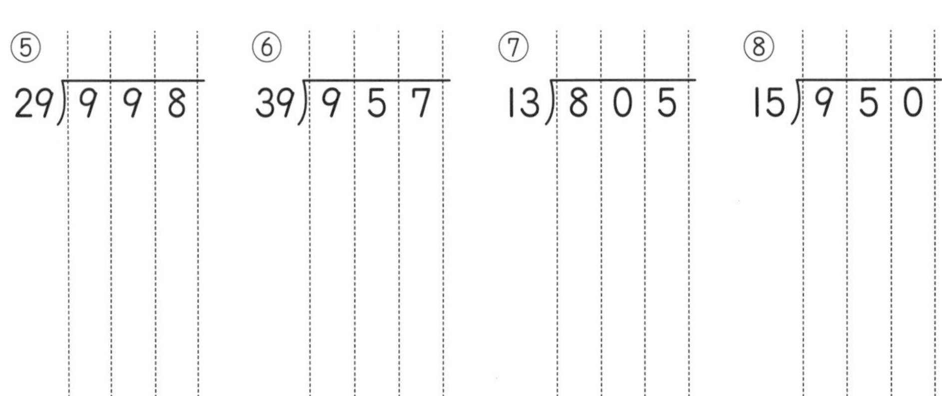

⑤ 29)998　⑥ 39)957　⑦ 13)805　⑧ 15)950

めいろは，答えの大きい方をとおりましょう。とおった方の答えを下の□に書きましょう。

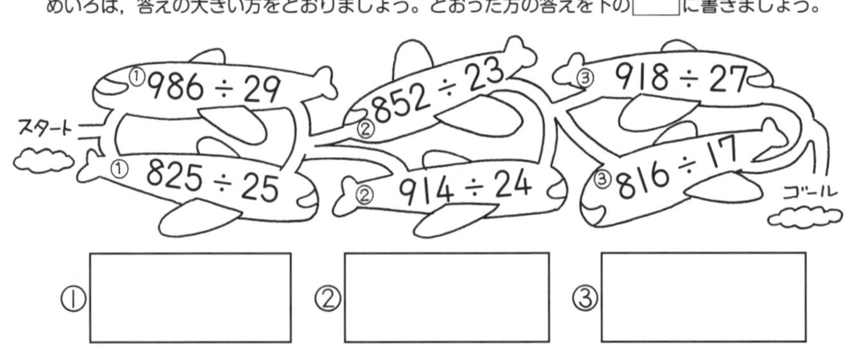

①□　②□　③□

わり算の筆算2（15）

3けた÷2けた＝2けた　商の一の位に0がたつ

名前

● 筆算になおして計算しましょう。

① 780 ÷ 26　② 654 ÷ 32　③ 738 ÷ 24　④ 578 ÷ 19

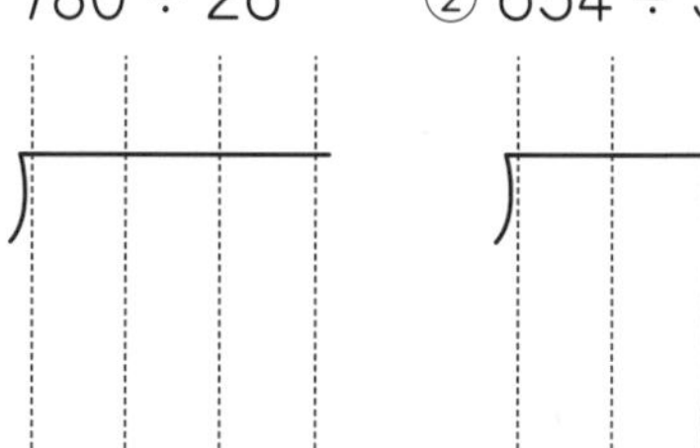
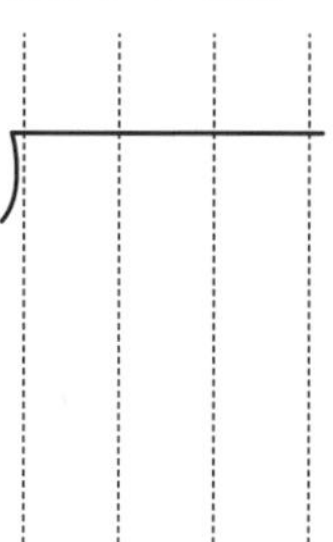
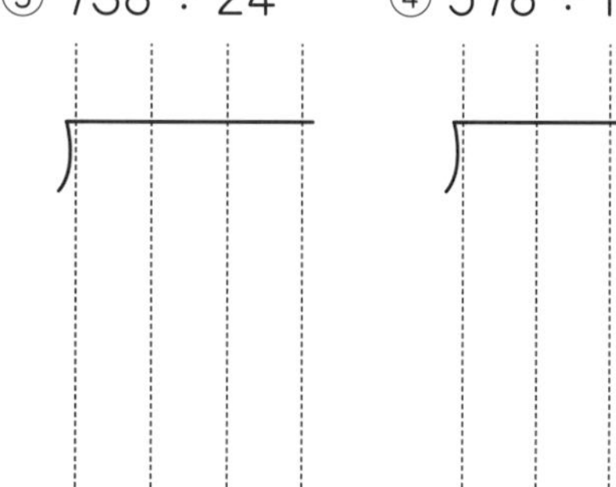

⑤ 724 ÷ 36　⑥ 682 ÷ 63　⑦ 680 ÷ 17　⑧ 294 ÷ 29

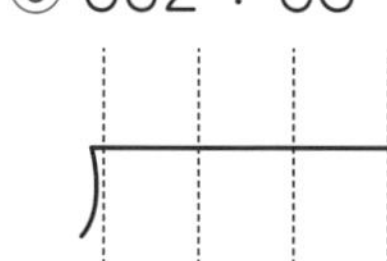

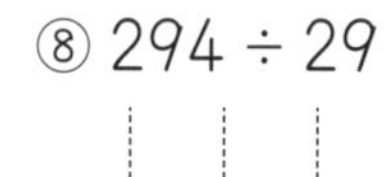
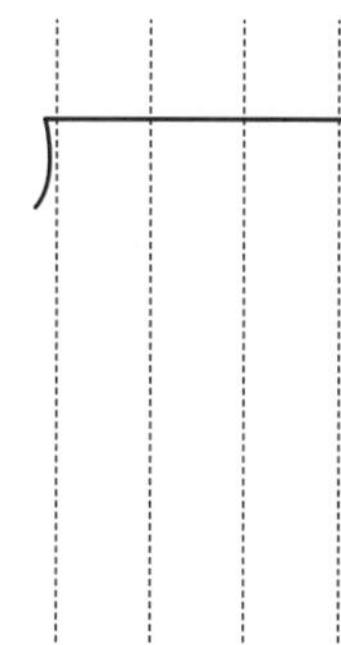

⑨ 715 ÷ 35　⑩ 810 ÷ 27　⑪ 861 ÷ 28　⑫ 849 ÷ 42

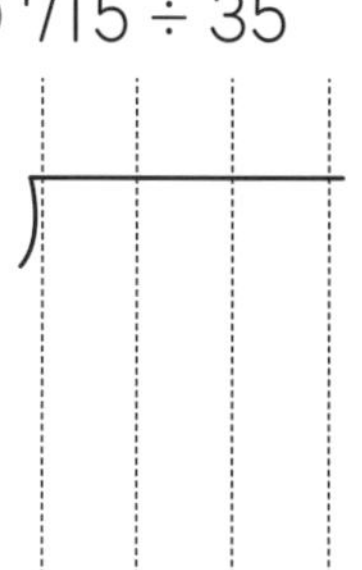
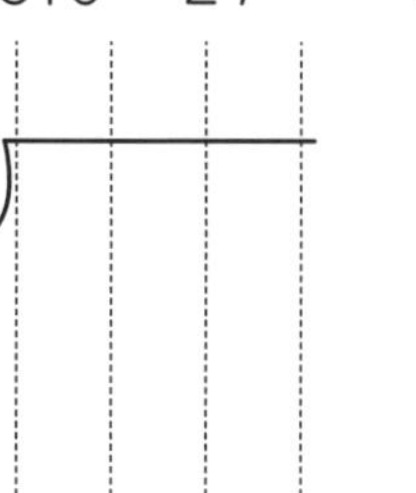
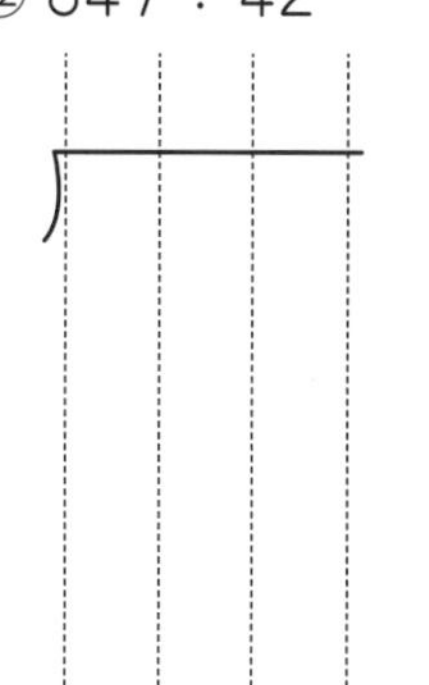

わり算の筆算2（16）

3けた÷2けた＝2けた　商の一の位の計算も3けた÷2けた

名前

● 筆算になおして計算しましょう。

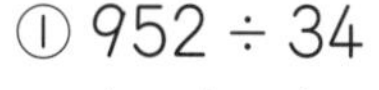
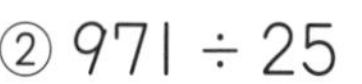

① 952 ÷ 34　② 971 ÷ 25　③ 725 ÷ 39　④ 816 ÷ 41

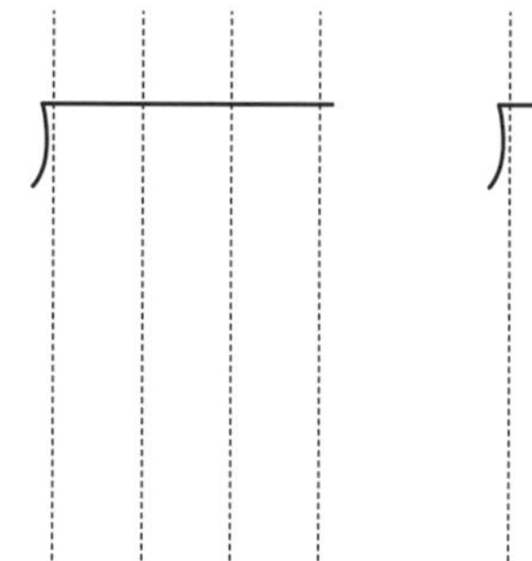
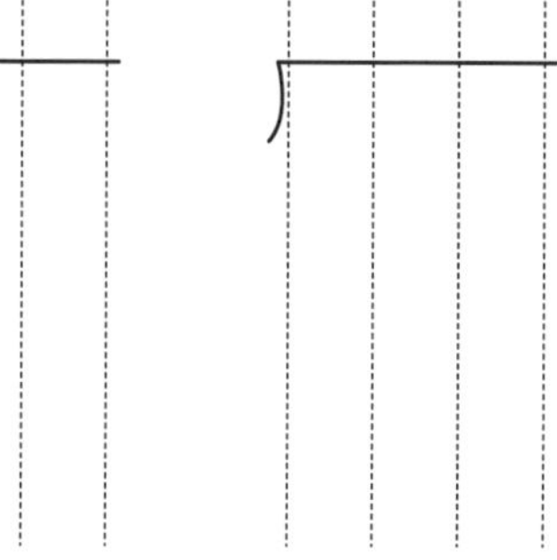
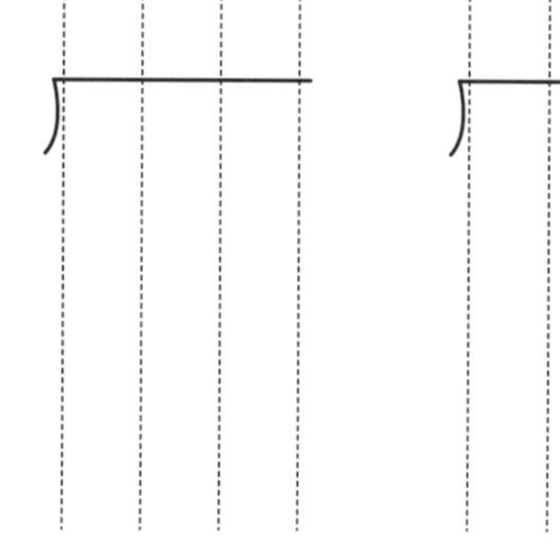

⑤ 830 ÷ 12　⑥ 756 ÷ 16　⑦ 688 ÷ 36　⑧ 623 ÷ 32

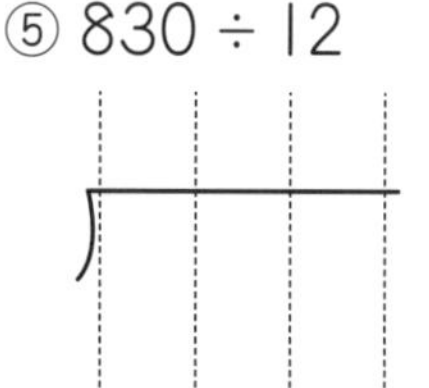
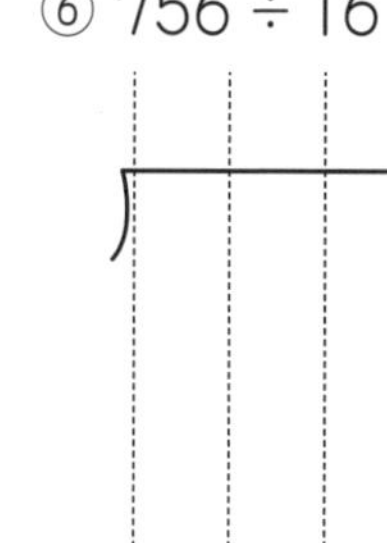
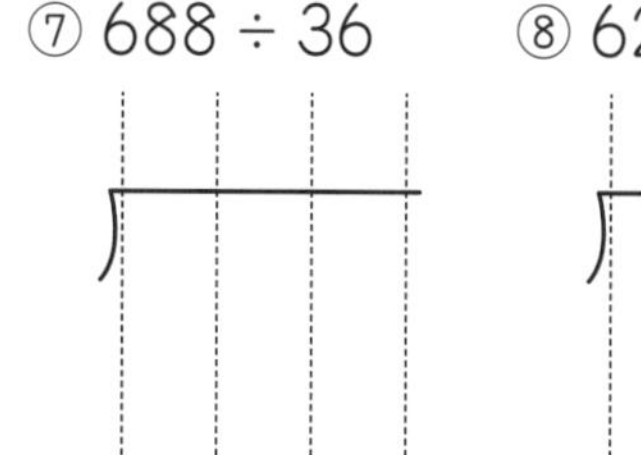
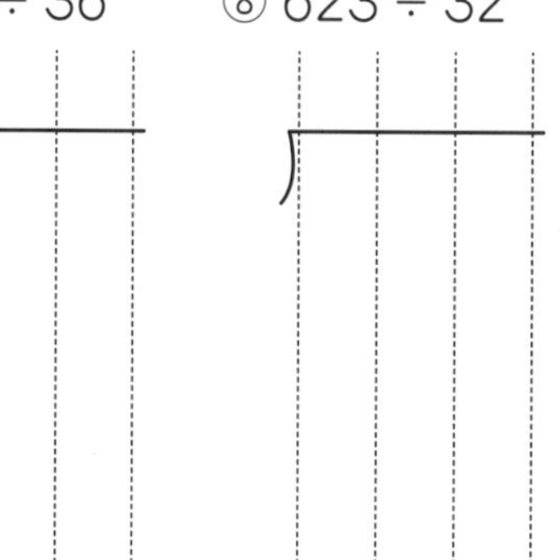

めいろは，答えの大きい方をとおりましょう。とおった方の答えを下の□に書きましょう。

①　②　③

わり算の筆算2（17）

3けた÷2けた　いろいろな型

名前

● 筆算になおして計算しましょう。

① 768 ÷ 24

② 596 ÷ 56

③ 854 ÷ 61

④ 883 ÷ 28

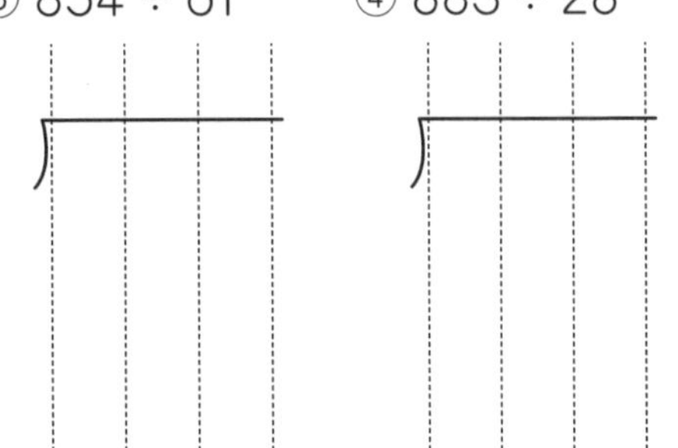

⑤ 794 ÷ 32

⑥ 820 ÷ 14

⑦ 987 ÷ 18

⑧ 869 ÷ 42

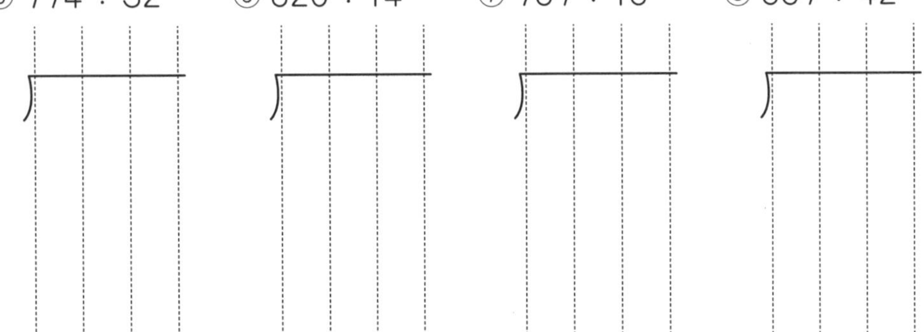

⑨ 530 ÷ 16

⑩ 533 ÷ 26

⑪ 841 ÷ 29

⑫ 846 ÷ 45

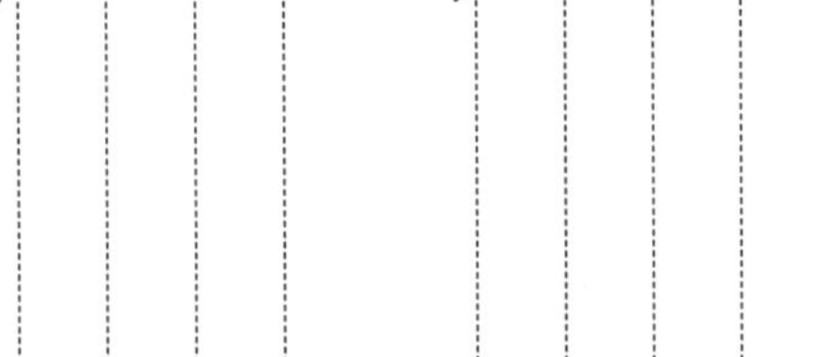

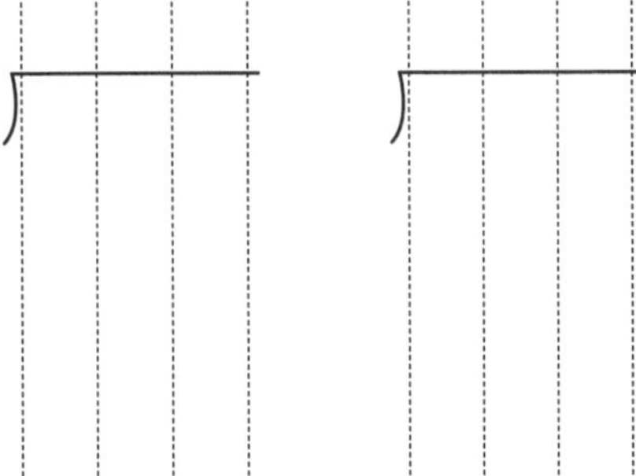

わり算の筆算2（18）

3けた÷2けた　いろいろな型

名前

● 筆算になおして計算しましょう。

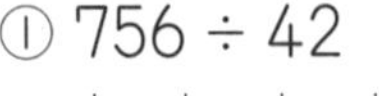
① 756 ÷ 42

② 984 ÷ 39

③ 616 ÷ 24

④ 966 ÷ 46

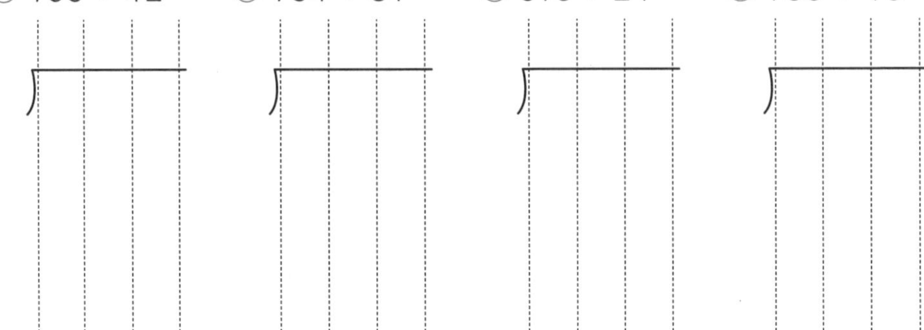

⑤ 896 ÷ 22

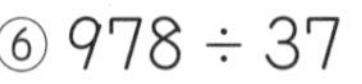
⑥ 978 ÷ 37

⑦ 684 ÷ 19

⑧ 757 ÷ 23

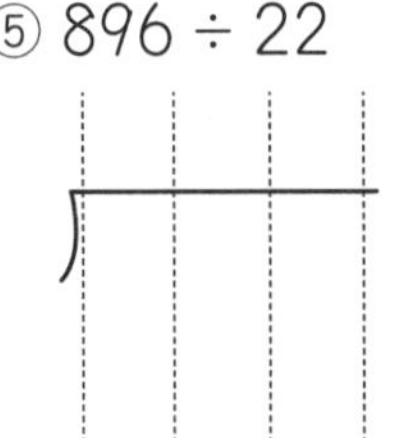

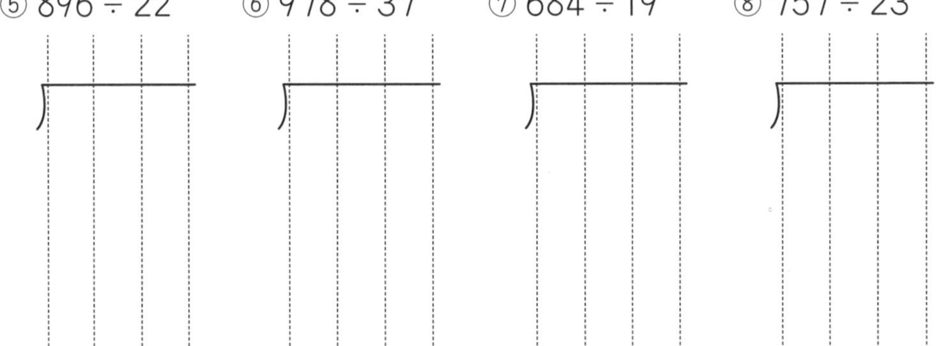

めいろは，答えの大きい方をとおりましょう。とおった方の答えを下の□に書きましょう。

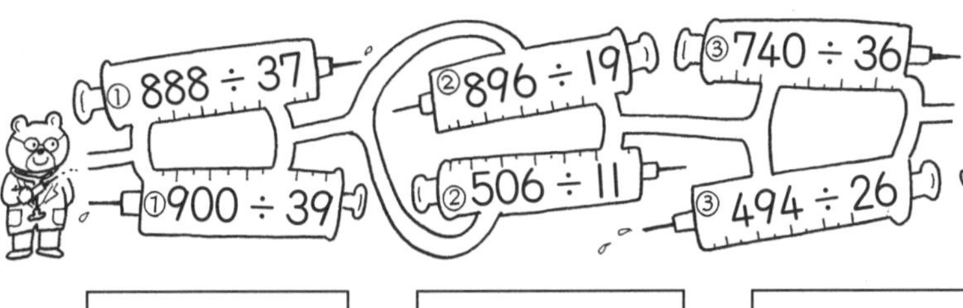

① □　② □　③ □

わり算の筆算2（19）

名前

4けた÷2けた

① 4887 ÷ 27

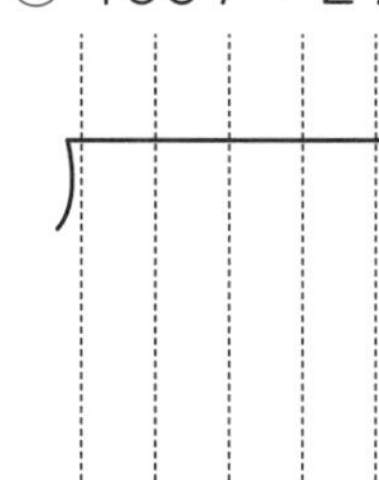

② 7410 ÷ 15

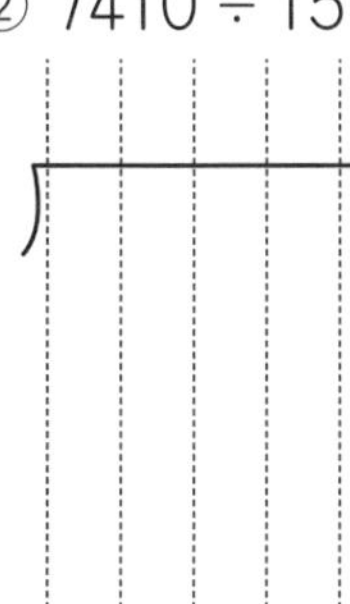

③ 8275 ÷ 52

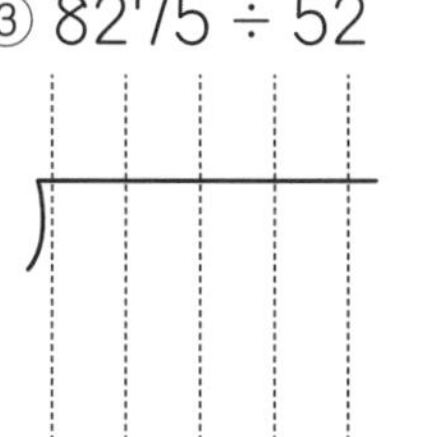

④ 2055 ÷ 21

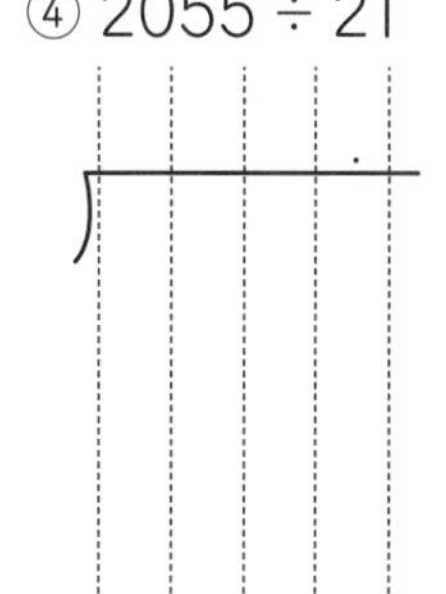

⑤ 8848 ÷ 61

⑥ 4608 ÷ 37

⑦ 8032 ÷ 16

⑧ 7810 ÷ 69

⑨ 1990 ÷ 18

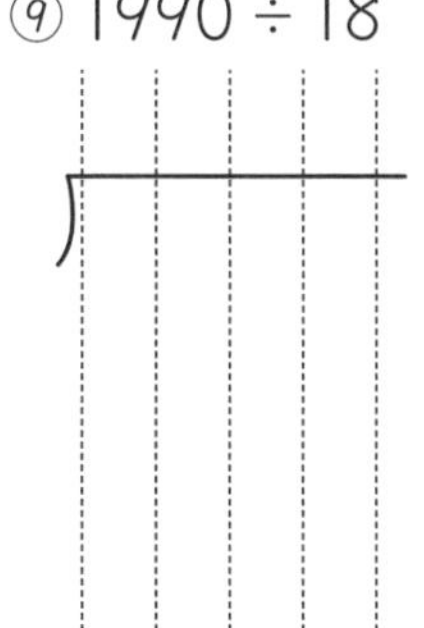

⑩ 4032 ÷ 14

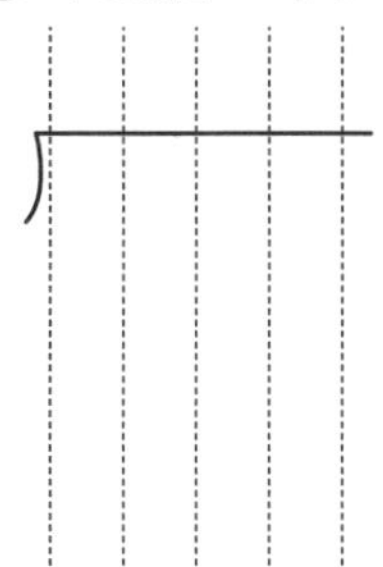

⑪ 6749 ÷ 32

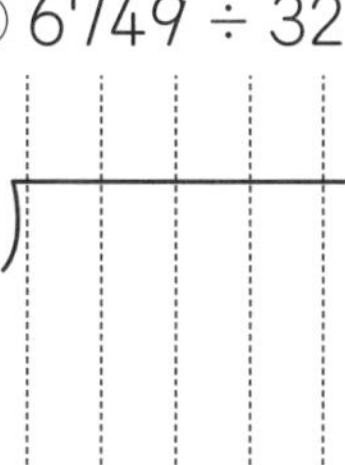

⑫ 9012 ÷ 78

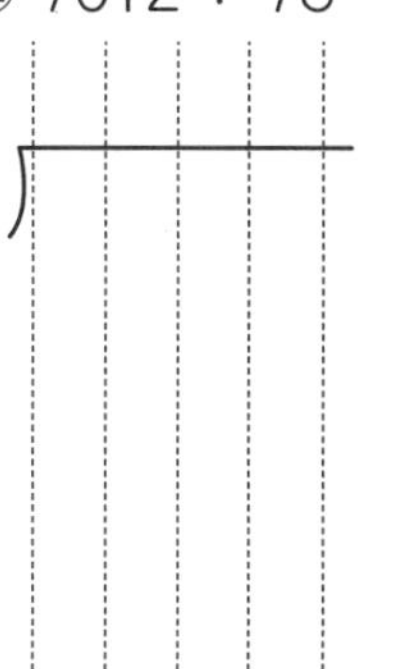

わり算の筆算2（20）

名前

4けた÷3けた

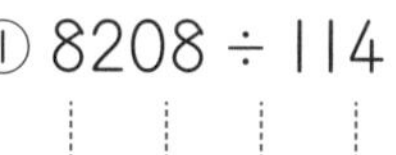
① 8208 ÷ 114

② 3784 ÷ 946

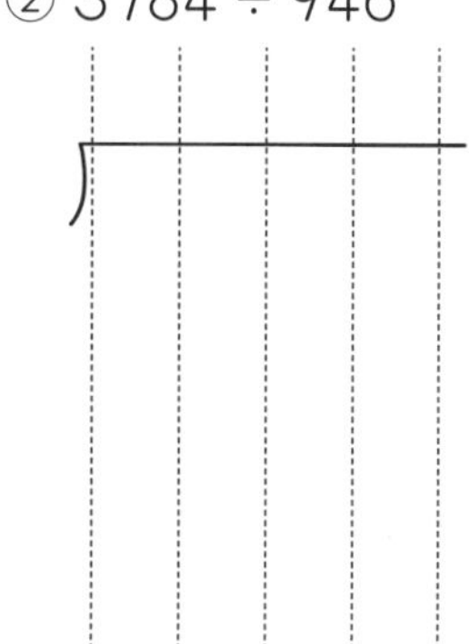

③ 5808 ÷ 363

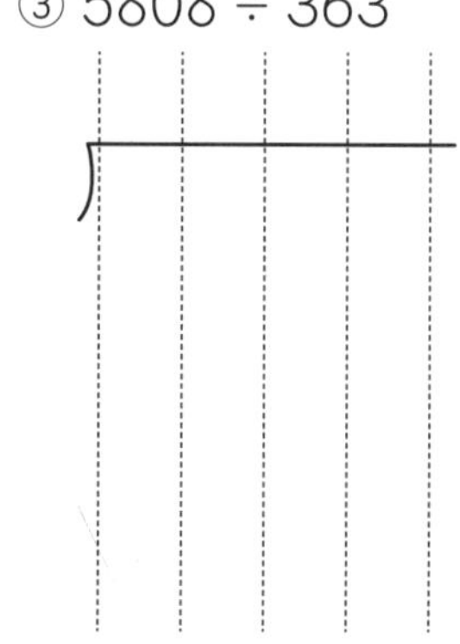

④ 3410 ÷ 162

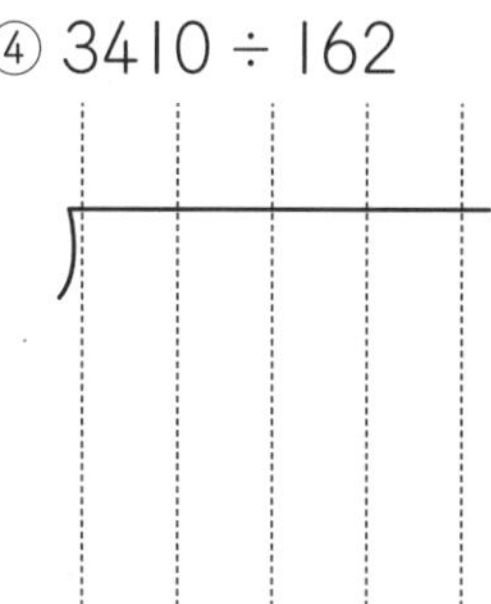

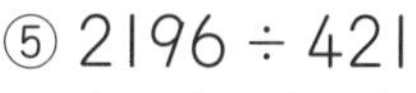
⑤ 2196 ÷ 421

⑥ 6825 ÷ 195

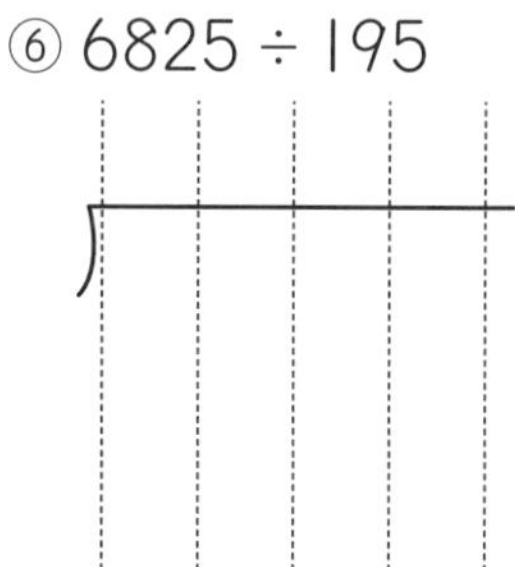

めいろは，答えの大きい方をとおりましょう。とおった方の答えを下の［　］に書きましょう。

①［　　］　②［　　］　③［　　］

わり算の筆算2（21）

名前

1　次の計算で答えの正しいものには○を，まちがっているものには正しい答えを（　　）に書きましょう。

①
```
      9
19)193
   171
    22
```
（　　　）

②
```
     22
42)956
   84
   116
    84
    32
```
（　　　）

③
```
      8
27)238
   216
    22
```
（　　　）

④
```
     45
18)829
   72
   109
    90
    19
```
（　　　）

2　商が1けたになるのは，□がどんな数の場合でしょうか。あてはまる数をすべて書きましょう。

① □4)724　（　　　　）

② 73)7□5　（　　　　）

3　くふうして次の計算をしましょう。

① 40 ÷ 20　　② 180 ÷ 60

③ 300 ÷ 50　　④ 560 ÷ 80

⑤ 900 ÷ 300　　⑥ 6300 ÷ 900

⑦ 2400 ÷ 400　　⑧ 6000 ÷ 200

わり算の筆算2（22）

文章題①

名前

1　76本のえん筆を19人で同じ数ずつ分けます。1人分は，何本になりますか。

式

答え

2　730kgのお米を12kgずつふくろに入れます。12kgのふくろは，何ふくろできて，何kgあまりますか。

式

答え

3　おかしを14こ買ったら，952円でした。おかし1このねだんは，いくらですか。

式

答え

4　236さつの本を1回に15さつずつ運びます。何回運べば，ぜんぶ運ぶことができますか。

式

答え

わり算の筆算[2]（23）

文章題②

名前

[1] 238まいの折り紙を17人で同じ数ずつ分けます。
1人分は何まいになりますか。

式

答え

[2] 9m30cmのテープを36cmずつ切ります。
36cmのテープは何本とれて，何cmあまりますか。

式

答え

[3] 375gのさとうを15ふくろに同じ重さずつに分けます。
さとう1ふくろ分は何gになりますか。

式

答え

[4] 179人が38人乗りのバスに乗って出かけます。
179人全員が乗るには，バスは何台いりますか。

式

答え

わり算の筆算[2]（24）

文章題③

名前

[1] 1箱430円のビスケットを何箱か買うと7740円でした。
ビスケットを何箱買いましたか。

式

答え

[2] 460まいのカードを19人で同じ数ずつ分けます。
1人あたり何まいになって，何まいあまりますか。

式

答え

[3] 390cmのひもから26cmのひもは何本とれますか。

式

答え

[4] 269kgの土を14kgずつふくろに入れます。
14kgのふくろは何ふくろできて，何kgあまりますか。

式

答え

ふりかえりテスト　わり算の筆算 2

名前

1　次の計算をしましょう。(4×12)

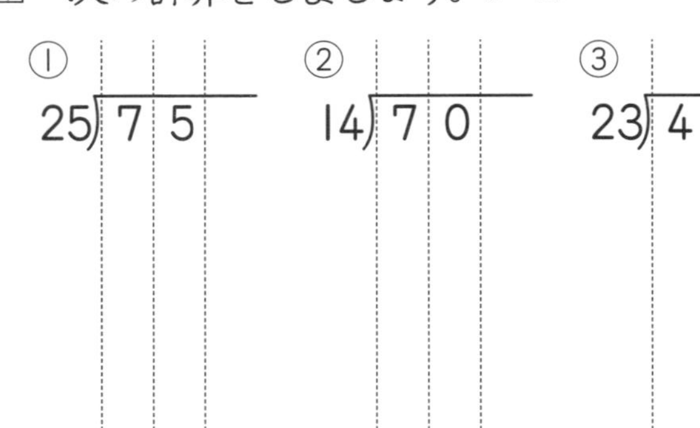

① 25)75　② 14)70　③ 23)49

④ 38)83　⑤ 15)82　⑥ 12)93

⑦ 84)588　⑧ 45)307

⑨ 17)905　⑩ 42)714

⑪ 34)702　⑫ 29)725

2　次の計算が正しければ○を，まちがっていれば正しい答えを（　　）に書きましょう。(3×3)

① 24)72 → 3（72，0）

② 13)77 → 6（78，1）

③ 19)173 → 8（152，21）

（　　　）（　　　）（　　　）

3　計算しましょう。(3×3)

① 280 ÷ 40

② 3600 ÷ 400

③ 7000 ÷ 500

4　商が１けたになるのは，□がどんな数の場合でしょうか。あてはまる数をすべて書きましょう。(5×2)

① □4)742　　② 33)3□8

（　　　）（　　　）

5　130このあめを15人で同じ数ずつ分けます。１人あたり何こになって，何こあまりますか。(8)

式

答え

6　ミニトマトが510こあります。ミニトマトを18こずつパックにつめます。何パックできて，何こあまりますか。(8)

式

答え

7　7m20cmのリボンを同じ長さに16本とります。何cmずつに切るとよいですか。(8)

式

答え

がい数の表し方（1）

名前

● A町，B町，C町の人口は，右の表の通りです。

A町	30214人
B町	30905人
C町	29487人

① それぞれ約何万人といえるでしょう。

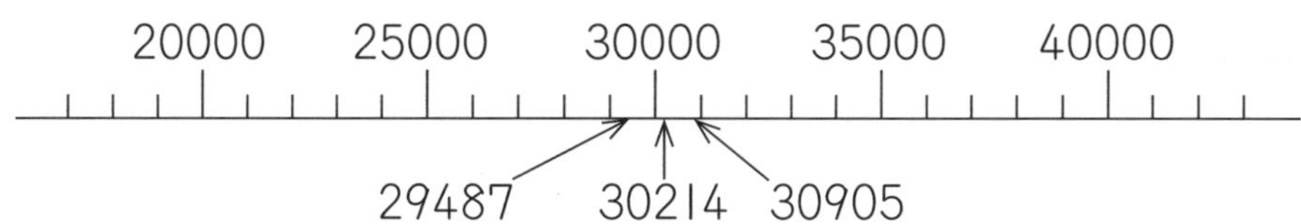

A町 約□万人　B町 約□万人　C町 約□万人

② 下の数直線をみて，答えましょう。

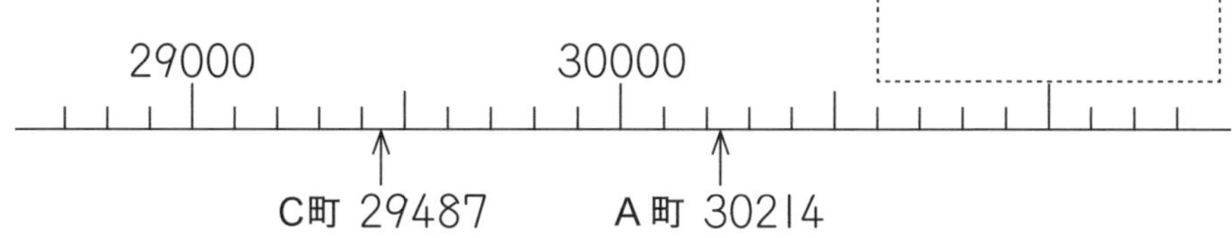

㋐ 数直線の□にあてはまる数を書きましょう。

㋑ A町，C町にならって，B町の人口を数直線に書きましょう。

㋒ A町，B町，C町の人口は，それぞれ約何万何千人といえるでしょう。

A町 約□人　B町 約□人　C町 約□人

がい数の表し方（2）

名前

1 次の数を四捨五入して，千の位までのがい数にしましょう。

① 4695 → 約（　　）

② 2176 → 約（　　）

③ 80501 → 約（　　）

④ 75049 → 約（　　）

⑤ 369789 → 約（　　）

⑥ 998156 → 約（　　）

2 次の数を四捨五入して，一万の位までのがい数にしましょう。

① 45422 → 約（　　）

② 64398 → 約（　　）

③ 790689 → 約（　　）

④ 265045 → 約（　　）

⑤ 6929998 → 約（　　）

⑥ 5899998 → 約（　　）

がい数の表し方（3）

名前

□1 次の数を四捨五入して，上から1けたまでのがい数にしましょう。

① 6823 → 約（　　　　　　）

② 3398 → 約（　　　　　　）

③ 50589 → 約（　　　　　　）

④ 77969 → 約（　　　　　　）

⑤ 25054 → 約（　　　　　　）

⑥ 978919 → 約（　　　　　　）

□2 次の数を四捨五入して，上から2けたまでのがい数にしましょう。

① 46817 → 約（　　　　　　）

② 73398 → 約（　　　　　　）

③ 96501 → 約（　　　　　　）

④ 390689 → 約（　　　　　　）

⑤ 809045 → 約（　　　　　　）

⑥ 5999995 → 約（　　　　　　）

がい数の表し方（4）

名前

□1 四捨五入をして，千の位までのがい数にすると，5000になる整数について調べましょう。

① 四捨五入をして5000になる整数でいちばん小さい数といちばん大きい数を調べて□に数を書きましょう。

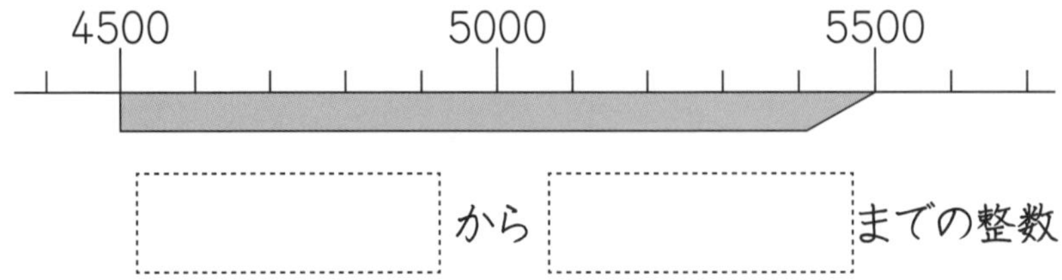

② 四捨五入をして5000になる整数のはんいを，以上・未満を使って書きましょう。

（　　　　　　）

□2 四捨五入をして，万の位までのがい数にすると，40000になる整数について調べましょう。

① 四捨五入をして40000になる整数でいちばん小さい数といちばん大きい数を調べて□に数を書きましょう。

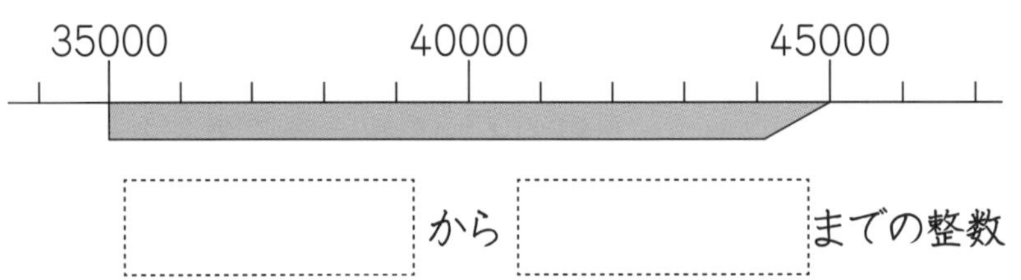

② 四捨五入をして40000になる整数のはんいを，以上・未満を使って書きましょう。

（　　　　　　）

がい数の表し方（5）

名前

1　459 この 1 円玉があります。100 円ずつたばを作っていきます。

① たばにできるのは，何たばで何円でしょうか。

（　　）たば（　　）円

② 100 にたりないはしたの数を，0 にすることを何といいますか。

（　　）

2　523 人の乗客が 100 人乗りの船に乗って島にわたります。

① 全員が乗って島にわたるためには，船は何台出せばいいですか。

（　　）台

② 100 にたりないはしたの数を，100 として考えることを何といいますか。

（　　）

3　次の数を切り捨てたり，切り上げたりして千の位までのがい数にしましょう。

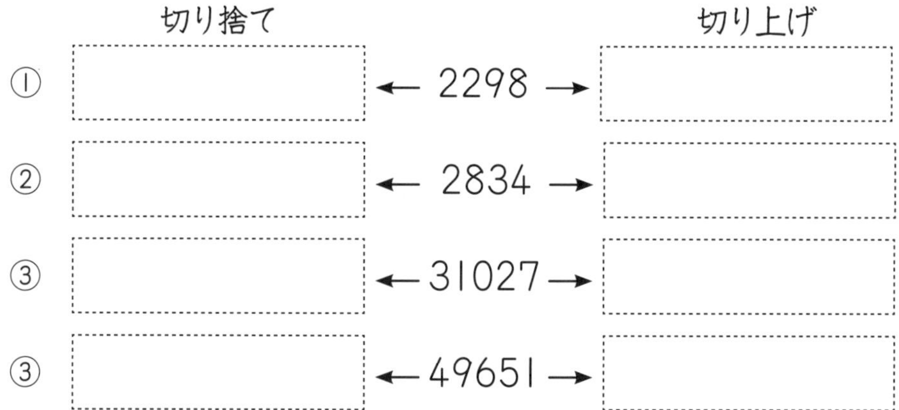

	切り捨て		切り上げ
①		← 2298 →	
②		← 2834 →	
③		← 31027 →	
③		← 49651 →	

がい数の表し方（6）

名前

● 右の表は，Ａ市の小，中学生の人数を調べてまとめたものです。

① それぞれの年度の人数は，約何万何千人ですか。表に書きましょう。

② がい数を利用して，年度別の人数を折れ線グラフに表しましょう。

Ａ市の小，中学生の人数

年度	人数（人）	がい数(人)
2006	49398	
2008	48051	
2010	46572	
2012	44690	
2014	43736	
2016	40915	
2018	39453	

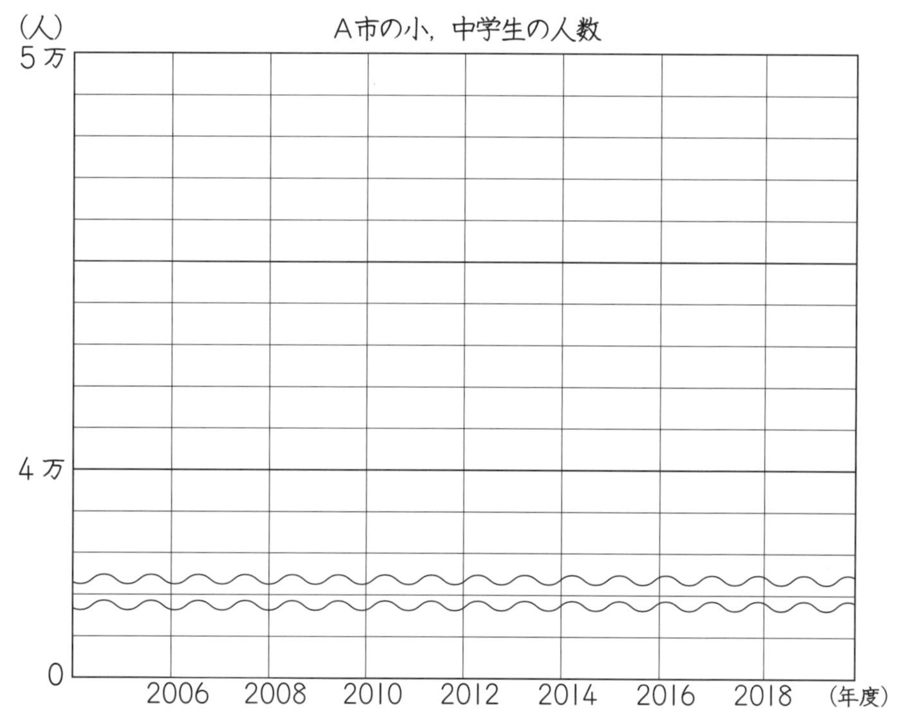

がい数の表し方（7）

がい数を使った計算①

名前

□1 右の表は，水族館の午前，午後の入場者数です。

水族館の入場者数

時	人数(人)
午前	3467
午後	5045

① 1日の入場者数は，全部で約何千何百人でしょうか。がい算で求めましょう。

式

答え

② 午後の入場者数は，午前の入場者数より約何千何百人多いでしょうか。がい算で求めましょう。

式

答え

□2 野球の試合が2試合行われました。その観客数は右の表の通りです。

試合の観客数

試合	人数(人)
第1	28350
第2	20719

① 2試合の観客数の合計は約何万何千人でしょうか。がい算で求めましょう。

式

答え

② 第1試合の観客数は第2試合の観客数より約何千人多いでしょうか。がい算で求めましょう。

式

答え

がい数の表し方（8）

がい数を使った計算②

名前

□1 あるパン屋では，この日，1ふくろ280円の食パンを96ふくろ売り上げました。食パンの売り上げは，約何万円でしょうか。

① がい数を使わないで，そのままの数字で答えを求めましょう。

式

答え

② 280円と96ふくろを上から1けたのがい数にしましょう。

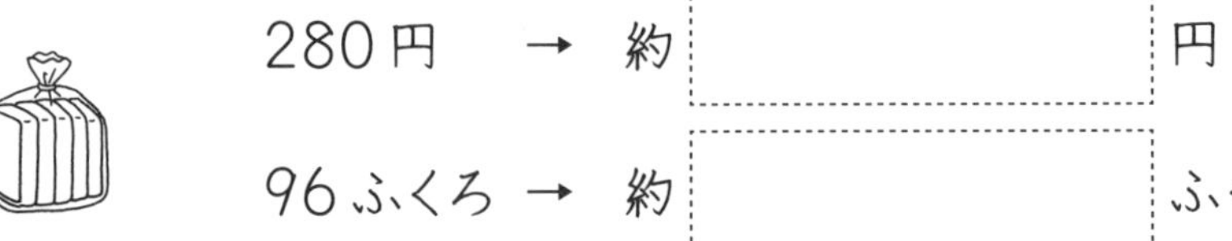

280円 → 約 [　　　] 円

96ふくろ → 約 [　　　] ふくろ

③ 食パンの売り上げはいくらになるか，見積もりましょう。

式

答え

□2 遠足代を1人2130円集めます。4年生78人から集金します。集金は全部で何万円になるでしょうか。

① 2130円と78人を上から1けたのがい数にしましょう。

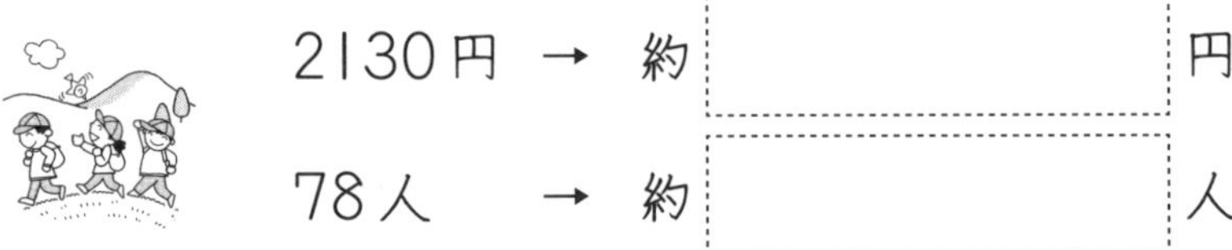

2130円 → 約 [　　　] 円

78人 → 約 [　　　] 人

② 遠足代はぜんぶでいくらになるか，見積もりましょう。

式

答え

がい数の表し方（9）
がい数を使った計算③

名前

① 38人で旅行に行きました。旅行代金は357960円でした。
1人分の旅行代は約何円ですか。

① がい数を使わないで，そのままの数字で答えを求めましょう。

式

答え ＿＿＿＿

② 旅行代金を上から2けたのがい数にしましょう。

357960円 → 約［　　　］円

③ 38人を上から1けたのがい数にしましょう。

38人 → 約［　　　］人

④ ②と③から，1人分の旅行代を見積もりましょう。

式

答え ＿＿＿＿

② ある工場では，1日におかしを3960こ作ります。
それを18こずつ箱につめていくと，約何箱できるでしょうか。

① 3960こを上から2けたのがい数にしましょう。

3960こ → 約［　　　］こ

② 18こを上から1けたのがい数にしましょう。

18こ → 約［　　　］こ

③ ①と②から，何箱できるかを見積もりましょう。

式

答え ＿＿＿＿

がい数の表し方（10）
がい数を使った計算④

名前

● ゆうさん，さとしさん，れいなさんが右の3つの品物を買います。
それぞれの目的にあわせて，上から1けたのがい数にして，代金を見積もりましょう。

買い物リスト	
あめ	158円
プリン	218円
オレンジ	486円

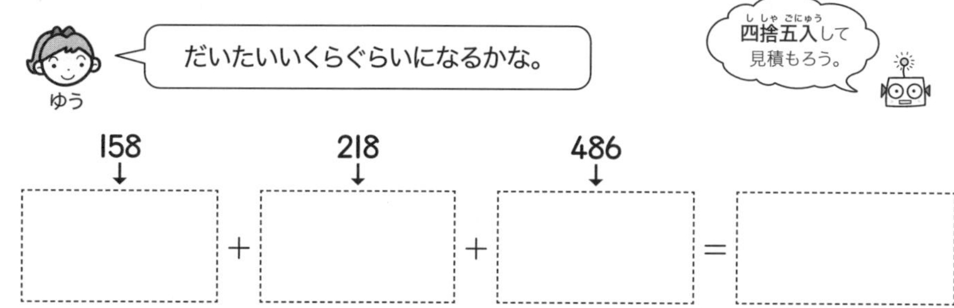
ゆう
だいたいいくらぐらいになるかな。
四捨五入して見積もろう。
158
218
486
＋
＋
＝

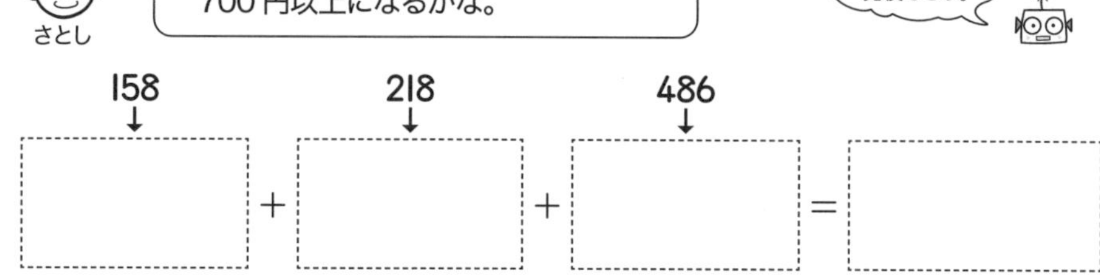
さとし
700円以上だとくじ引きができるよ。
700円以上になるかな。
切り捨てて少なめに見積もろう。
158
218
486
＋
＋
＝

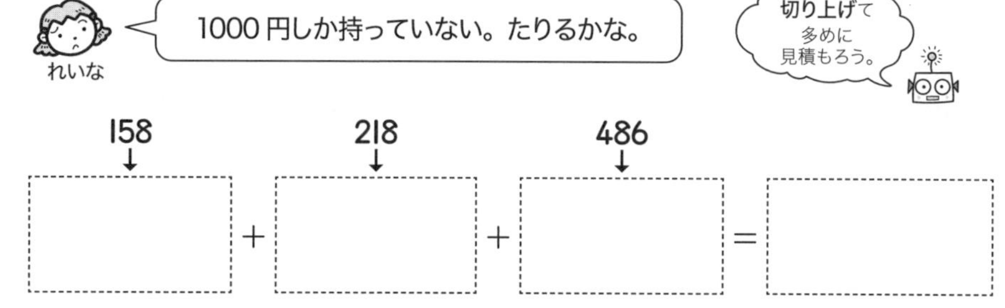
れいな
1000円しか持っていない。たりるかな。
切り上げて多めに見積もろう。
158
218
486
＋
＋
＝

ふりかえりテスト がい数の表し方

名前

1 四捨五入して（　　）の位までのがい数にしましょう。(5×6)

① 456（百の位）　約

② 837（百の位）　約

③ 2198（千の位）　約

④ 60853（千の位）　約

⑤ 390259（一万の位）　約

⑥ 758276（一万の位）　約

2 四捨五入して，上から１けたのがい数にしましょう。(5×2)

① 557　→　約（　　　　）

② 3489　→　約（　　　　）

3 四捨五入して，上から２けたのがい数にしましょう。(5×2)

① 6951　→　約（　　　　）

② 2248　→　約（　　　　）

4 次の整数のはんいを，以上・未満を使って書きましょう。(5×2)

① 四捨五入をし，百の位までのがい数にすると，2500になる整数のはんい

（　　　　　　　　）

② 四捨五入をし，千の位までのがい数にすると，7000になる整数のはんい

（　　　　　　　　）

5 右の表は，１回，２回のコンサートの入場者数です。

コンサート入場者数

回	人数(人)
1	3784
2	5333

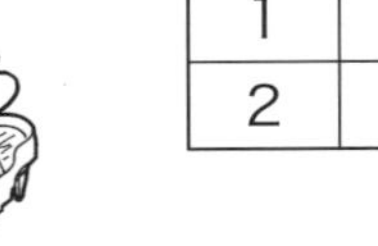

① １，２回のコンサート入場者数は，あわせて約何千何百人ですか。がい算で求めましょう。(10)

式

答え

② ２回目の入場者数は，１回目よりも約何千何百人多いですか。がい算で求めましょう。(10)

式

答え

6 見学旅行代を１人あたり6850円集めます。４年生72人から集金すると，見学旅行代は全部で何円になりますか。

① 見学旅行代と，人数を上から１けたのがい数にしましょう。(5×2)

見学旅行代 ……約（　　　　）円

人　数 ……約（　　　　）人

② 見学旅行代は全部でおよそ何円になるか，見積もりましょう。(10)

式

答え

計算のきまり（1）

名前

1　500 円を持って買い物に行き，170 円のおにぎりと120 円のお茶を買いました。おつりは，何円になるでしょうか。

① おにぎりとお茶の代金を順にひいて求めます。

500 − □ − □ = □

② おにぎりとお茶の代金を先に求めて，まとめてひく考え

㋐ おにぎりとお茶の代金

□ + □ = □

㋑ おつりを求めます。

500 − □ = □

☆ ㋐㋑を（　）を使って１つの式にして答えを求めましょう。

500 − □ = □

答え ＿＿＿＿＿＿

2　計算をしましょう。

① 16 −（2 + 4）　② 11 +（3 + 2）

③ 5 ×（7 − 3）　④ 12 ÷（8 − 5）

⑤（9 − 6）×（3 + 5）

計算のきまり（2）

名前

1　野球をするのに，900 円のバット１本と200 円のボールを３こ買いました。代金はいくらになるでしょうか。

㋐ ボール３こ分の代金

□ × □ = □

㋑ ㋐にバット代をあわせた代金の合計

□ + □ = □

☆ ㋐㋑を１つの式にして，答えを求めましょう。

□ + □ = □

答え ＿＿＿＿＿＿

2　計算をしましょう。

① 25 − 4 × 5　② 20 + 12 × 5

③ 14 + 18 ÷ 6　④ 30 − 9 ÷ 3

⑤ 5 × 6 + 3 × 4

⑥ 40 ÷ 5 + 12 × 3

計算のきまり (3)

名前

□1 右の図で，●と○は全部で何こあるかをえりさんとなおたさんが考えました。

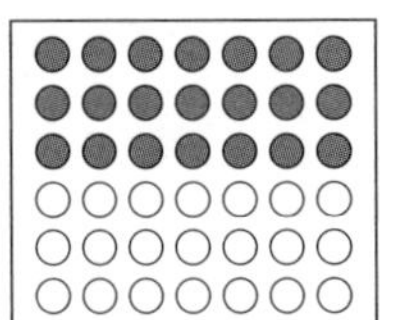

① 2人の考え方にあう式を下の □ からそれぞれ選んで □ に書きましょう。

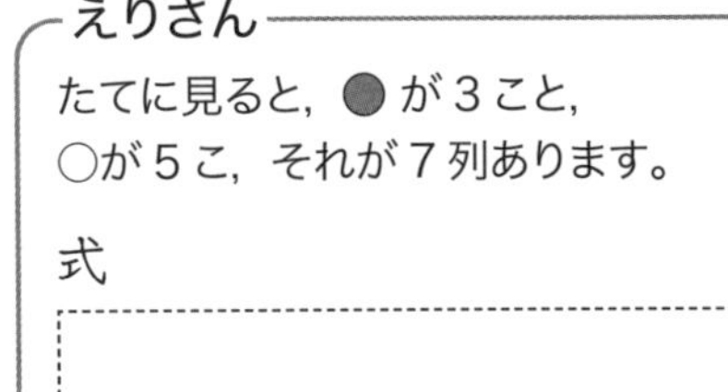

えりさん

たてに見ると，● が３こと，○が５こ，それが７列あります。

式

なおたさん

● は，たてに３こ，横に７列，○は，たてに５こ，横に７列あります。

式

$3\times7+5\times7$ ， $(3+5)\times7$

② 2人の考える式から答えを求めましょう。

□2 次の □ にあてはまる数を書いて，答えを求めましょう。

① $2\times8+6\times8=(\square+\square)\times8$

$=\square$

② $(9-2)\times7=\square\times7-\square\times7$

$=\square$

計算のきまり (4)

名前

□1 計算のきまりを使って，くふうして計算します。□にあてはまる数を書きましょう。

① $57+2.8+7.2=57+(2.8+7.2)$

$=57+\square$

$=\square$

② $6\times99=6\times(100-1)$

$=6\times\square-6\times\square$

$=\square-\square$

$=\square$

□2 次の計算を( )を使って，くふうしてときましょう。

① $39+28+72$

② $258+126+14$

③ $30\times7+70\times7$

④ $90\times9-60\times9$

⑤ $54\times20\times5$

⑥ 103×50

ふりかえりテスト 計算のきまり

名前

1 1000円を持って買い物に行きました。まず，550円の本を買い，次に120円のおかしを買いました。お金はいくら残っているでしょうか。（1つの式にして答えを求めましょう）

① 「まず本を買っておつりをもらい，次におかしを買っておつりをもらう」という考え方で式に表し，答えを求めましょう。(10)

式

答え

② 「先に，本とおかしの代金をあわせて，それから，残りのお金を求める」という考え方で式に表し，答えを求めましょう。(10)

式

答え

2 200円のペン6本と，600円の筆箱を1つ買いました。代金の合計を求める1つの式を書き，答えを求めましょう。(10)

式

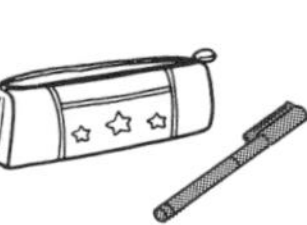

答え

3 1まい80円のチョコレートを4まい買って，500円を出しました。おつりは，いくらですか。1つの式を書き，答えを求めましょう。(10)

式

答え

4 じゅんじょに気をつけて，計算しましょう。(5×8)

① 45 − 63 ÷ 9

② 6 ×（24 + 26）

③ 28 ÷ 4 − 3

④（9 + 30 ÷ 5）× 2

⑤（7 + 2）×（6 − 2）

⑥ 8 × 4 − 3 × 6

⑦（7 × 8 − 4）÷ 2

⑧ 7 ×（8 − 4）÷ 2

5 （ ）を使って，くふうして計算しましょう。(5×4)

① 28 + 27 + 23

② 80 × 9 + 20 × 9

③ 100 × 5 − 70 × 5

④ 102 × 46

垂直・平行と四角形（1）

名前

垂直

1　2本の直線が，垂直なのはどれでしょうか。（　）に○をつけましょう。

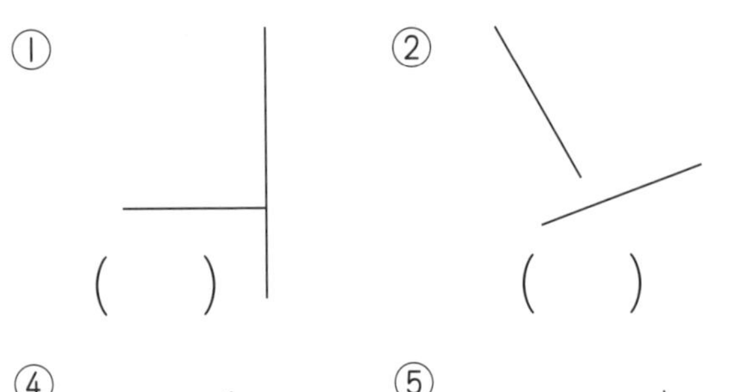

①（　　）　②（　　）　③（　　）

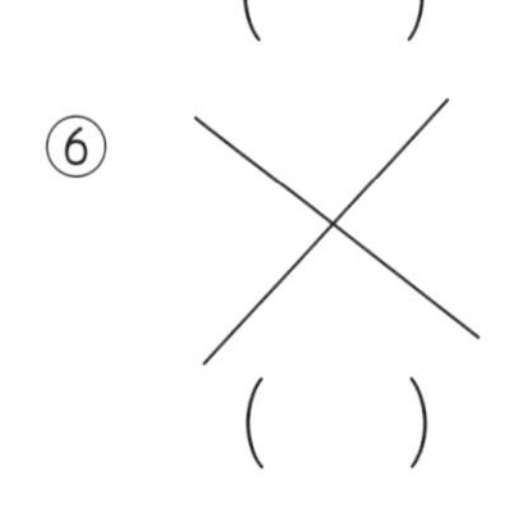

④（　　）　⑤（　　）　⑥（　　）

2　点Aを通って，直線㋐に垂直な直線をかきましょう。

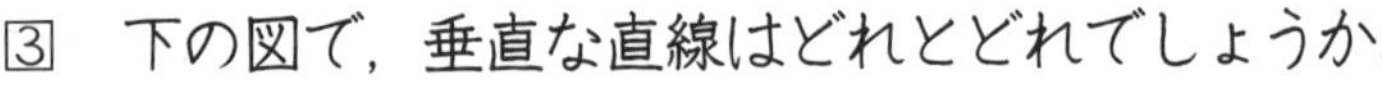

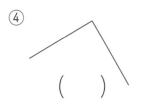

3　下の図で，垂直な直線はどれとどれでしょうか。

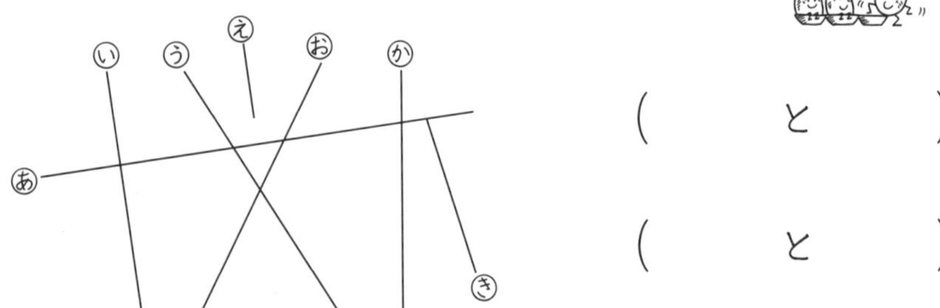

（　　　と　　　）

（　　　と　　　）

垂直・平行と四角形（2）

名前

平行①

1　（　　）の正しいほうのことばに○をつけましょう。

①　図1のように，直線アに直線あいが垂直に交わっているとき，直線あいは（垂直・平行）であるといいます。

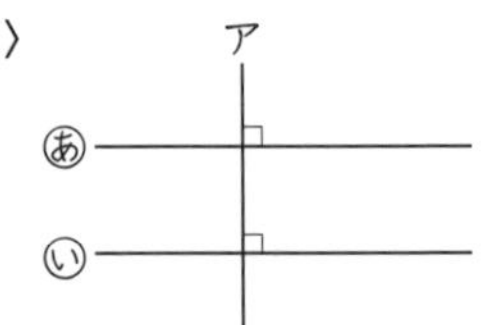

②　図2のように，直線あといが平行なとき，ほかの直線とできる角は（等しい・等しくない）。

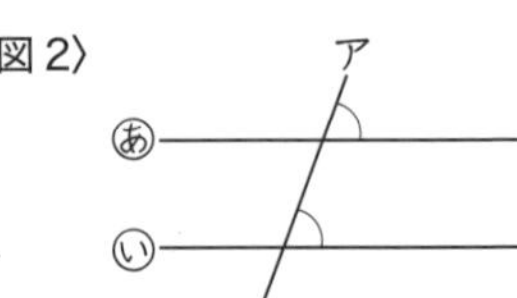

③　図3のように，直線あいが平行なとき，アイとウエの長さは（等しい・等しくない）。

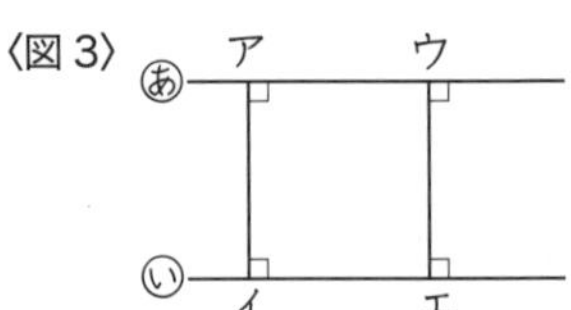

④　平行な直線あいをのばしていくと（いずれ交わる・どこまでも交わらない）。

2　2本の直線が，平行なのはどれでしょうか。（　）に○をつけましょう。

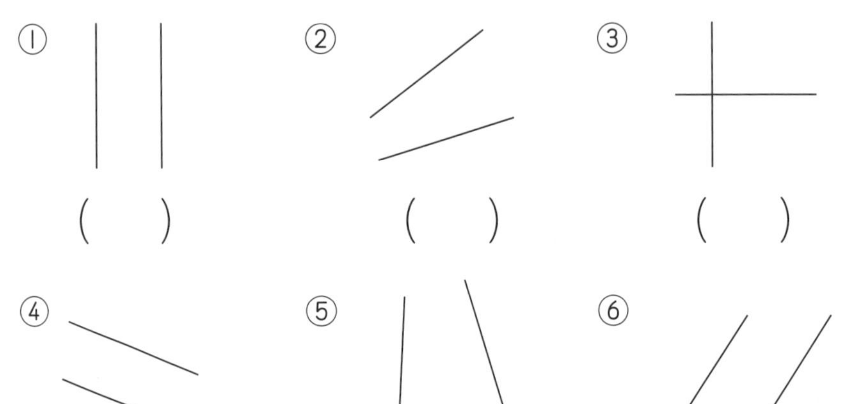

①（　　）　②（　　）　③（　　）

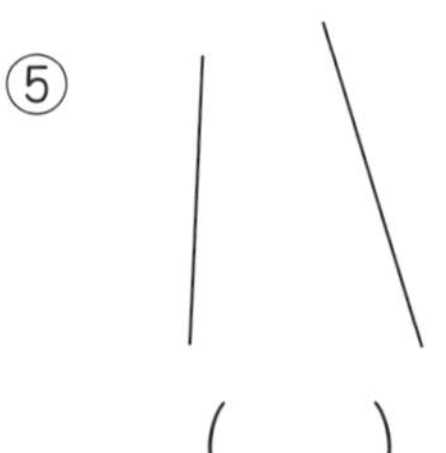

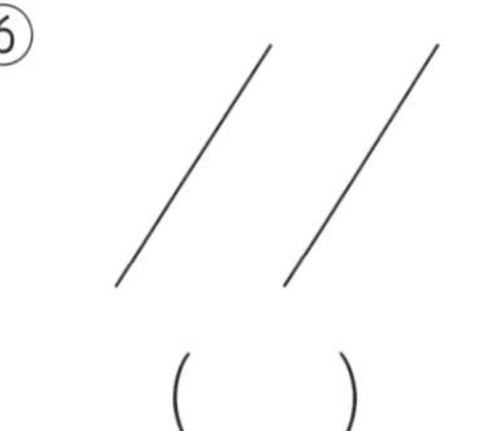

④（　　）　⑤（　　）　⑥（　　）

垂直・平行と四角形（3）

平行②

名前

□1 下の図で平行な直線は，どれとどれでしょうか。

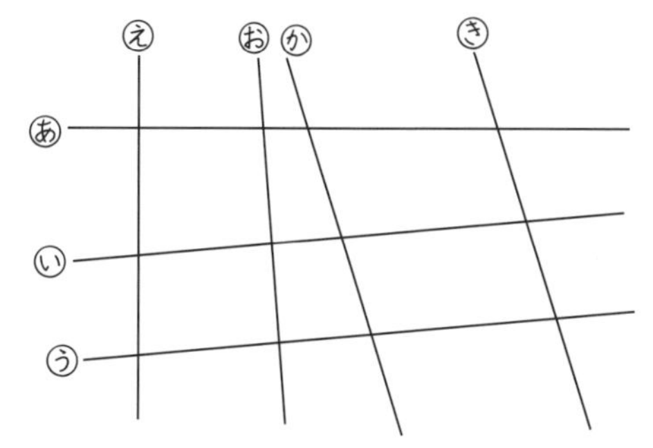

（　　と　　）

（　　と　　）

□2 点Aを通って，直線㋐に平行な直線をかきましょう。

① A•

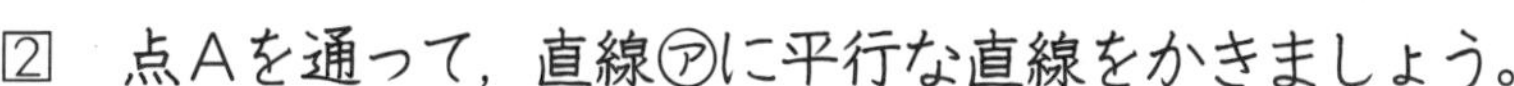

② 

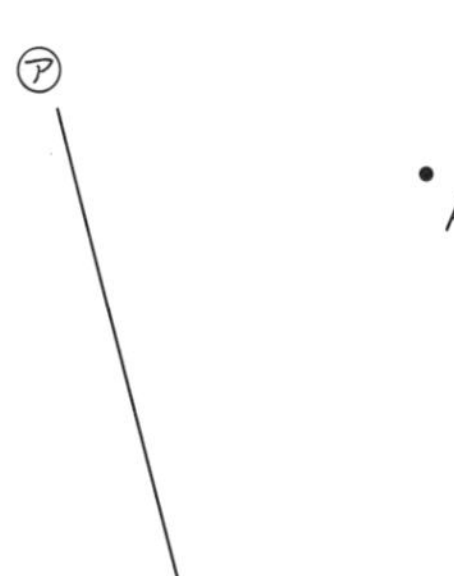

□3 ㋐，㋑，㋒の直線は平行です。
あ，い，うの角度は，それぞれ何度ですか。

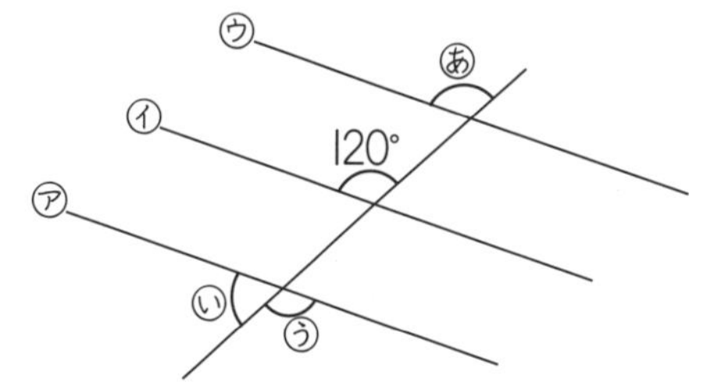

あ（　　　）°

い（　　　）°

う（　　　）°

垂直・平行と四角形（4）

垂直・平行

名前

□1 右の図で直線の交わり方を調べましょう。

① 垂直（すいちょく）な直線はどれとどれですか。

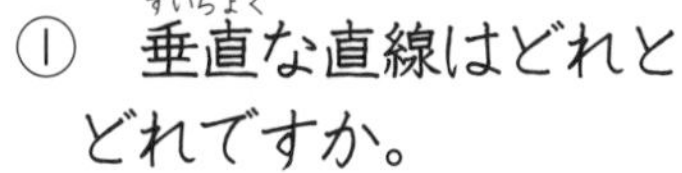

（　　）と（　　）

（　　）と（　　）

（　　）と（　　）

② 平行な直線はどれとどれですか。

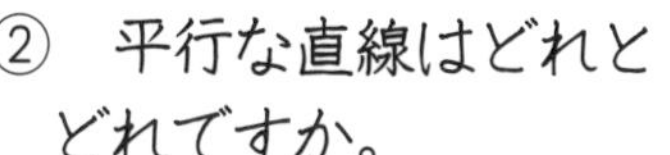

（　　）と（　　）

（　　）と（　　）

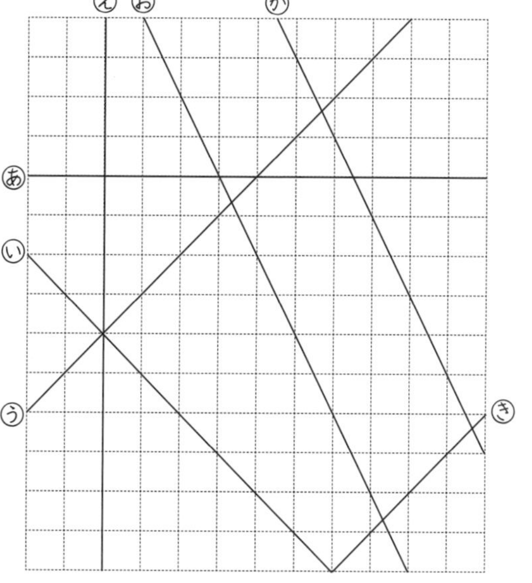

□2 右の図に次の直線をひきましょう。

① 点Aを通って，直線㋐に垂直な直線

② 点Aを通って，直線㋐に平行な直線

③ 点Bを通って，直線㋑に垂直な直線

④ 点Bを通って，直線㋑に平行な直線

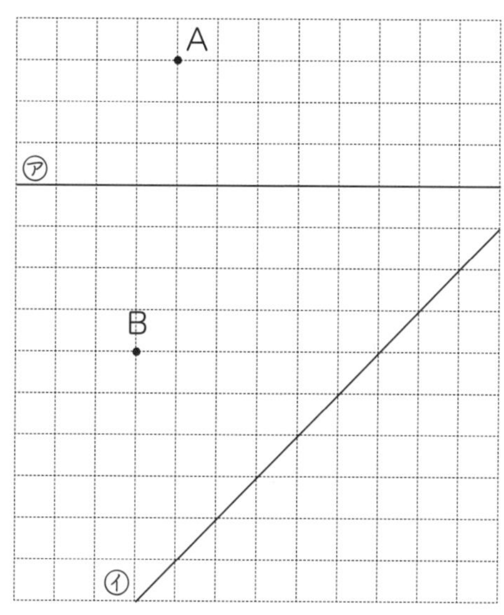

垂直・平行と四角形（5）

四角形①　台形

名前

1　（　）にあてはまることばを入れ，台形についての説明文を書きましょう。

向かい合った（　　　）組の辺が（　　　　　　）な四角形を台形といいます。

2　台形はどれでしょうか。記号をすべて書きましょう。

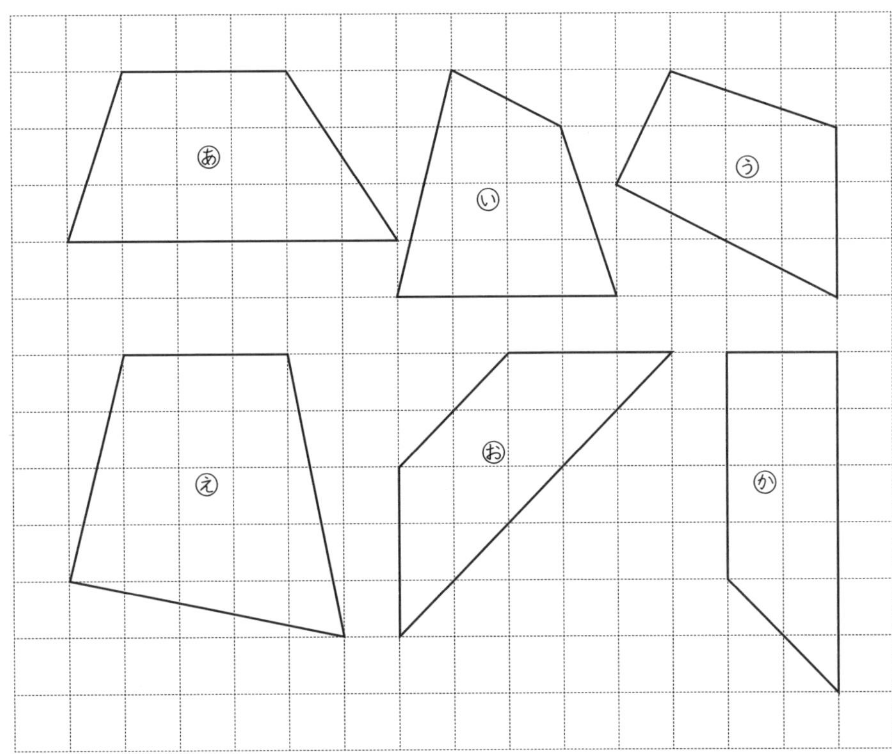

台形（　　　　　　　　　　）

垂直・平行と四角形（6）

四角形②　台形

名前

1　下の平行な直線を使って，例のように台形を２つかきましょう。

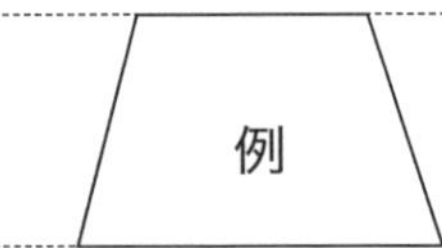

2　①～③の線を使って，それぞれ台形をかきましょう。

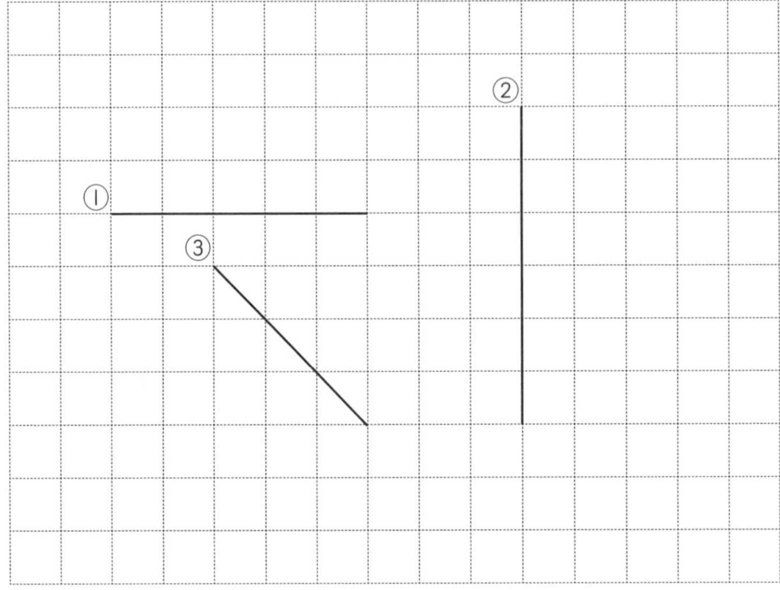

3　図のような台形をかきましょう。

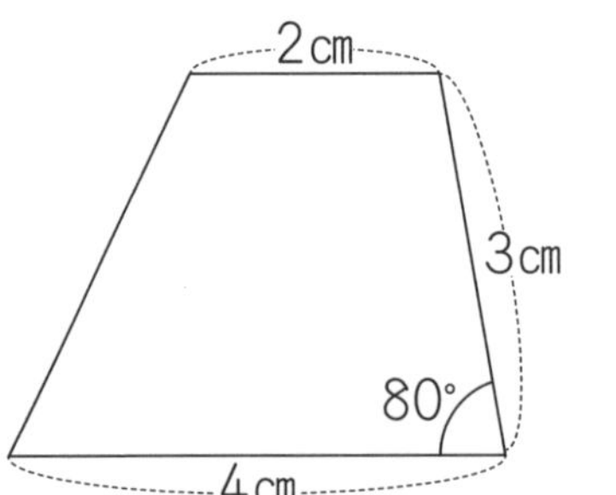

垂直・平行と四角形（7）

名前

四角形③　平行四辺形

① （　　）にあてはまることばや数を入れ，平行四辺形について説明した文を書きましょう。

向かい合った（　　）組の辺が（　　　　）な四角形を平行四辺形といいます。

② 平行四辺形はどれでしょうか。記号をすべて書きましょう。

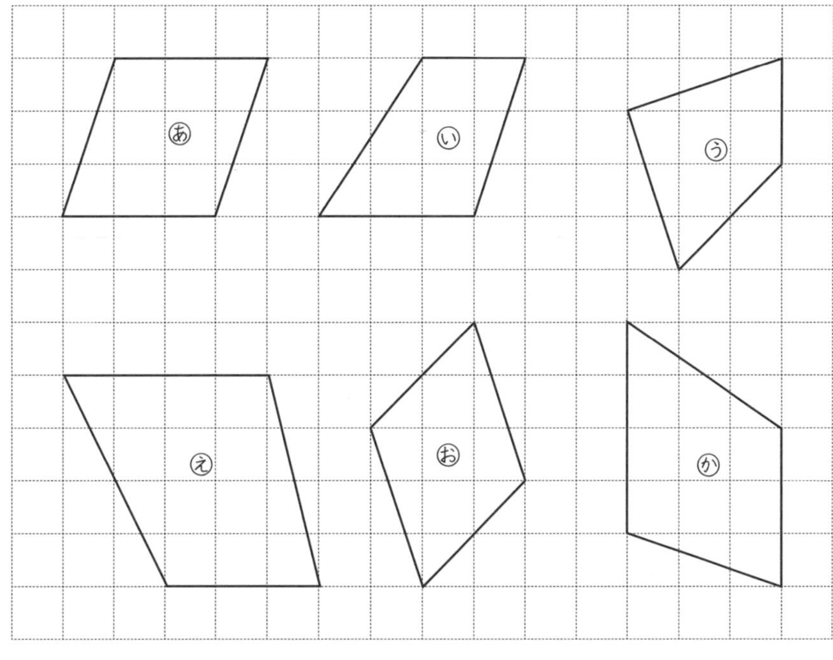

平行四辺形（　　　　　　　　　　）

③ 下の平行な直線を使って，平行四辺形を２つかきましょう。

垂直・平行と四角形（8）

名前

四角形④　平行四辺形

① 同じ平行四辺形を下にかきましょう。

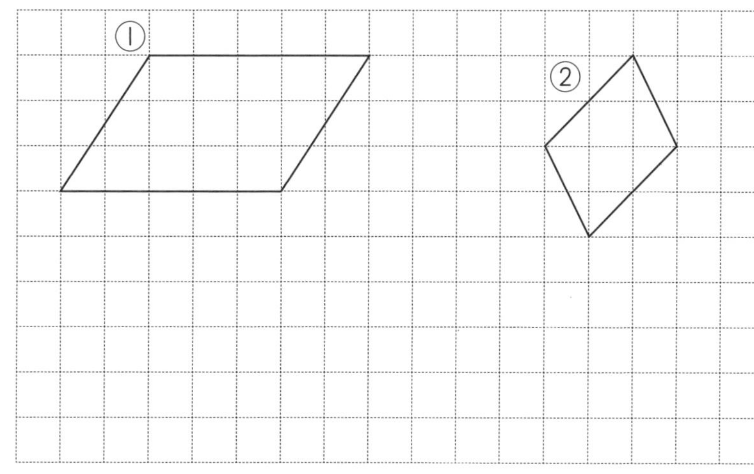

② 下の平行四辺形の角度や辺の長さを求めましょう。

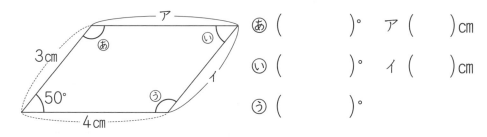

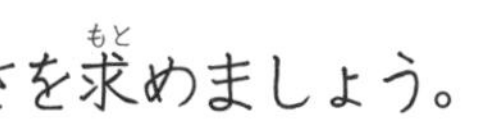

ア　3cm　あ　い　イ　50°　う　4cm

あ（　　　）°　ア（　　）cm

い（　　　）°　イ（　　）cm

う（　　　）°

③ 同じ平行四辺形を２つかさねました。角度や辺の長さを求めましょう。

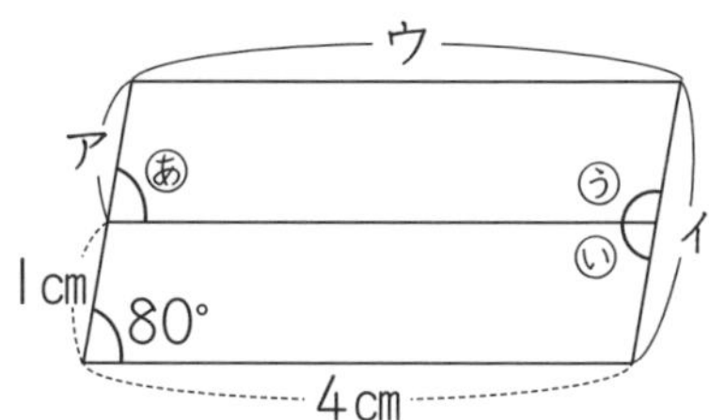

あ（　　　）°　ア（　　）cm

い（　　　）°　イ（　　）cm

う（　　　）°　ウ（　　）cm

垂直・平行と四角形 (9)

四角形⑤　平行四辺形

名前

1　①〜③の平行四辺形の続きをかきましょう。

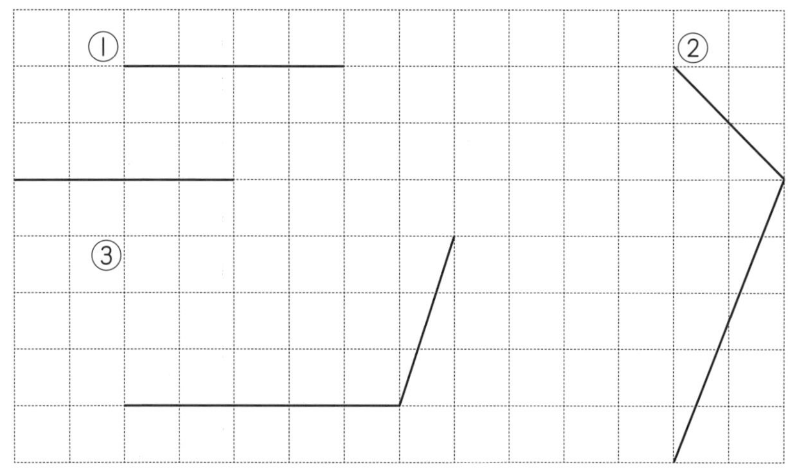

2　コンパスを使って平行四辺形をかきましょう。(分度器は使いません)

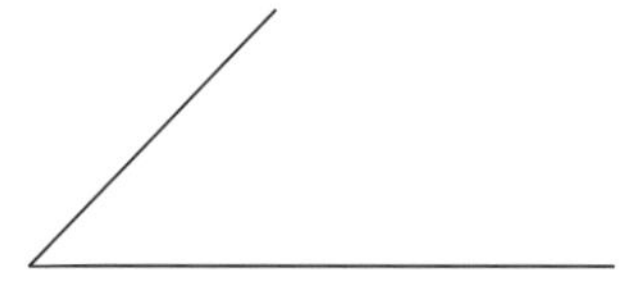

3　分度器を使って平行四辺形をかきましょう。(コンパスは使いません)

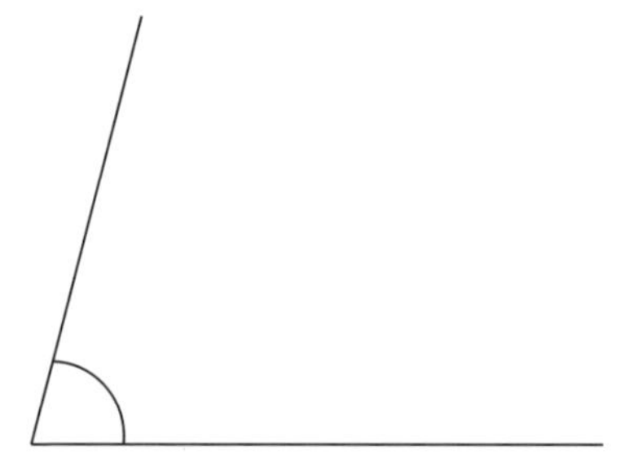

垂直・平行と四角形 (10)

四角形⑥　平行四辺形

名前

1　同じ平行四辺形をかきましょう。

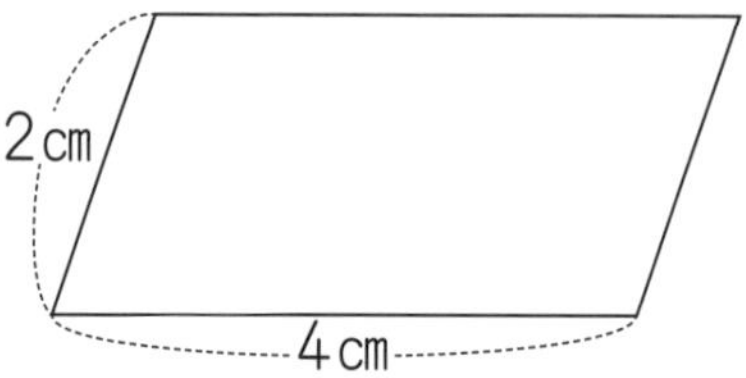

2　必要な長さや角度をはかって，同じ平行四辺形をかきましょう。

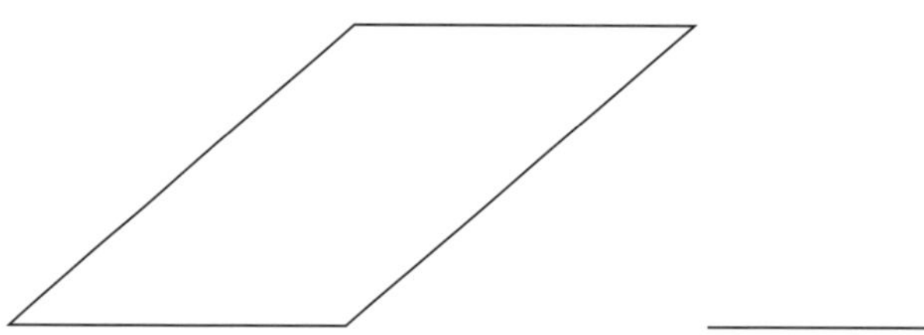

3　アと同じ平行四辺形を５つ，しきつめてかきましょう。

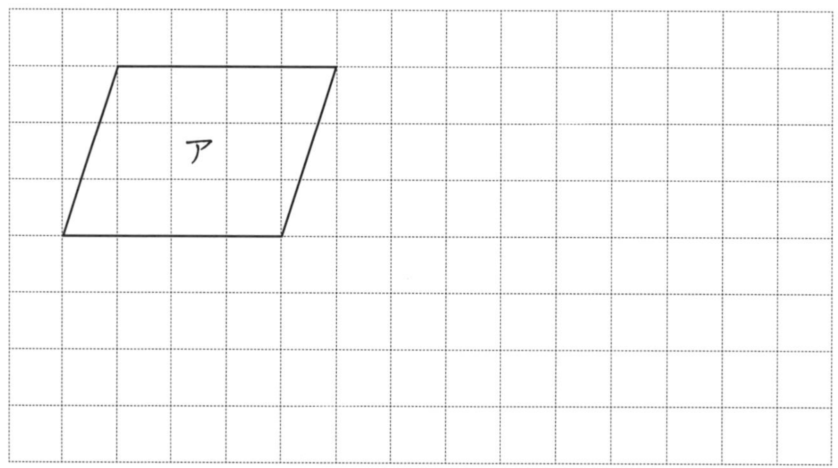

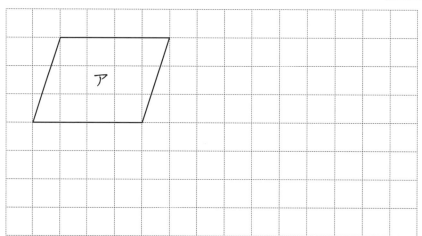

垂直・平行と四角形（11）

名前

四角形⑦　ひし形

① 次の文は，ひし形についての説明文です。
（　）の正しいほうのことばに○をつけましょう。

① 4つの辺の長さがみんな（　等しい　・　等しくない　）四角形を，ひし形といいます。

② ひし形では，向かい合った角の大きさは（　等しい　・　等しくない　）。
また，向かい合った辺は（　平行である　・　平行でない　）。

② ひし形はどれでしょうか。記号をすべて書きましょう。

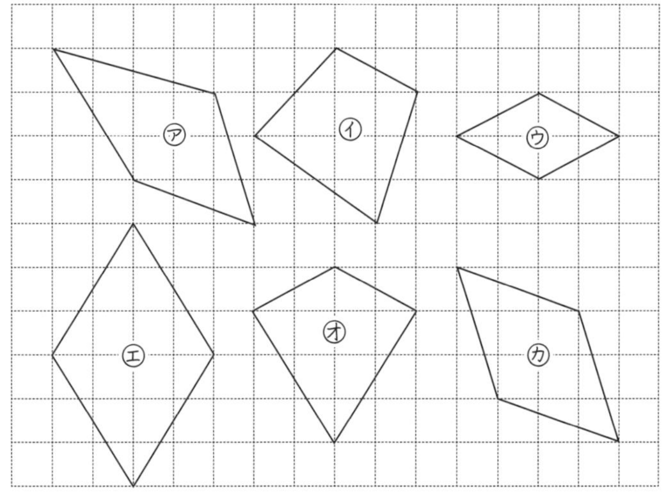

ひし形（　　　　　　　　）

③ ①，②の線を使って，それぞれひし形をかきましょう。

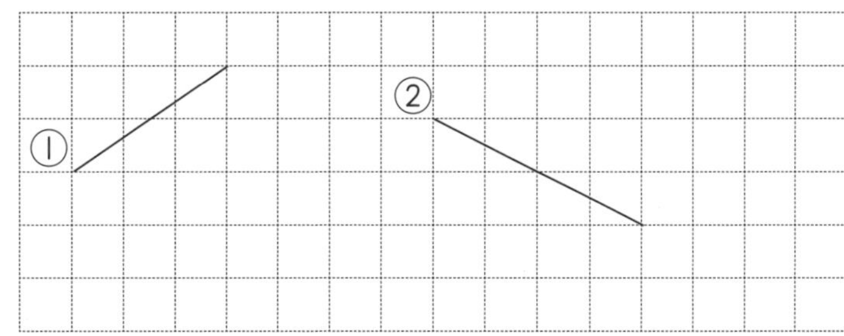

垂直・平行と四角形（12）

名前

四角形⑧　ひし形

① ひし形の続きをかきましょう。

① コンパスを使ってかきましょう。　② 分度器を使ってかきましょう。

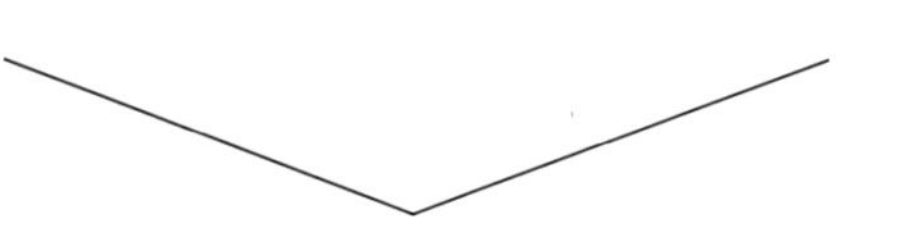

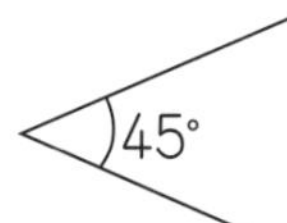

② 次のひし形の角度や辺の長さを書きましょう。

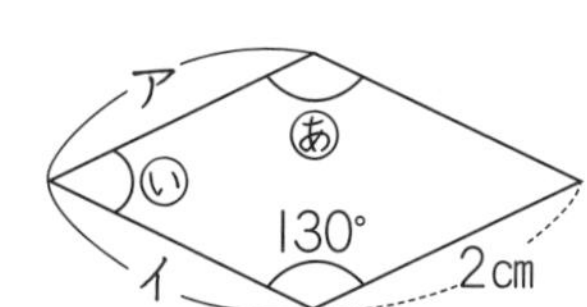

あ（　　　　）°

い（　　　　）°

ア（　　　　）cm

イ（　　　　）cm

③ 下の図と同じひし形をかきましょう。

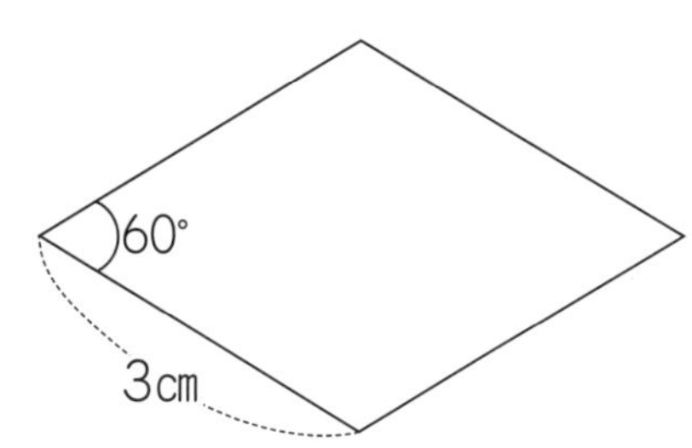

垂直・平行と四角形（13）

名前

四角形⑨

● 次の四角形について調べましょう。

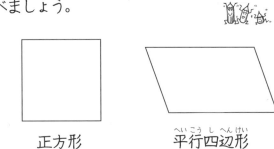

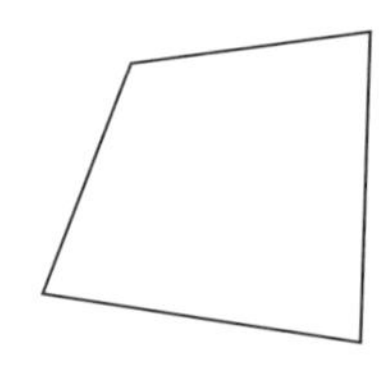
四角形

正方形

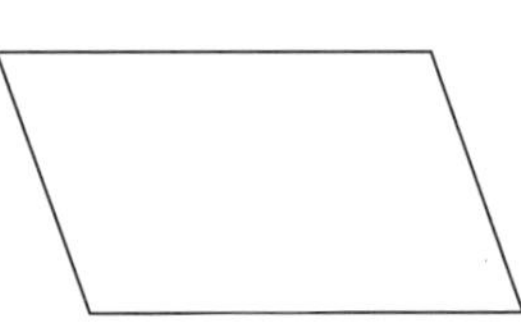
平行四辺形

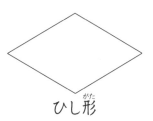

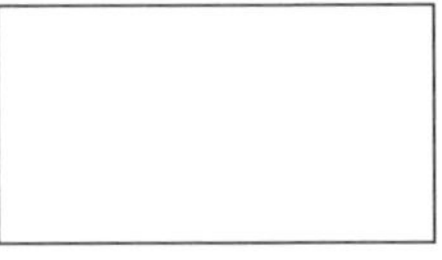
長方形

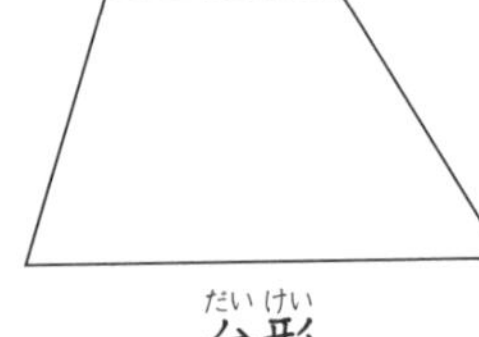
台形

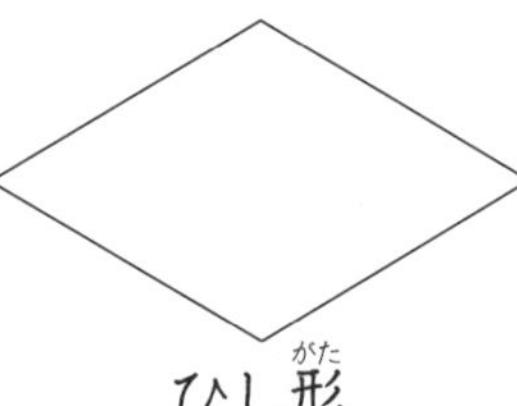
ひし形

① 2本の対角線の長さが等しい四角形
（　　　　　　　）（　　　　　　　）

② 2本の対角線が垂直に交わる四角形
（　　　　　　　）（　　　　　　　）

③ 2本の対角線が同じ長さで垂直に交わる四角形
（　　　　　　　）

④ 2本の対角線の交わった点で，それぞれの対角線が二等分される四角形
（　　　　　　　）（　　　　　　　）
（　　　　　　　）（　　　　　　　）

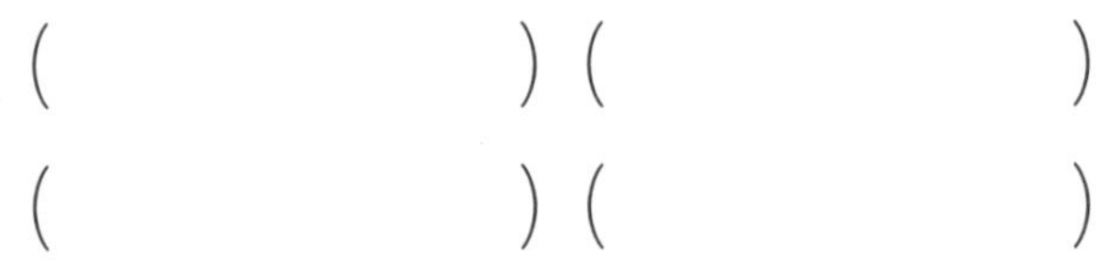

垂直・平行と四角形（14）

名前

四角形⑩

1 次の四角形をかきましょう。

① 対角線の長さが 4cm の正方形

② 対角線の長さが 6cm と 4cm のひし形

（1目もりが 1cm）

2 次の対角線になる，四角形の名前を（　　）に書きましょう。

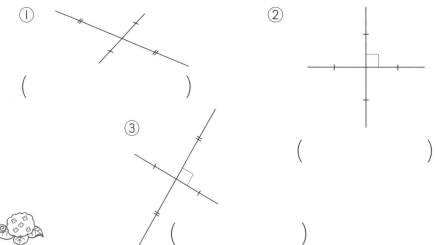

① 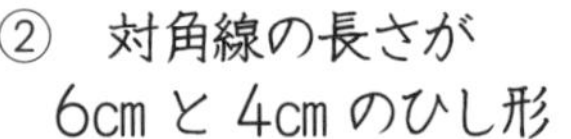
（　　　　　　　）

② 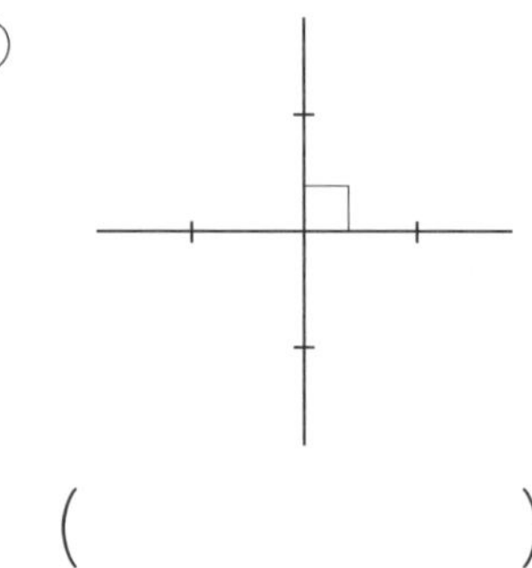
（　　　　　　　）

③ 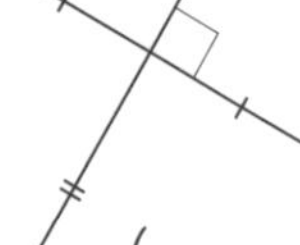
（　　　　　　　）

ふりかえりテスト　垂直・平行と四角形

名前

1　[ ]にあてはまることばを書きましょう。(5×2)

右の図で，直線㋐と

直線㋑は[ ]で

直線㋐と直線㋒は

[ ]です。

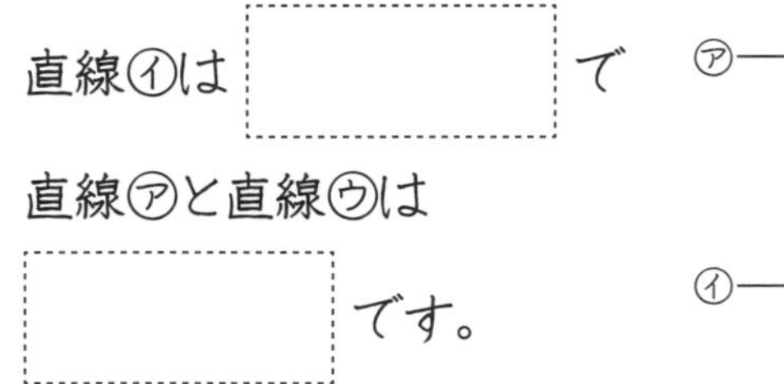

2　下の図を見て，次の問いに記号で答えましょう。(5×4)

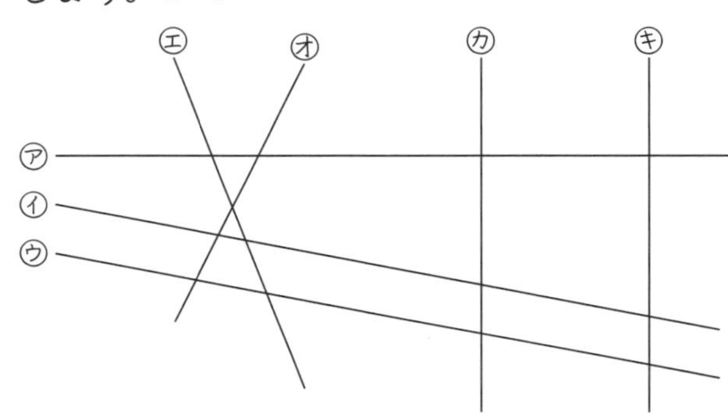

①　垂直（すいちょく）な直線は，どれとどれですか。

(　　)と(　　)，(　　)と(　　)

②　平行な直線は，どれとどれですか。

(　　)と(　　)，(　　)と(　　)

3　下の図で，㋐，㋑，㋒の直線は平行です。あ，い，うの角度はそれぞれ何度ですか。(5×3)

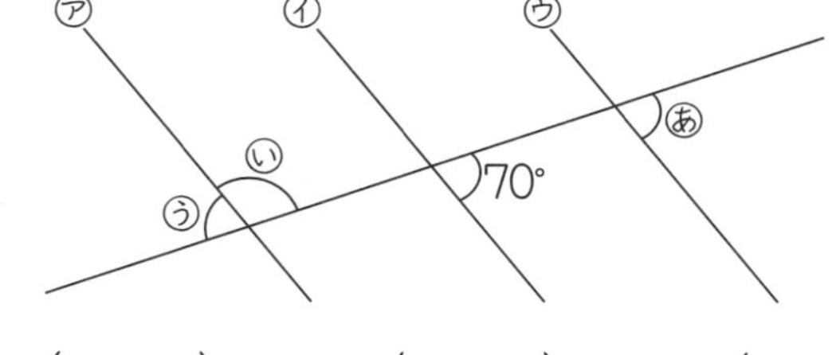

あ(　　)°　い(　　)°　う(　　)°

4　下の図で，点Aを通って直線㋐に垂直な直線をかきましょう。(5)

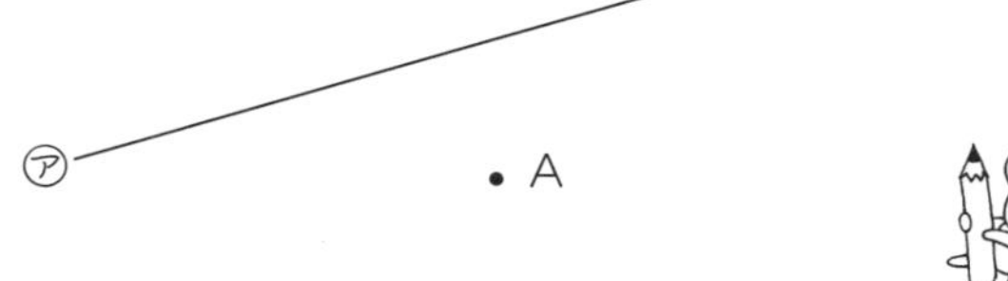

5　次の四角形の名前を書きましょう。(5×3)

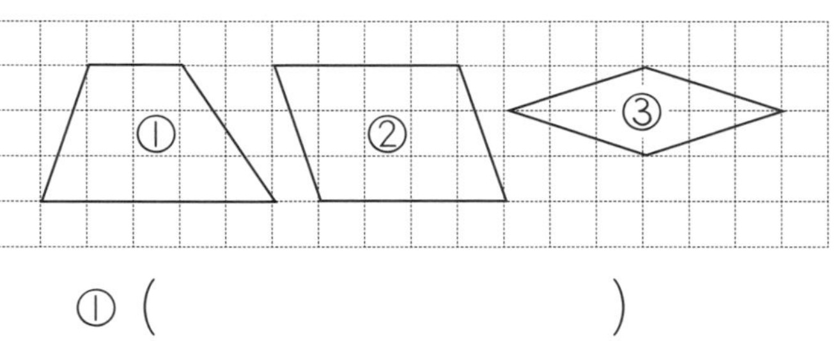

①(　　　　)

②(　　　　)

③(　　　　)

6　次の四角形の角度や長さを求（もと）めましょう。(5×3)

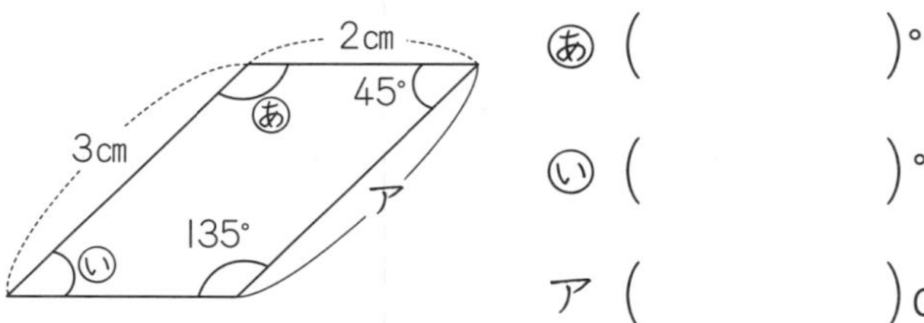

あ(　　)°

い(　　)°

ア(　　)cm

7　次の四角形を書きましょう。(10)

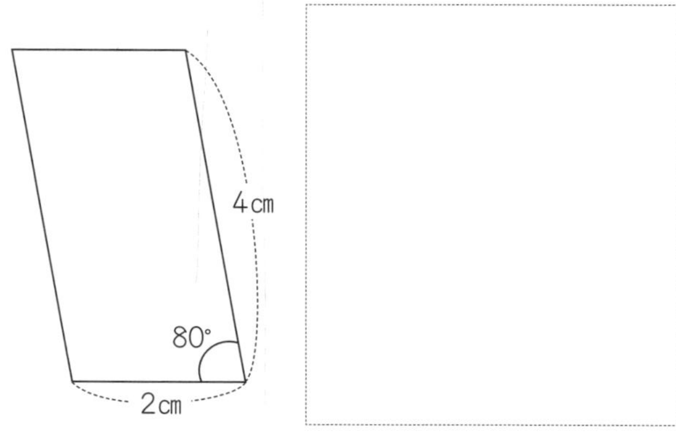

8　次の対角線になる，四角形の名前を書きましょう。(5×2)

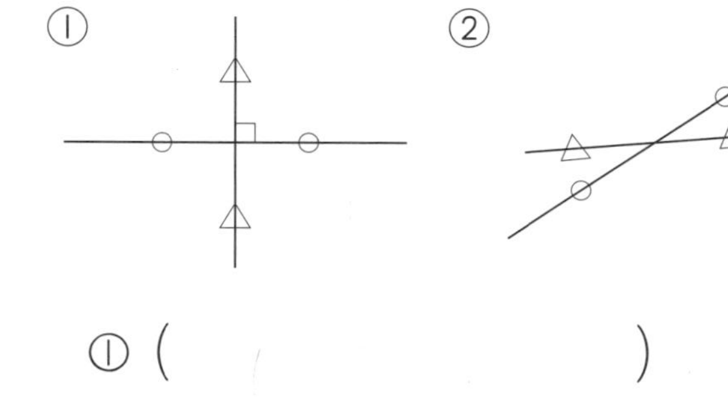

①(　　　　)

②(　　　　)

面積（1）

名前

□1 次の図形の面積を求めましょう。

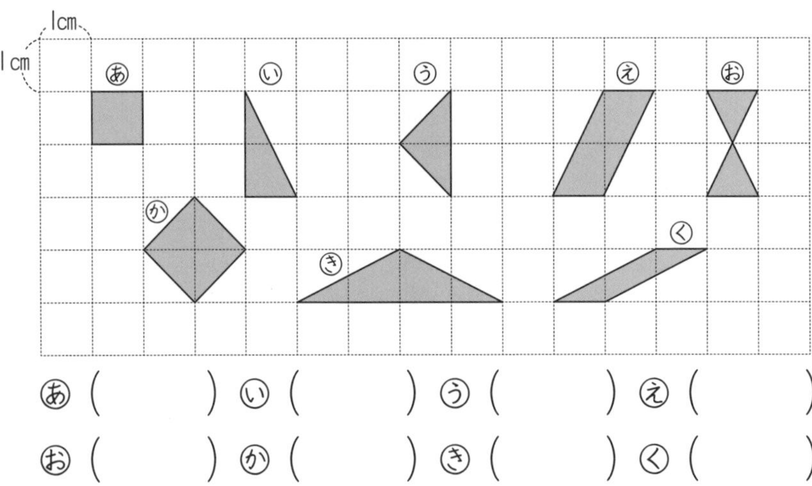

あ（　　　）い（　　　）う（　　　）え（　　　）

お（　　　）か（　　　）き（　　　）く（　　　）

□2 次の図形の面積を求めましょう。

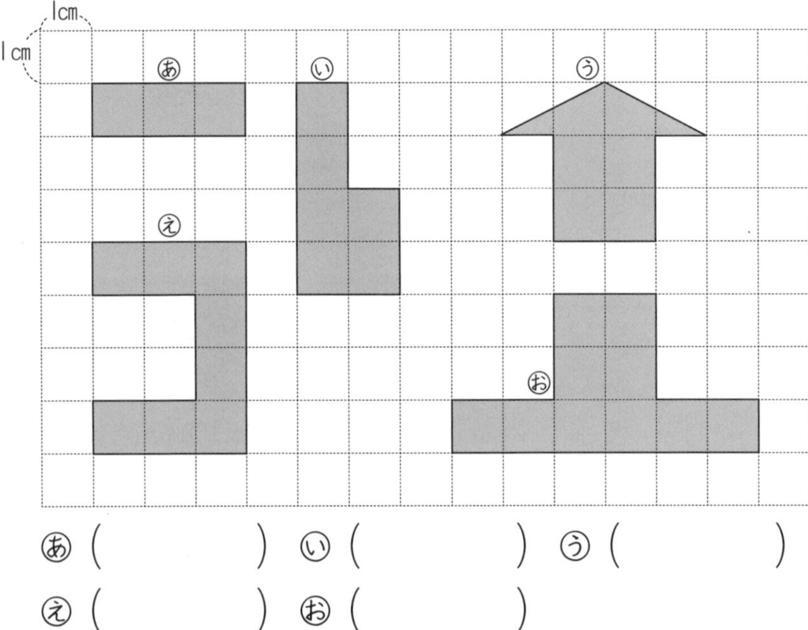

あ（　　　）い（　　　）う（　　　）

え（　　　）お（　　　）

面積（2）

名前

□1 下の方がんに，12㎠になる図形を2つかきましょう。

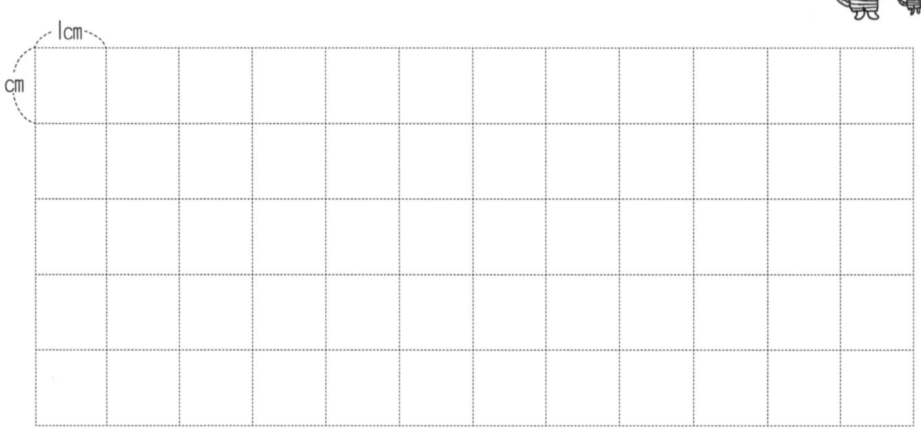

□2 下の方がんに，18㎠になる図形を2つかきましょう。

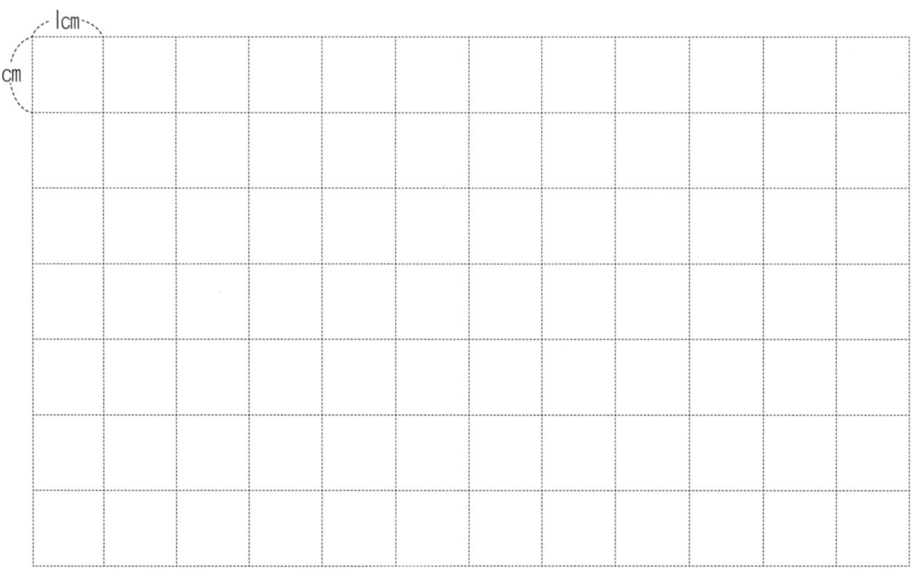

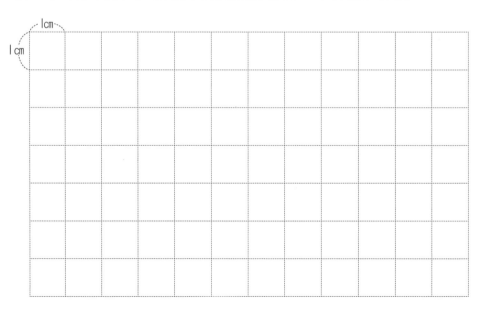

面積（3）

名前

□1 長方形や正方形の面積を求める公式を書きましょう。

長方形の面積 ＝（　　　　　　　　　　）

正方形の面積 ＝（　　　　　　　　　　）

□2 次の長方形や正方形の面積を求めましょう。

①

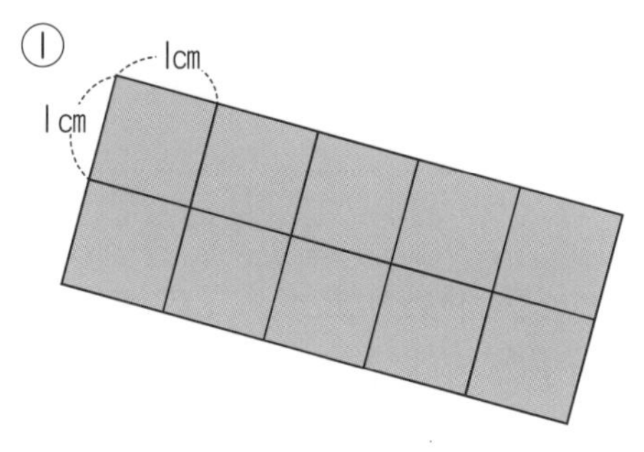

式

答え

②

1cm
1cm

式

答え

③

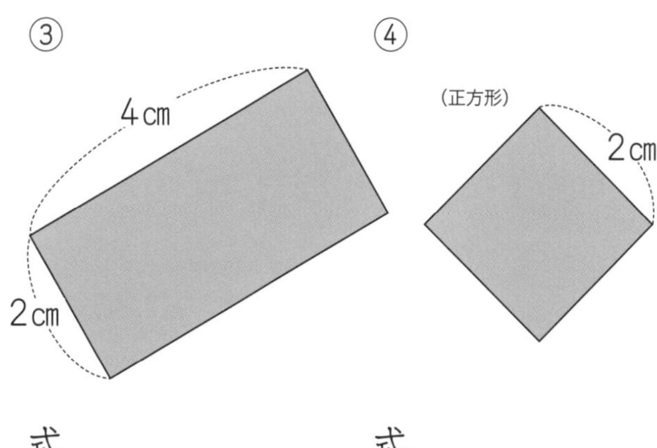

式

答え

④

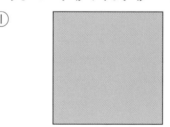

式

答え

⑤

3cm
4cm

式

答え

面積（4）

名前

□1 次の長方形や正方形の□の長さを求めましょう。

①

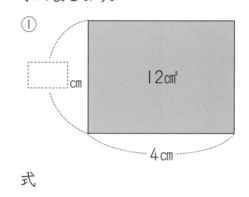

□cm
12cm²
4cm

式

答え

②

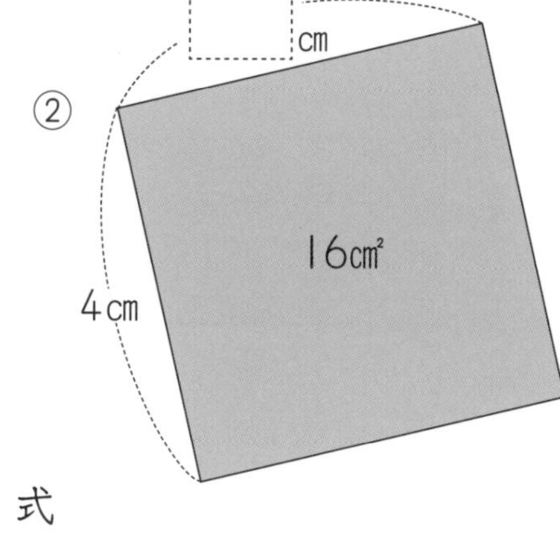

式

答え

□2 次の正方形や長方形の辺の長さをはかり，面積を求めましょう。

①

式

答え

②

式

答え

□3 面積が18cm²の長方形で，たての長さが6cmです。横の長さは何cmですか。

式

答え

面積（5）

名前

□1 次の図形の面積を求めましょう。

①

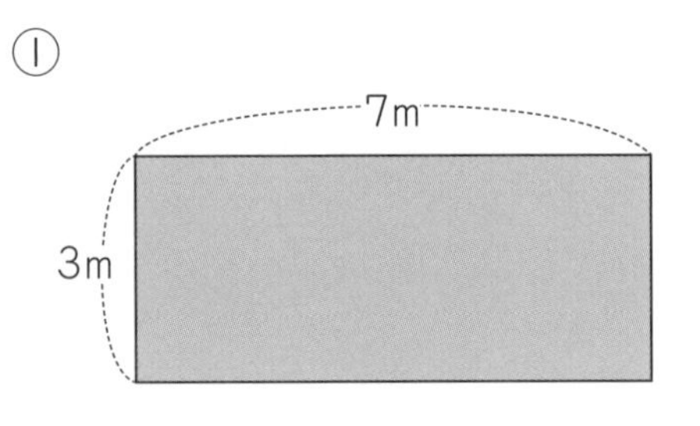

②

6m
6m

式

式

答え

答え

③ たて 4m，横 8m の長方形の花だんの面積

式

答え

□2 1㎡は何㎠でしょうか。

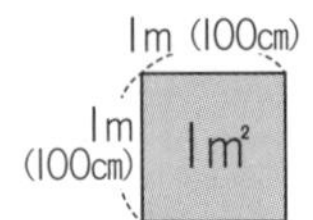

1㎡=（　　　　）㎠

□3 1辺が 3m の正方形の面積は何㎡ですか。
また，それは何㎠ですか。

式

答え　　　　㎡

㎠

面積（6）

名前

□1 たて 160㎝，横 1m の長方形のまどがあります。このまどの面積は，何㎠でしょうか。

式

答え　　　　㎠

□2 たて 2m，横 4m の長方形のけいじ板があります。このけいじ板の面積は，何㎡でしょうか。また，何㎠でしょうか。

式

答え　　　㎡，　　　　㎠

□3 たて 1m20㎝，横が 4m のすな場があります。このすな場の面積は，何㎠でしょうか。

式

答え　　　　㎠

面積（7）

名前

□1 1aは何m²でしょうか。（　　）に書きましょう。

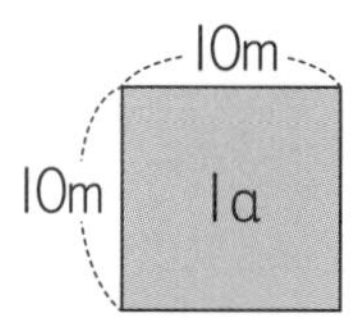

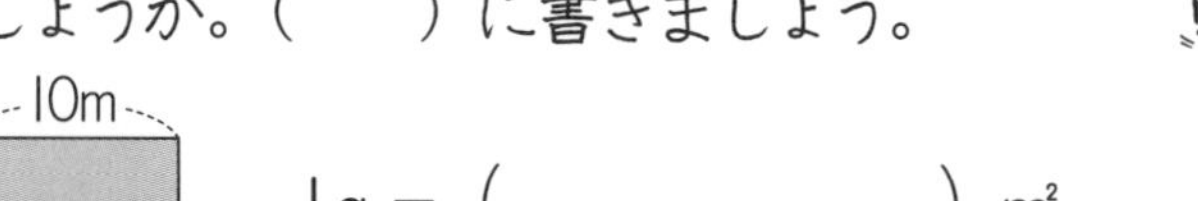

1a =（　　　　　　　）m²

□2 たて20m，横40mの畑があります。

① この畑の面積（めんせき）は，何m²でしょうか。

式

答え

② この畑は，1a（1辺（へん）が10mの正方形）何こ分でしょうか。下の図に10mおきに線をひき，（　　）にあてはまる数を書きましょう。

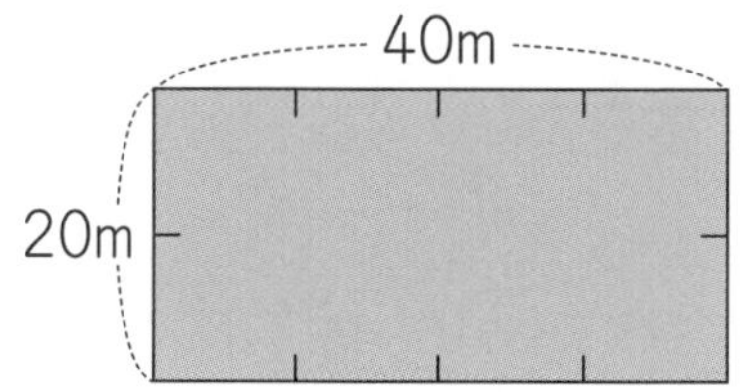

1aが　たて（　　）こ

横（　　）こ

（　　）×（　　）=（　　）

③ この畑の面積は，何aでしょうか。

答え

□3 たて10m，横70mの運動場があります。この運動場の面積は何m²でしょうか。また，何aでしょうか。

式

答え　　　　m²

　　　　a

面積（8）

名前

□1 1haは何m²でしょうか。（　）に書きましょう。

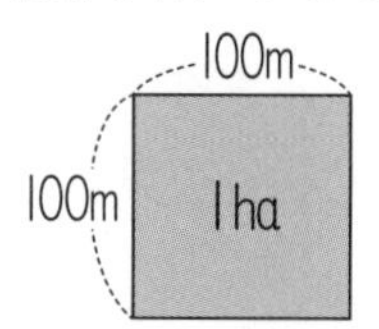

1ha =（　　　　　　　）m²

□2 たて300m，横400mの長方形の山林があります。

① この山林の面積（めんせき）は，何m²でしょうか。

式

答え

② この山林は，1ha何こ分でしょうか。下の図に100mおきに線をひき，（　　）にあてはまる数を書きましょう。

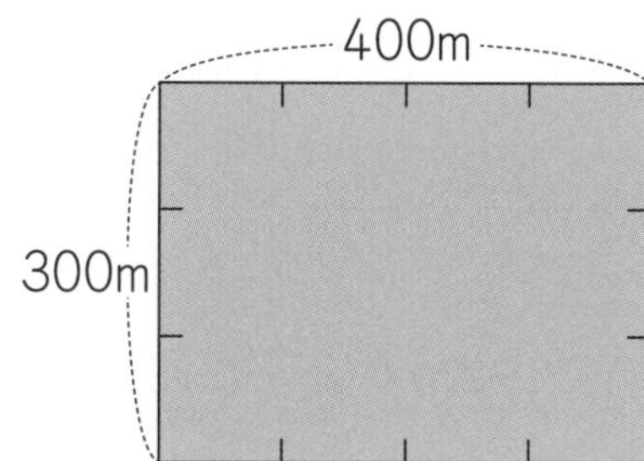

1haが　たて（　　）こ

横（　　）こ

（　　）×（　　）=（　　）

③ この畑の面積は，何haでしょうか。

答え

面積 (9)

名前

① 南北に6km，東西に4kmの長方形の森林があります。この森林の面積は何km²でしょうか。

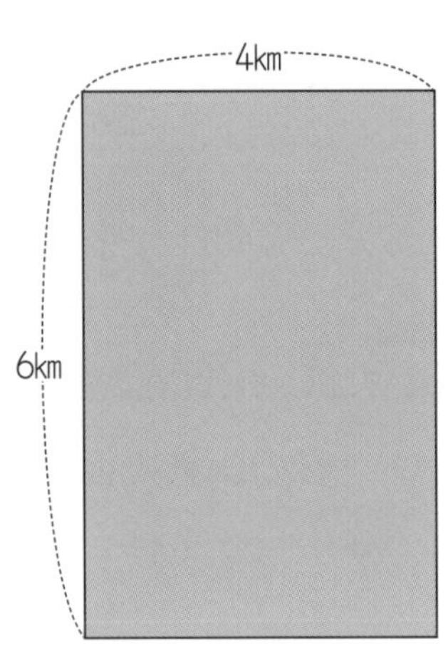

式

答え

② 1km²は，何m²でしょうか。図を見て，□にあてはまる数を書きましょう。

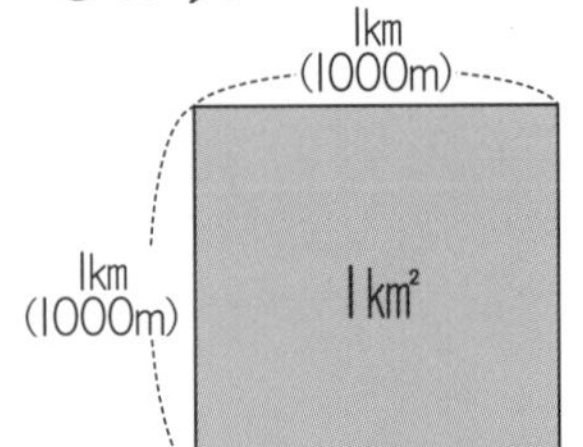

1km × 1km = □ m × □ m

1km² = □ m²

③ 次の面積は，どの単位で表すとよいでしょうか。下から選んで書きましょう。

① 日本の面積 □　　② 教室の面積 □

③ 学校の体育館の面積 □　　④ 教科書の面積 □

cm² ・ m² ・ km²

面積 (10)

名前

① 次の色のついた部分の面積をくふうして求めましょう。

①

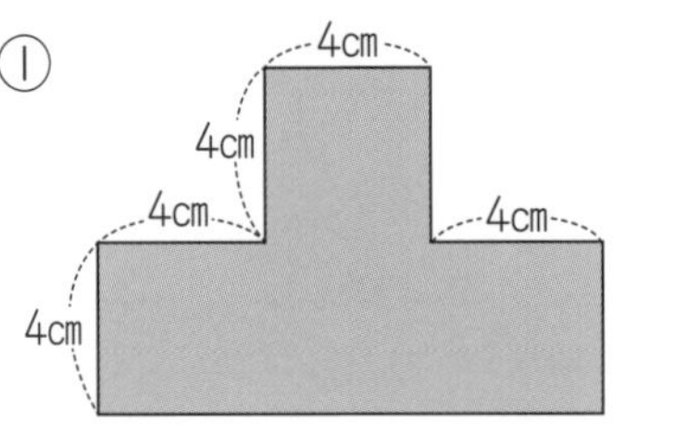

式

答え

②

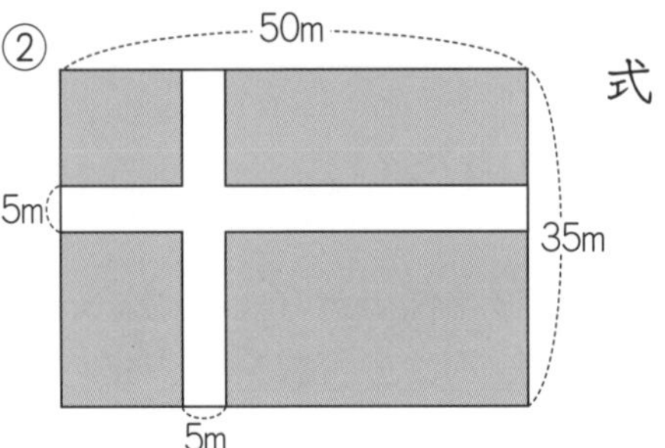

式

答え

② □にあてはまる数や面積の単位を書きましょう。

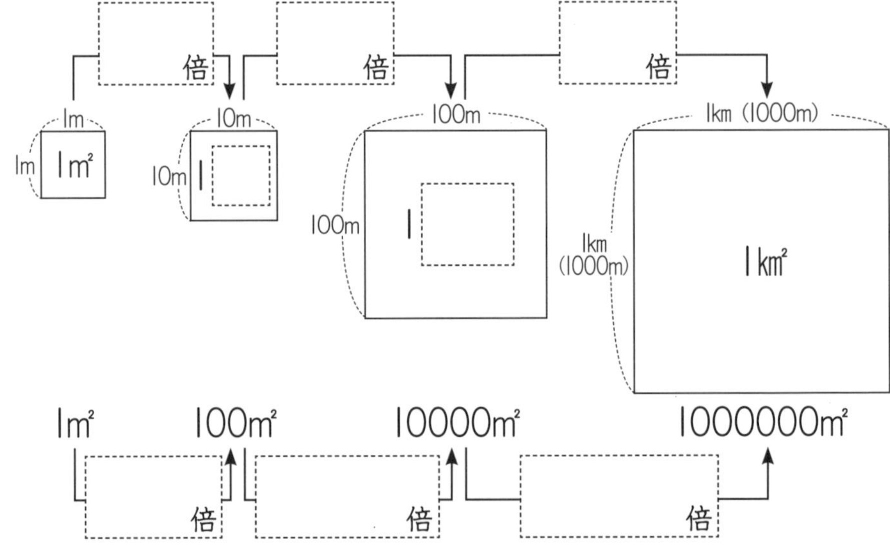

ふりかえりテスト　面積

名前 ＿＿＿＿＿＿＿＿

1　次の図形の面積を求めましょう。(3×4)

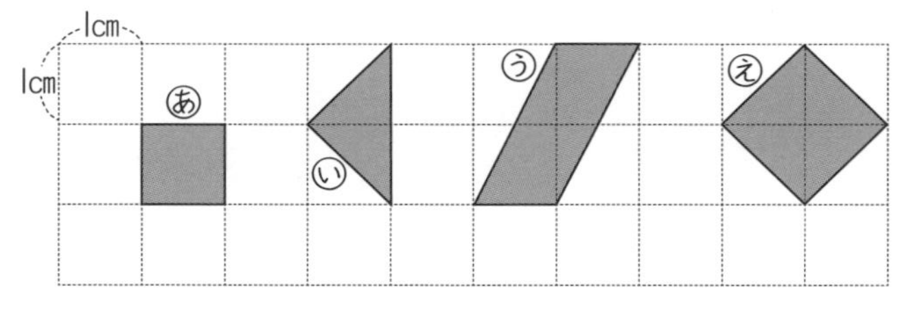

あ（　　　）　い（　　　）

う（　　　）　え（　　　）

2　次の長方形，正方形の面積を求めましょう。(8×3)

①

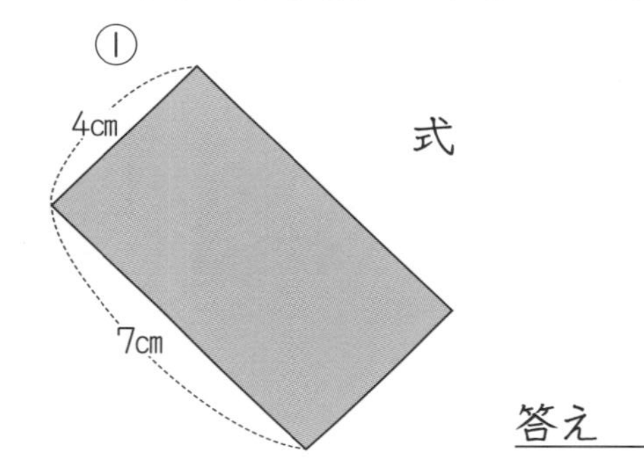

式

答え

②

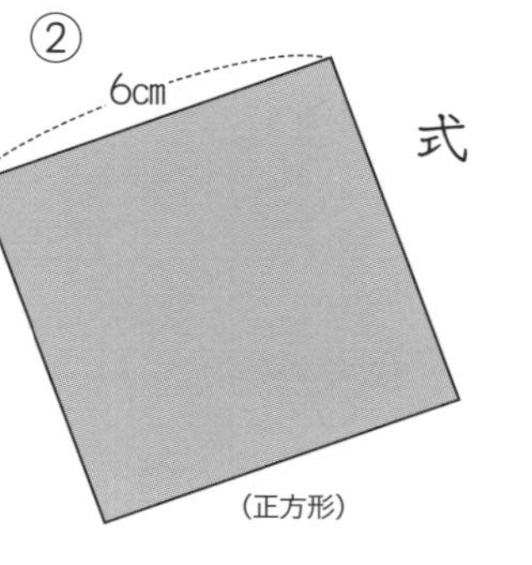

式

答え

③　たて 9m，横 8m の花だんの面積

式

答え

3　次の長方形の［　］の長さを求めましょう。(8)

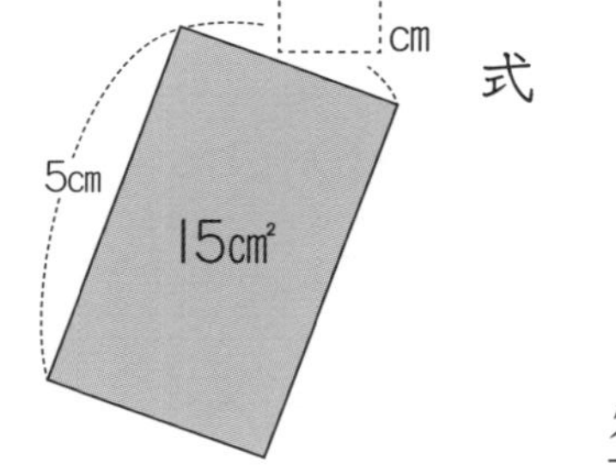

式

答え

4　たて 1m，横 2m30cm の長方形のポスターの面積は，何 cm² ですか。(10)

式

答え

5　たて 30m，横 40m の長方形の畑があります。

①　この畑は何 m² ですか。(10)

式

答え

②　この畑は何 a ですか。(10)

式

答え

6　次の面積は，どの単位で表すといいですか。cm²，m²，km² の中から選んで書きましょう。(2×4)

①　北海道の面積（　　　）　②　プールの面積（　　　）

③　ノートの面積（　　　）　④　はがきの面積（　　　）

7　（　）にあてはまる数を書きましょう。(2×4)

①　1m² ＝（　　　　）cm²

②　1km² ＝（　　　　）m²

③　1a ＝（　　　　）m²

④　1ha ＝（　　　　）m²

8　次の図形の面積を求めましょう。(10)

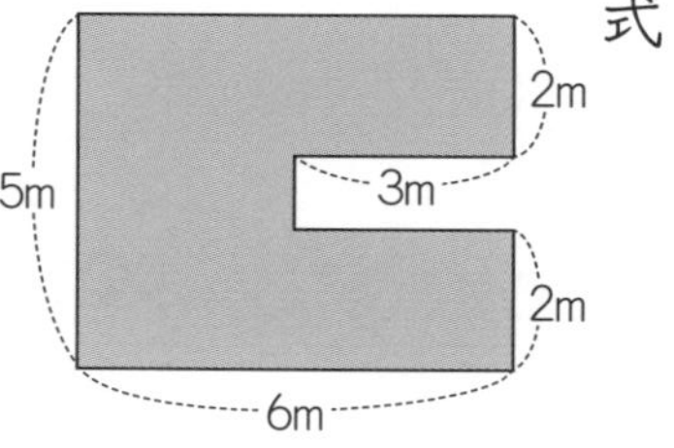

式

答え

小数のかけ算（1）

小数第１位×１けた

名前

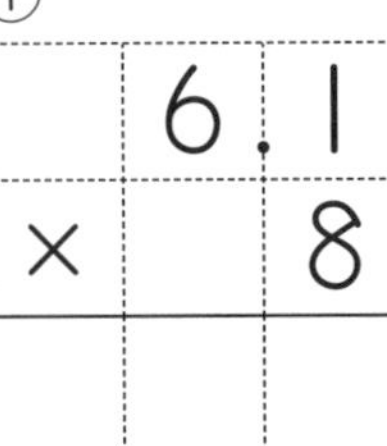

① 6.1 × 8

② 5.9 × 5

③ 2.3 × 6

④ 3.5 × 8

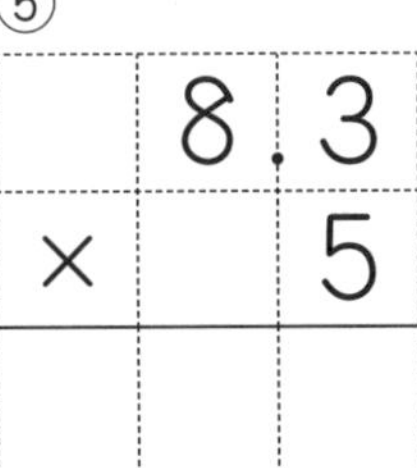

⑤ 8.3 × 5

⑥ 4.4 × 7

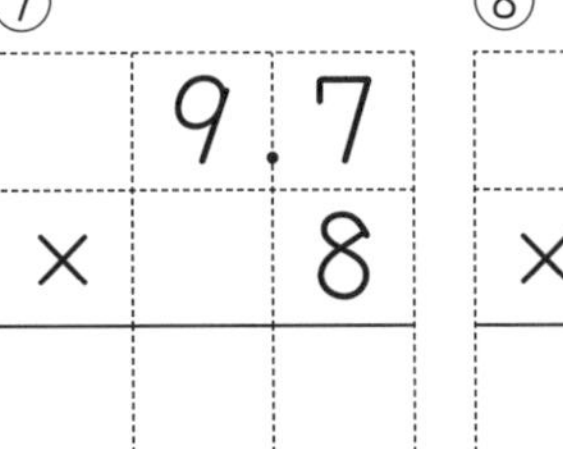

⑦ 9.7 × 8

⑧ 7.8 × 7

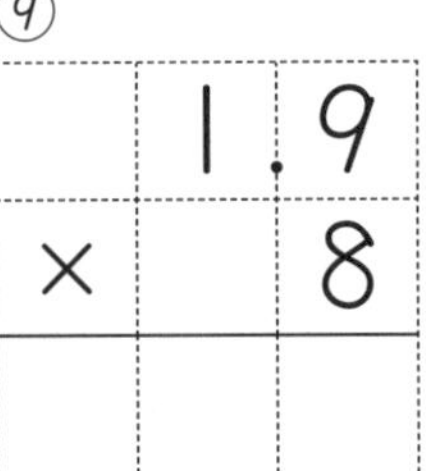

⑨ 1.9 × 8

⑩ 6.8 × 7

⑪ 7.6 × 9

⑫ 9.8 × 5

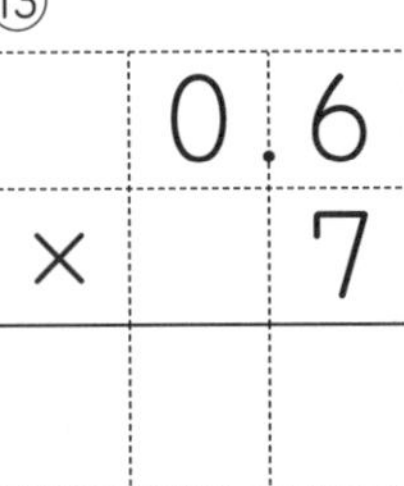

⑬ 0.6 × 7

⑭ 0.4 × 9

⑮ 0.8 × 3

⑯ 0.7 × 8

小数のかけ算（2）

小数第１位×１けた

名前

● 筆算になおして計算しましょう。

① 8.5 × 3

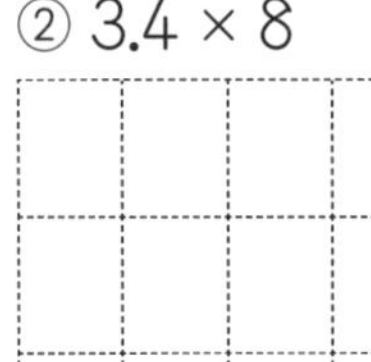

② 3.4 × 8

③ 6.7 × 4

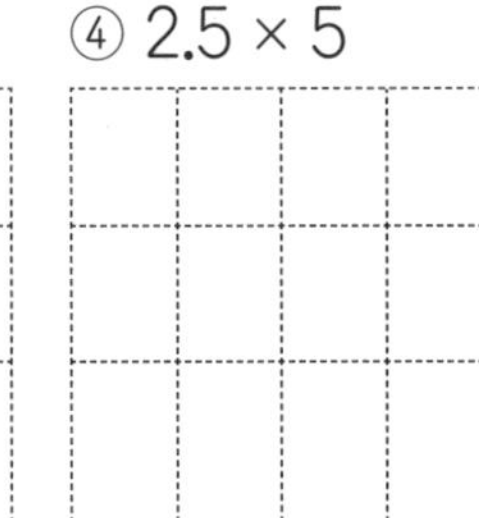

④ 2.5 × 5

⑤ 4.8 × 9

⑥ 5.4 × 7

⑦ 1.8 × 7

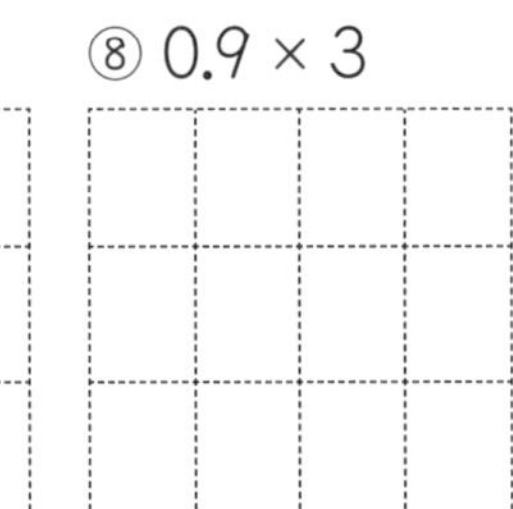

⑧ 0.9 × 3

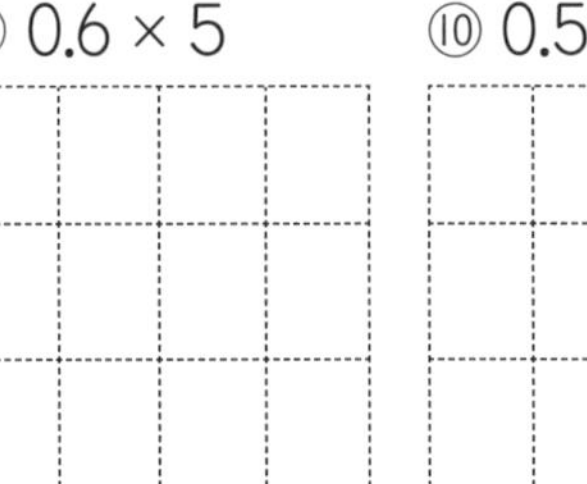

⑨ 0.6 × 5

⑩ 0.5 × 5

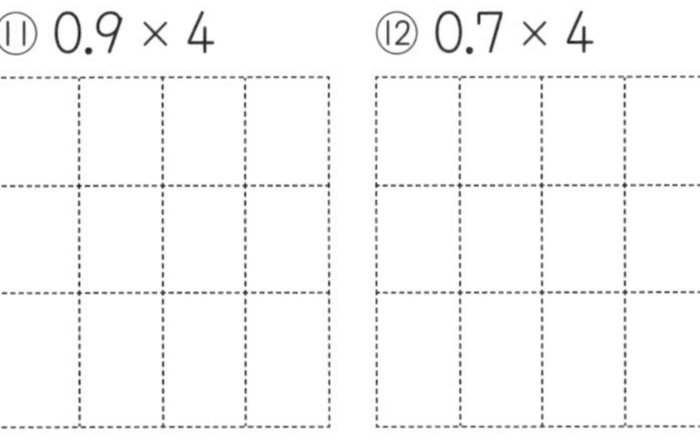

⑪ 0.9 × 4

⑫ 0.7 × 4

めいろは，答えの大きい方をとおりましょう。とおった方の答えを下の□に書きましょう。

① □　② □　③ □

小数のかけ算（3）

小数第1位×2けた

名前

① 8.4 × 51　② 3.5 × 75

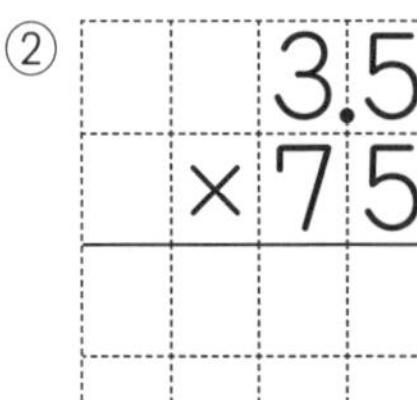

③ 7.4 × 23　④ 1.9 × 42

⑤ 3.9 × 42　⑥ 8.7 × 38

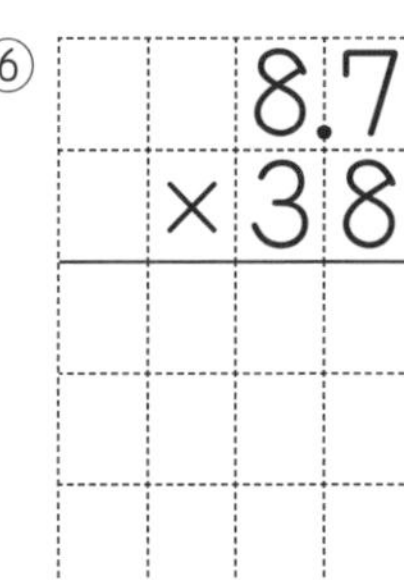

⑦ 6.3 × 48　⑧ 2.6 × 52

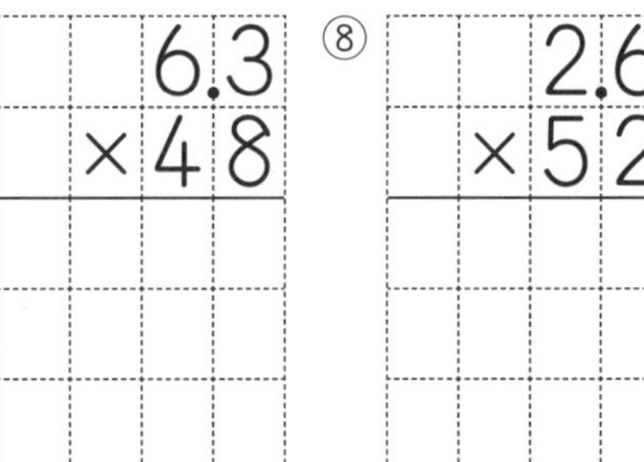

⑨ 3.6 × 35

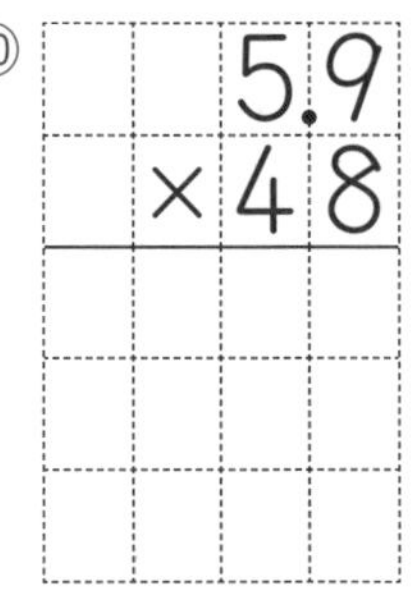

⑩ 5.9 × 48

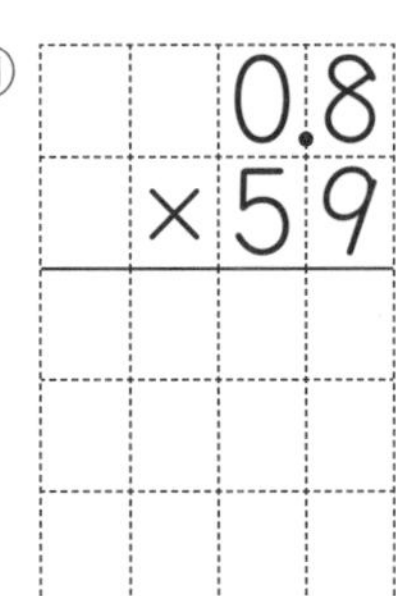

⑪ 0.8 × 59　⑫ 0.9 × 37

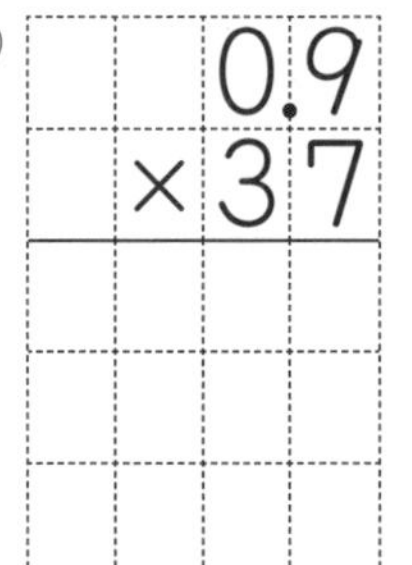

⑬ 0.6 × 53

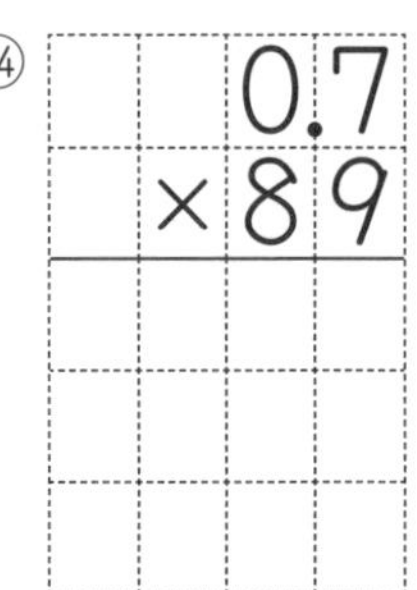

⑭ 0.7 × 89

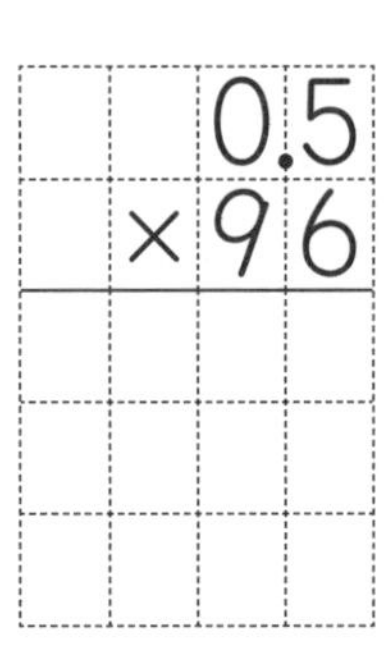

⑮ 0.5 × 96　⑯ 0.4 × 67

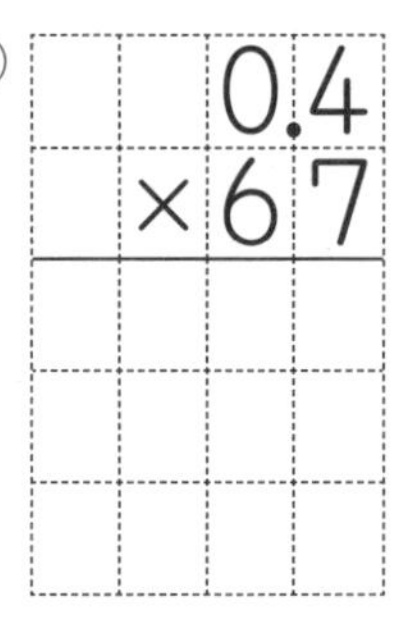

小数のかけ算（4）

小数第1位×2けた

名前

● 筆算になおして計算しましょう。

① 6.4 × 53　② 8.7 × 28

③ 5.7 × 36　④ 3.6 × 48

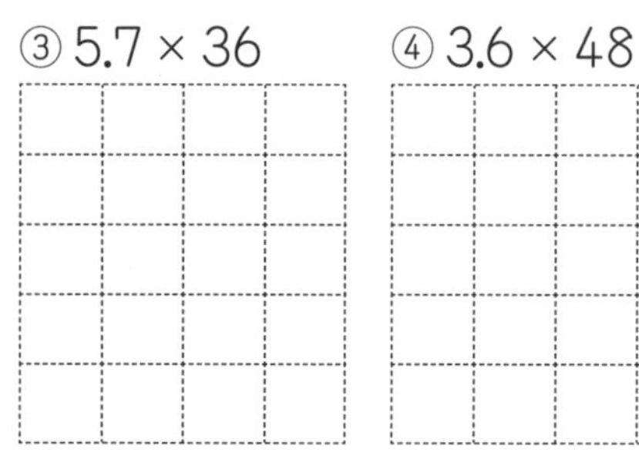

⑤ 9.3 × 39

⑥ 1.5 × 83　⑦ 7.4 × 27　⑧ 6.8 × 33

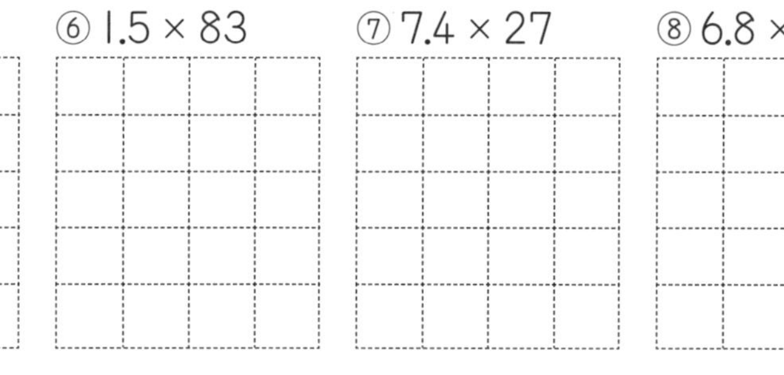

⑨ 0.3 × 72　⑩ 0.4 × 56　⑪ 0.7 × 48　⑫ 0.5 × 28

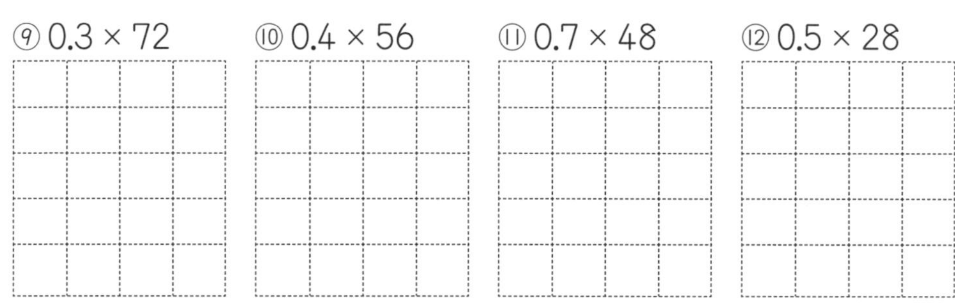

めいろは，答えの大きい方をとおりましょう。とおった方の答えを下の□に書きましょう。

スタート

① 2.9 × 48　② 0.7 × 36　③ 0.3 × 98

① 4.2 × 34　② 0.5 × 43　③ 0.6 × 45

ゴール

① □　② □　③ □

小数のかけ算（5）

小数第２位×１けた

名前

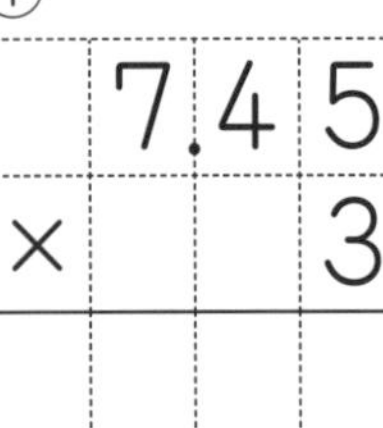

① 7.45 × 3

② 1.63 × 8

③ 9.32 × 6

④ 4.82 × 4

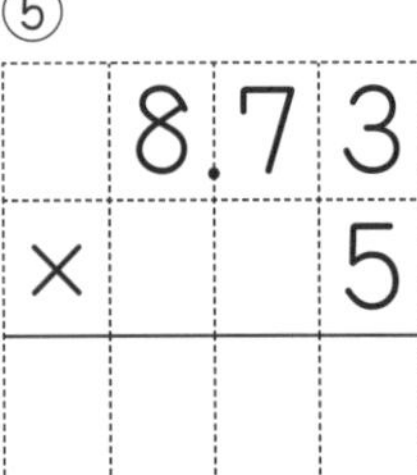

⑤ 8.73 × 5

⑥ 6.14 × 7

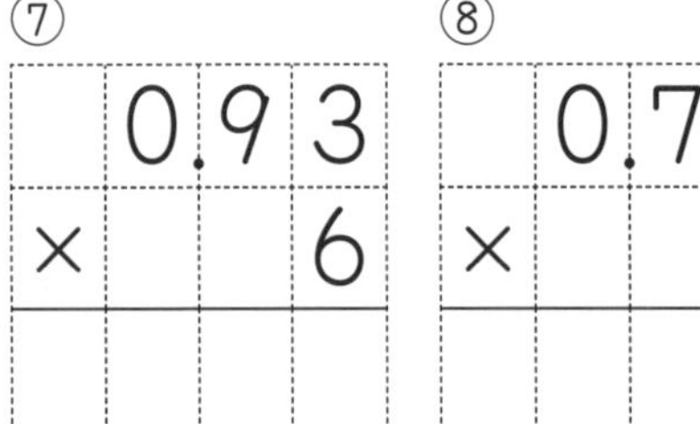

⑦ 0.93 × 6

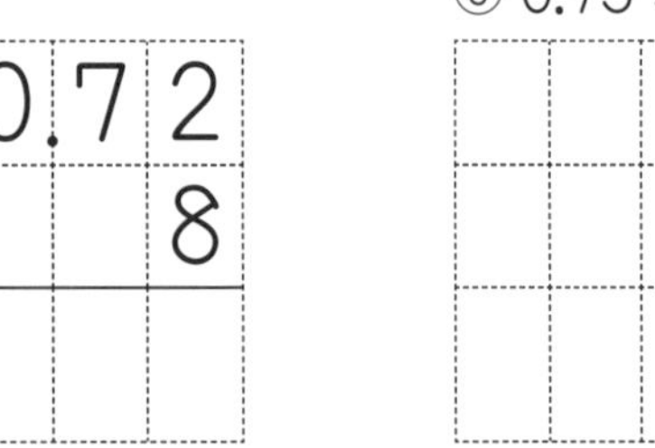

⑧ 0.72 × 8

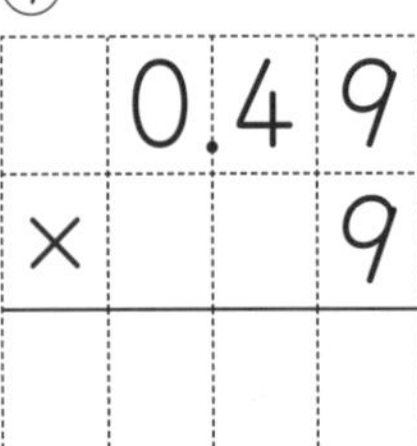

⑨ 0.49 × 9

⑩ 0.44 × 7

⑪ 0.05 × 8

⑫ 0.86 × 5

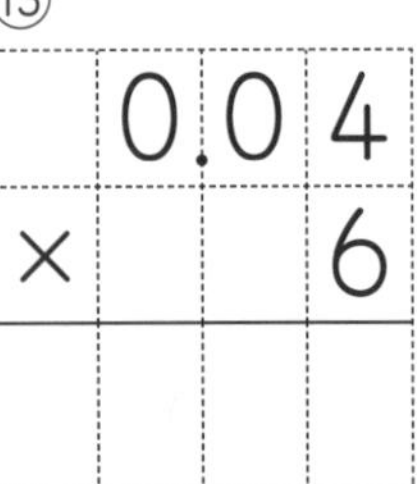

⑬ 0.04 × 6

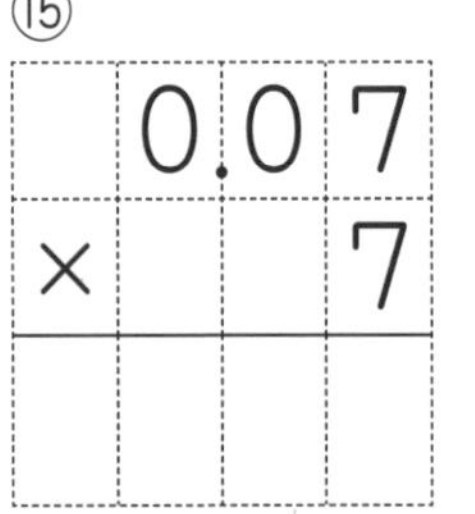

⑭ 0.08 × 3

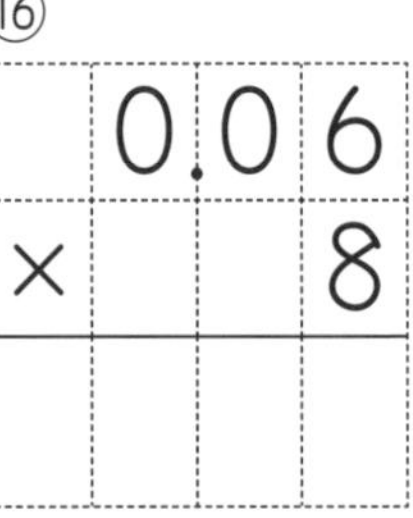

⑮ 0.07 × 7

⑯ 0.06 × 8

小数のかけ算（6）

小数第２位×１けた

名前

● 筆算になおして計算しましょう。

① 7.19 × 4

② 6.95 × 8

③ 3.97 × 7

④ 5.96 × 3

⑤ 0.95 × 4

⑥ 0.81 × 9

⑦ 0.56 × 5

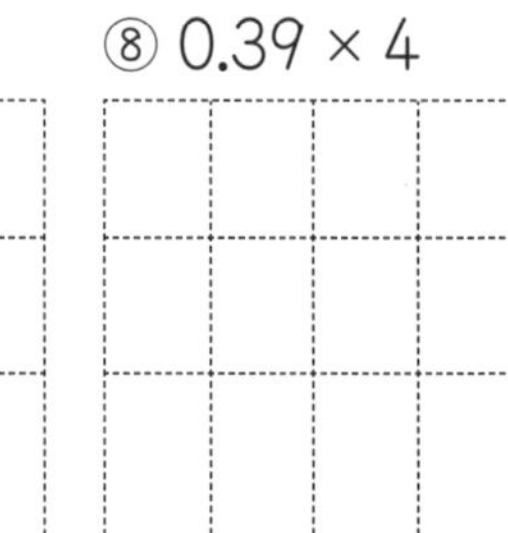

⑧ 0.39 × 4

⑨ 0.02 × 8

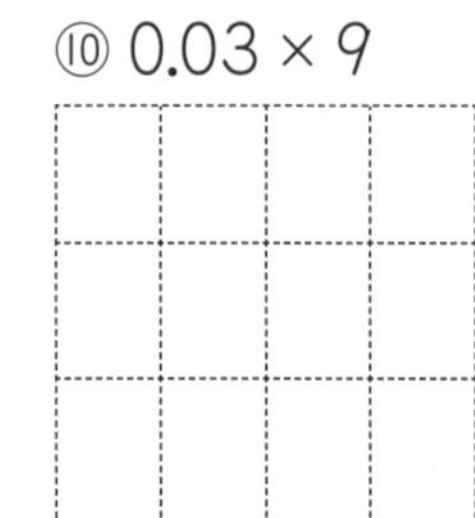

⑩ 0.03 × 9

⑪ 0.08 × 5

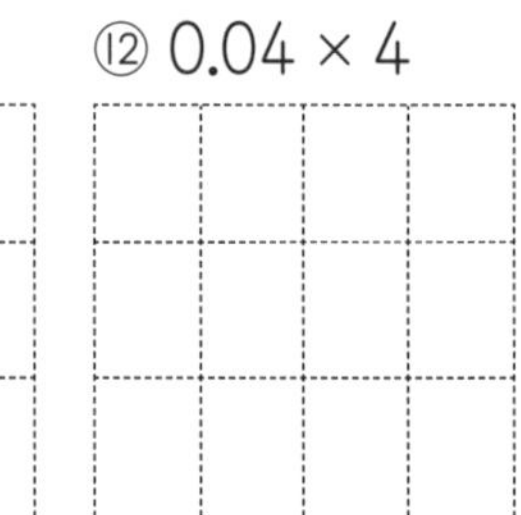

⑫ 0.04 × 4

めいろは，答えの大きい方をとおりましょう。とおった方の答えを下の□に書きましょう。

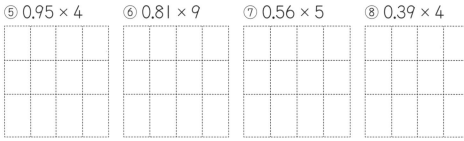

① □　② □　③ □

小数のかけ算（7）

名前

小数第２位×２けた

① 4.13 × 41

② 6.85 × 38

③ 4.21 × 65

④ 3.03 × 84

⑤ 0.89 × 67

⑥ 0.87 × 78

⑦ 0.55 × 99

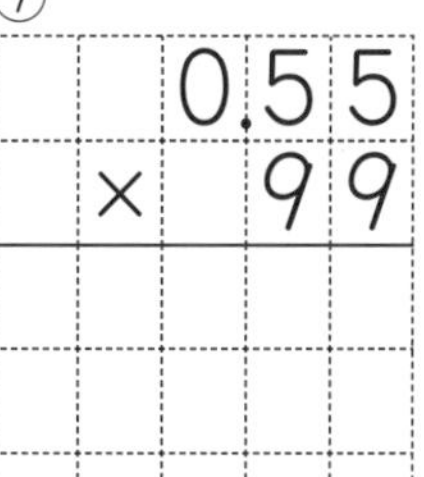

⑧ 0.32 × 85

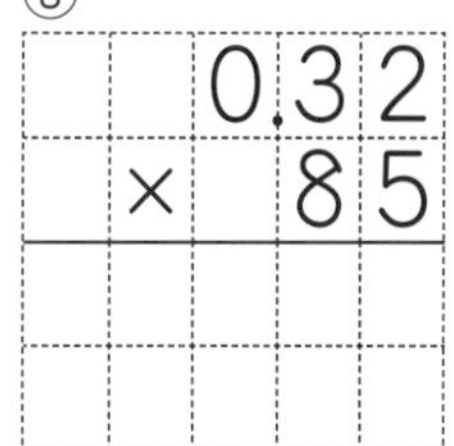

⑨ 0.37 × 54

⑩ 0.41 × 82

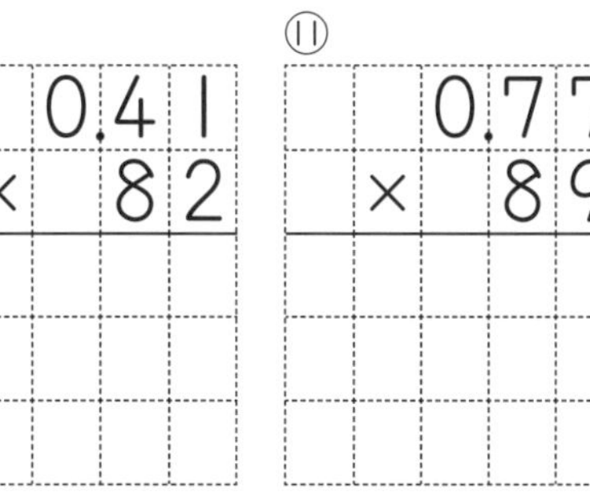

⑪ 0.77 × 89

⑫ 0.86 × 90

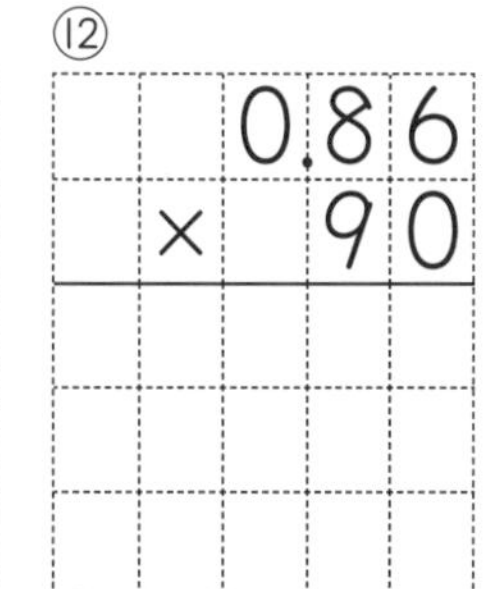

⑬ 0.09 × 37

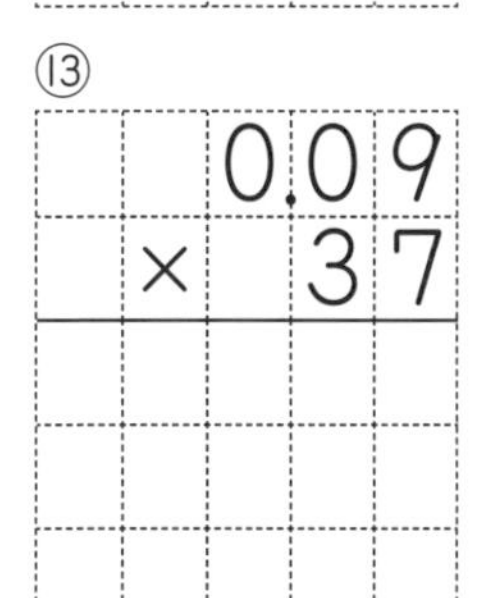

⑭ 0.04 × 86

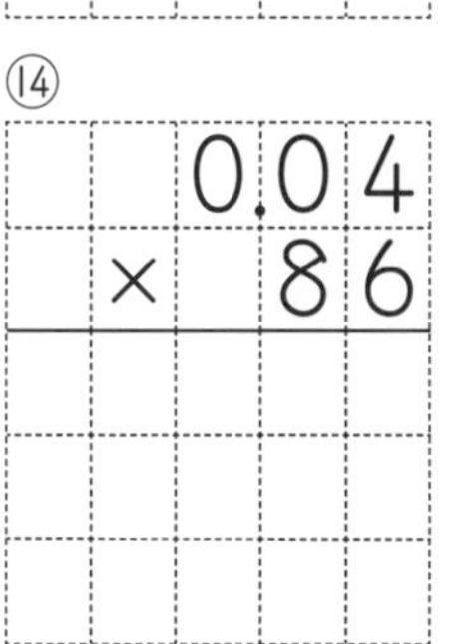

⑮ 0.06 × 73

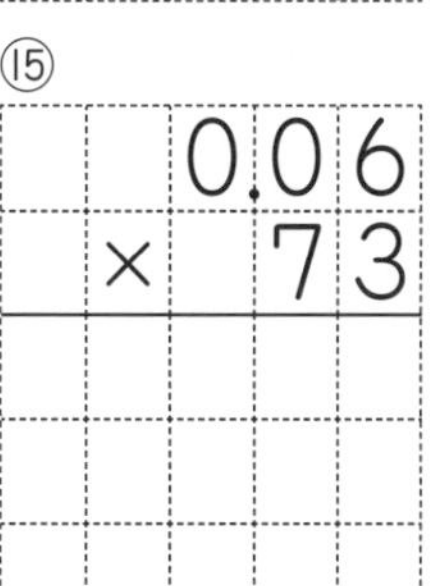

⑯ 0.05 × 67

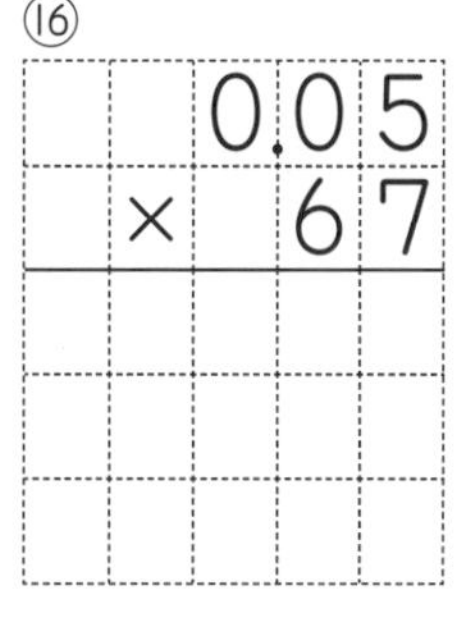

小数のかけ算（8）

名前

小数第２位×２けた

● 筆算になおして計算しましょう。

① 2.34 × 93

② 4.18 × 52

③ 3.99 × 78

④ 3.62 × 86

⑤ 0.88 × 88

⑥ 0.85 × 32

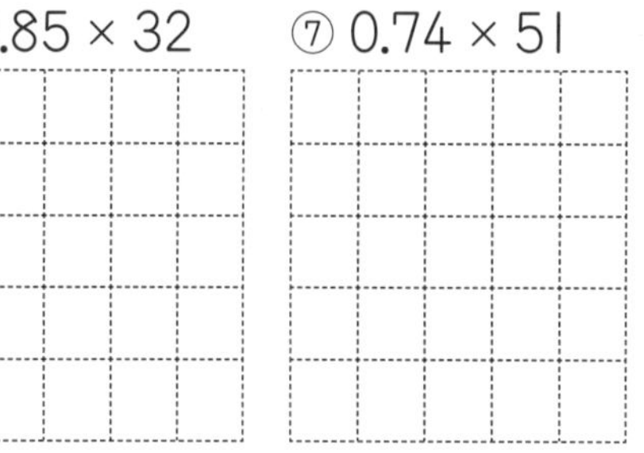

⑦ 0.74 × 51

⑧ 0.89 × 76

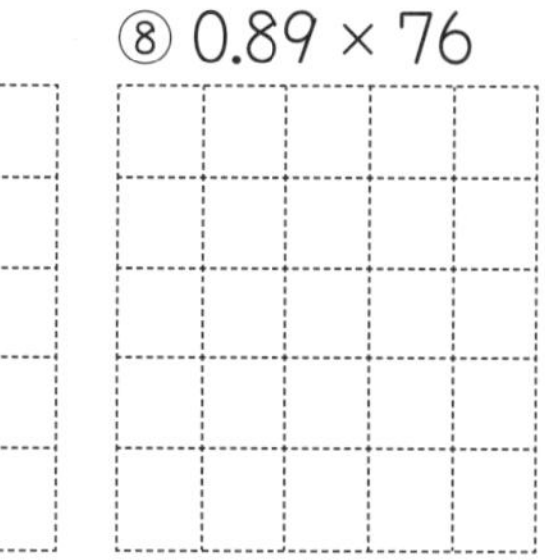

⑨ 0.81 × 59

⑩ 0.08 × 96

⑪ 0.07 × 86

⑫ 0.09 × 49

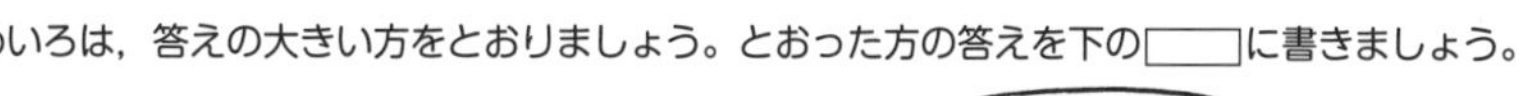

めいろは，答えの大きい方をとおりましょう。とおった方の答えを下の□に書きましょう。

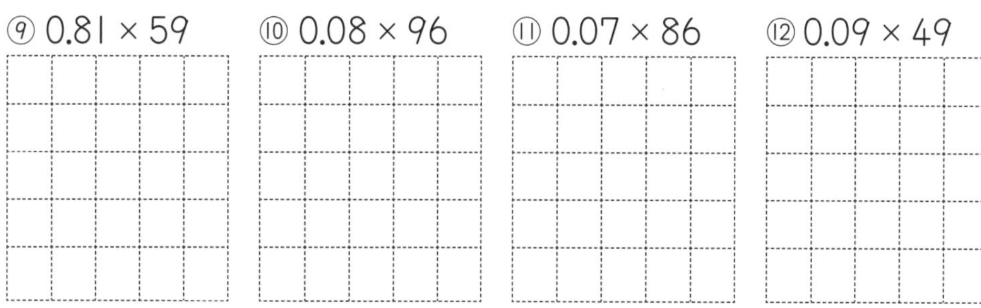

① □　② □　③ □

小数のわり算（1）

小数第１位÷１けた

名前

① 6)5.4

② 3)6.3

③ 4)4.8

④ 4)7.2

⑤ 2)2.8

⑥ 3)4.5

⑦ 6)9.6

⑧ 5)9.5

⑨ 3)8.1

⑩ 4)8.4

⑪ 8)8.8

⑫ 4)9.6

小数のわり算（2）

小数第１位÷２けた

名前

● 筆算になおして計算しましょう。

① 52.5 ÷ 35

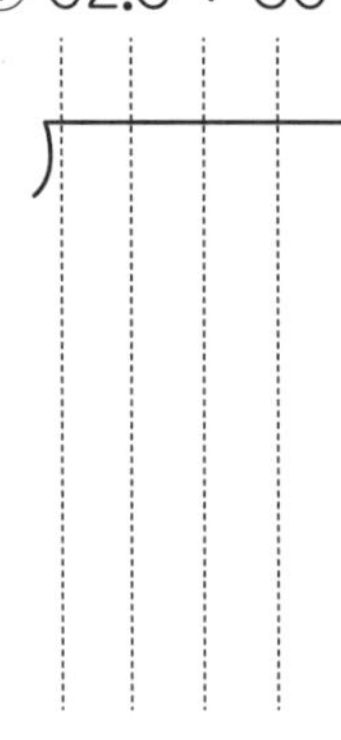

② 89.6 ÷ 16

③ 67.2 ÷ 28

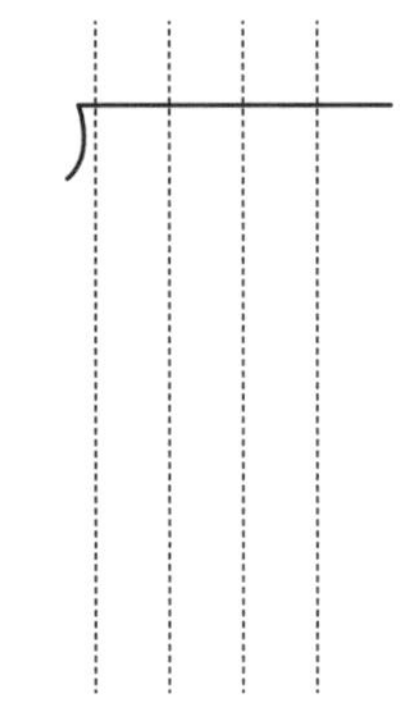

④ 97.5 ÷ 39

⑤ 66.5 ÷ 19

⑥ 94.5 ÷ 15

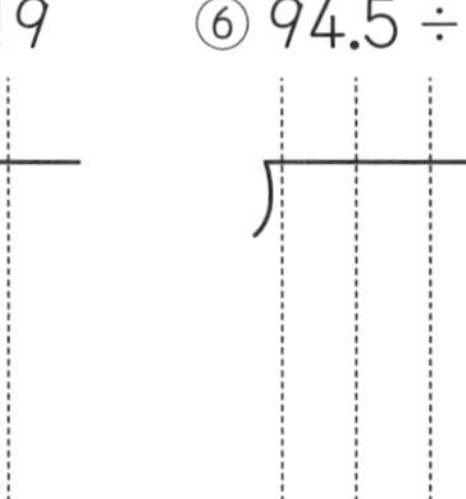

⑦ 59.5 ÷ 17

⑧ 78.4 ÷ 28

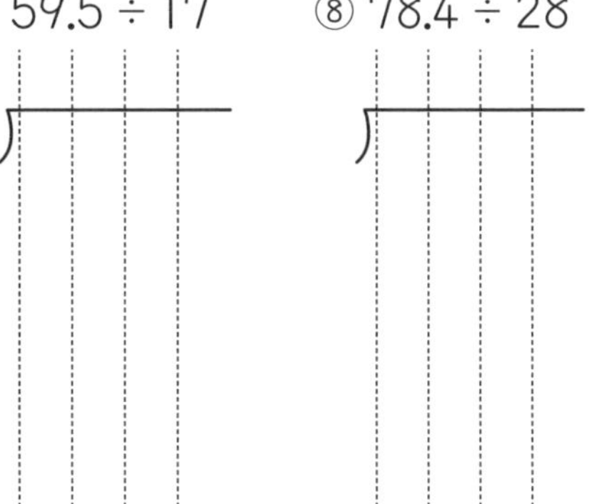

めいろは，答えの大きい方をとおりましょう。とおった方の答えを下の□に書きましょう。

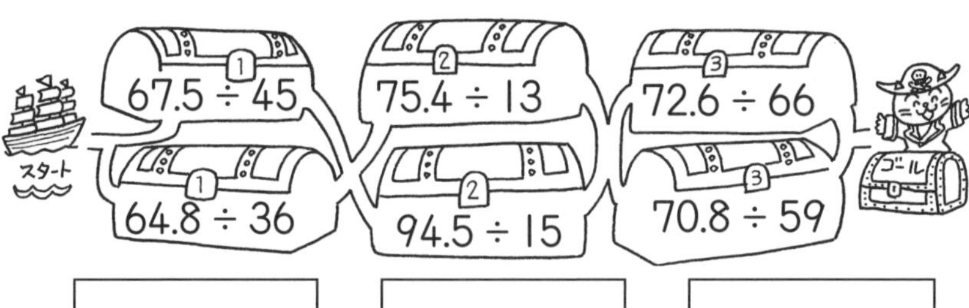

① □　② □　③ □

小数のわり算（3）

小数第１位÷１けた　商の一の位が０

名前

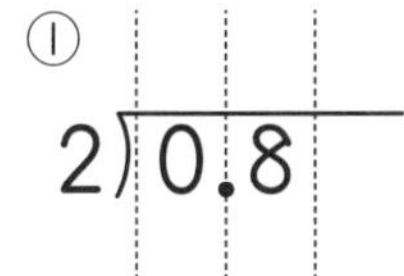

① 2)0.8

② 4)1.2

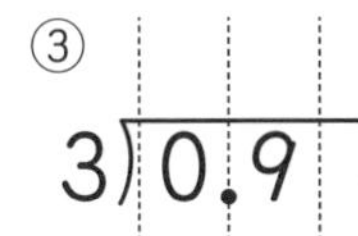

③ 3)0.9

④ 5)4.5

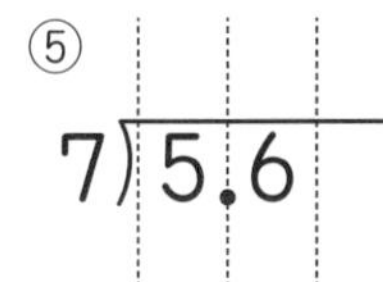

⑤ 7)5.6

⑥ 8)7.2

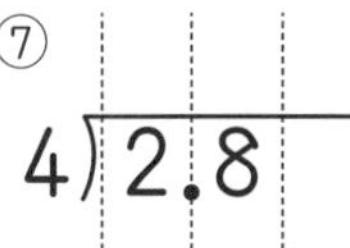

⑦ 4)2.8

⑧ 6)5.4

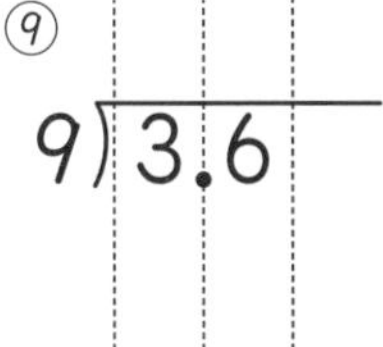

⑨ 9)3.6

⑩ 6)2.4

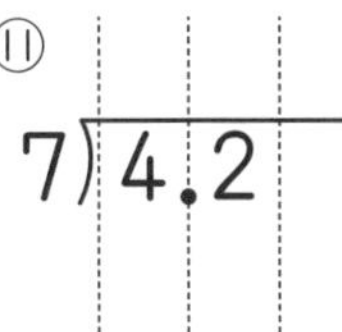

⑪ 7)4.2

⑫ 1)0.7

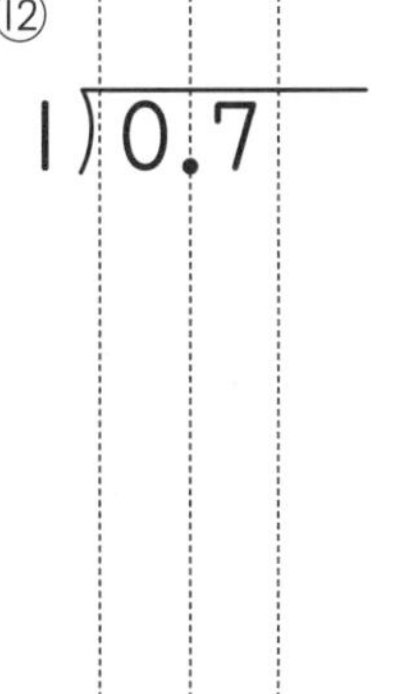

小数のわり算（4）

小数第２位÷１，２けた　商の一の位が０

名前

● 筆算になおして計算しましょう。

① 1.68 ÷ 2

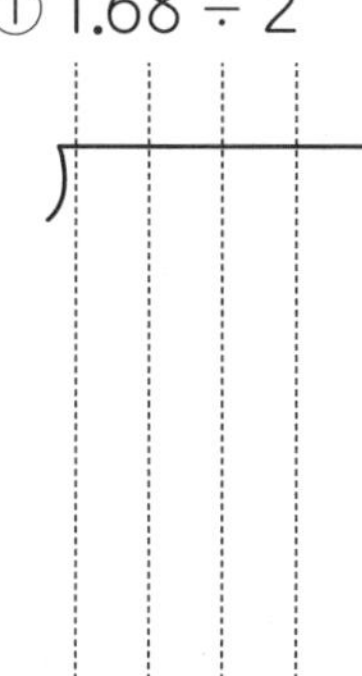

② 4.02 ÷ 67

③ 5.64 ÷ 6

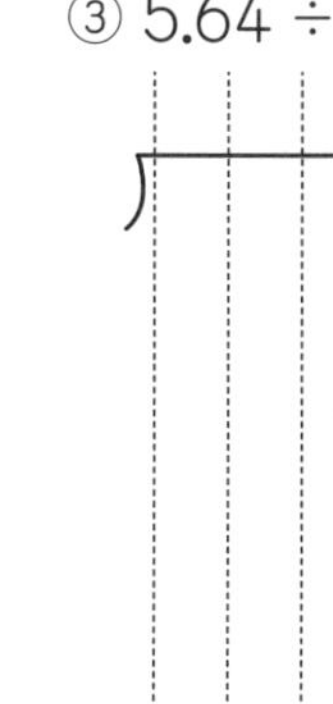

④ 2.66 ÷ 38

⑤ 2.88 ÷ 9

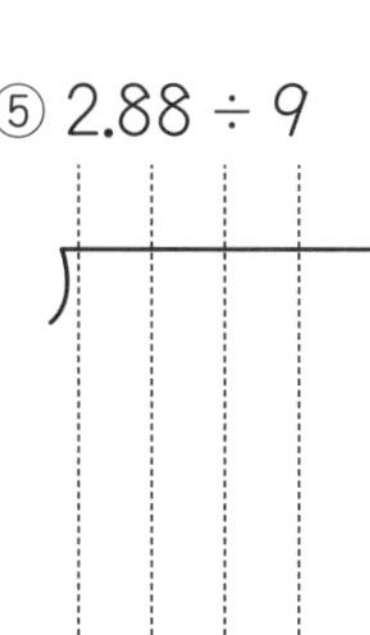

⑥ 3.84 ÷ 48

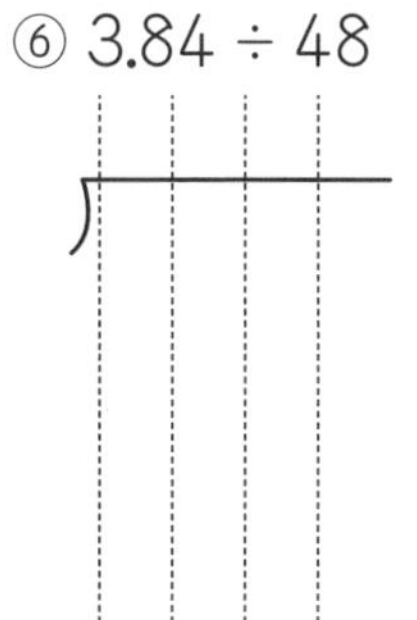

⑦ 3.24 ÷ 4

⑧ 1.38 ÷ 23

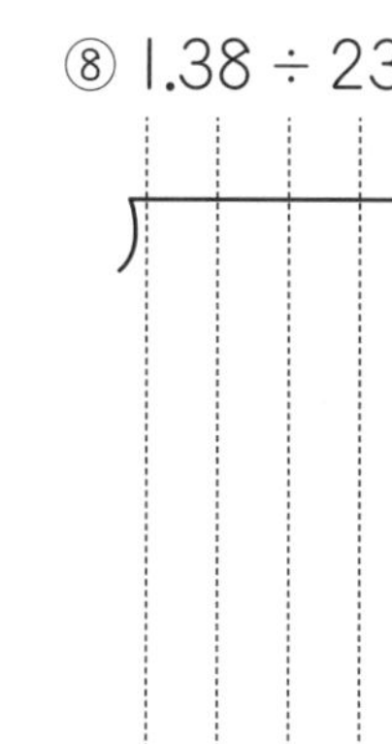

めいろは，答えの大きい方をとおりましょう。とおった方の答えを下の□に書きましょう。

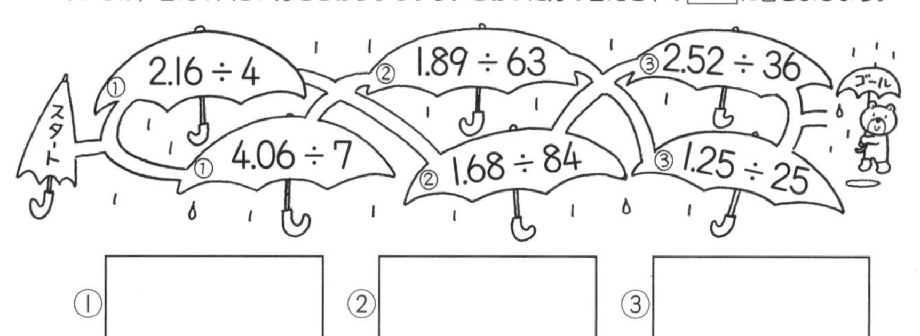

① □　② □　③ □

小数のわり算（5）

○÷１けた

名前

● わりきれるまで計算しましょう。

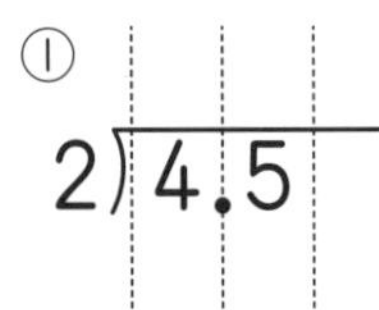

① $2\overline{)4.5}$　② $6\overline{)5.1}$　③ $5\overline{)3.9}$　④ $8\overline{)6}$

⑤ $4\overline{)9}$　⑥ $8\overline{)8.4}$　⑦ $4\overline{)5.9}$　⑧ $8\overline{)1}$

⑨ $6\overline{)8.1}$　⑩ $4\overline{)3.7}$　⑪ $5\overline{)8.3}$　⑫ $6\overline{)5.7}$

小数のわり算（6）

○÷２けた

名前

● 筆算になおして，わりきれるまで計算しましょう。

① 1.8 ÷ 30　② 2.7 ÷ 18　③ 2.1 ÷ 84　④ 0.6 ÷ 48

⑤ 6.6 ÷ 40　⑥ 1.8 ÷ 36　⑦ 2.6 ÷ 25　⑧ 9.2 ÷ 16

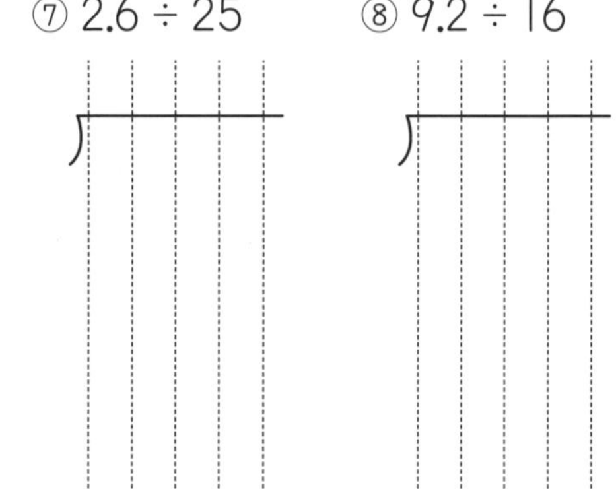

めいろは，答えの大きい方をとおりましょう。とおった方の答えを下の□に書きましょう。

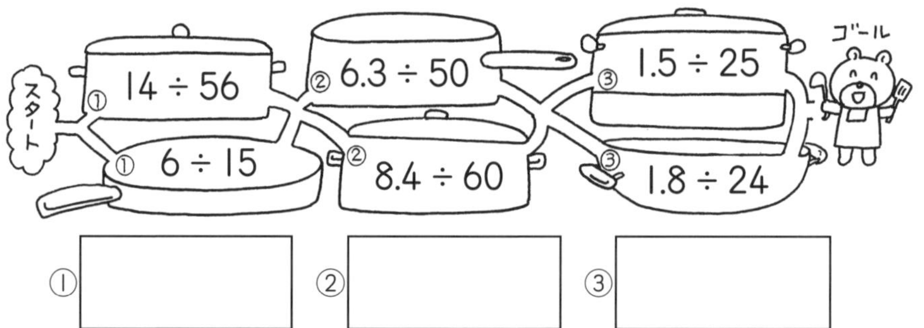

①　　②　　③

小数のわり算（7）

名前

● 商は整数で求め，あまりも出しましょう。

① 2)9.8　② 3)7.6　③ 3)9.7　④ 4)8.5

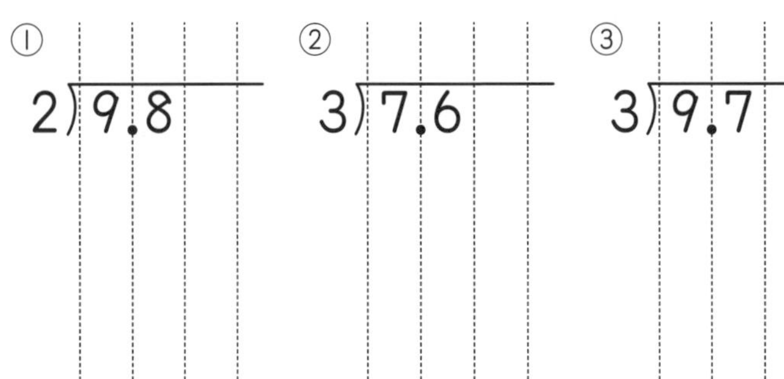
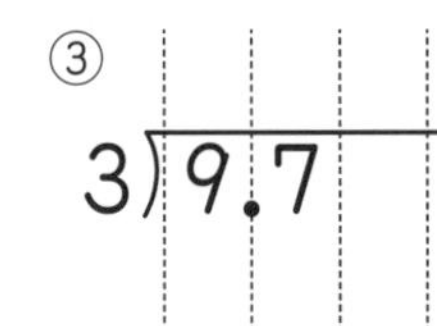
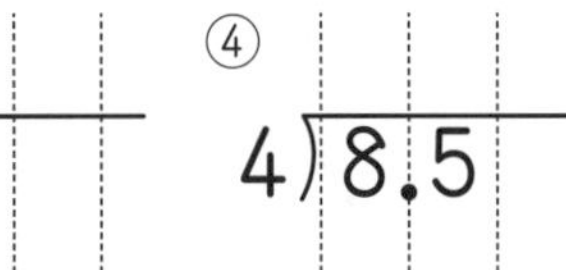

⑤ 17)73.2　⑥ 23)48.6　⑦ 22)70.8　⑧ 15)80.4

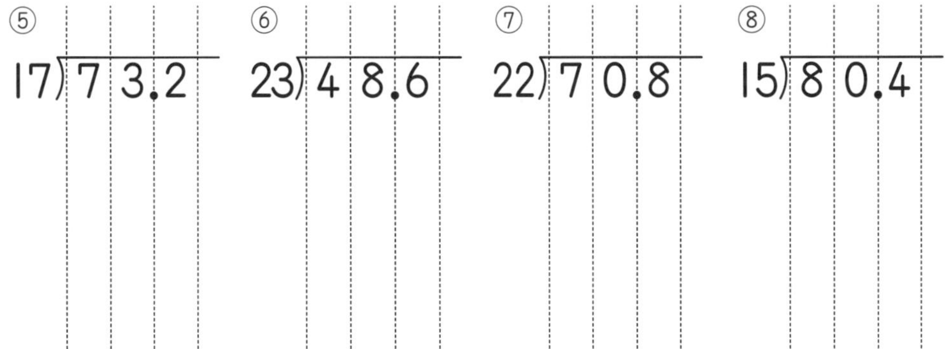

⑨ 45)97.3　⑩ 13)57.4　⑪ 27)84.5　⑫ 12)66.4

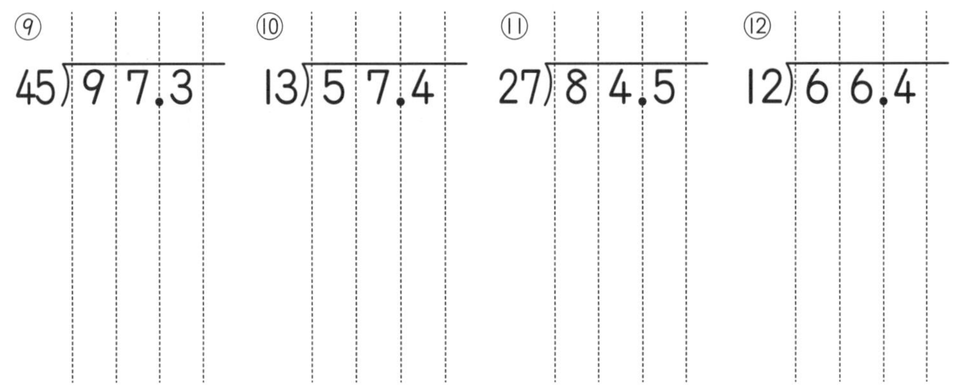

小数のわり算（8）

名前

● 商は四捨五入して，$\frac{1}{10}$の位までのがい数で求めましょう。

① 9.2 ÷ 13　② 4.9 ÷ 3　③ 5.2 ÷ 11　④ 4.5 ÷ 7

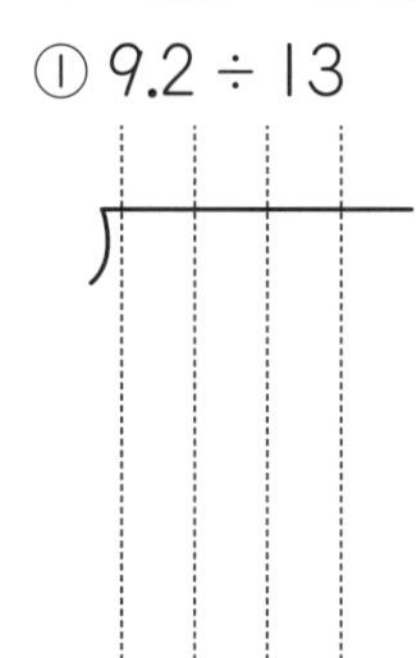

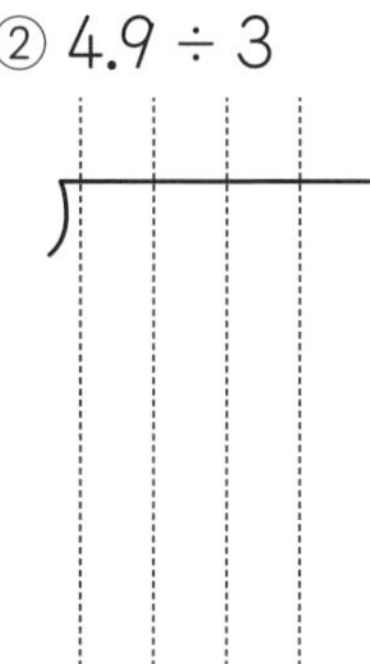
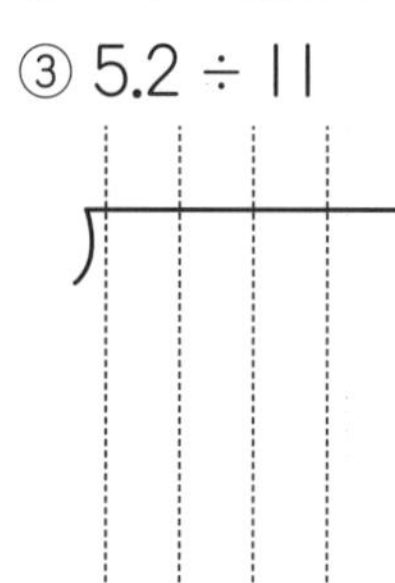
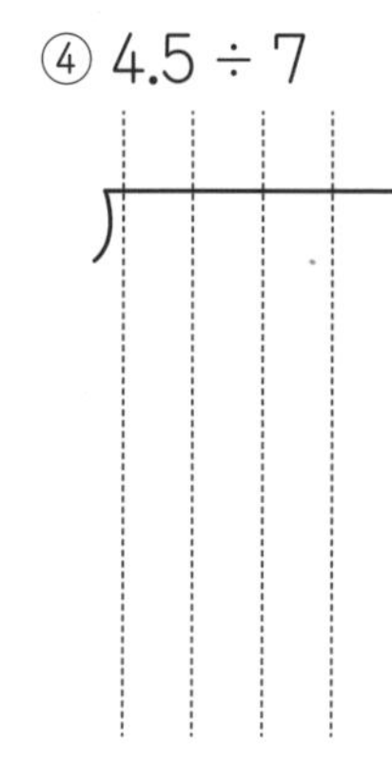

⑤ 74.5 ÷ 12　⑥ 50.3 ÷ 18　⑦ 69.4 ÷ 23　⑧ 77.4 ÷ 19

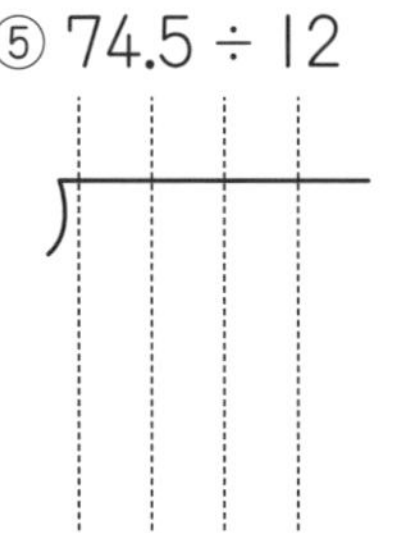
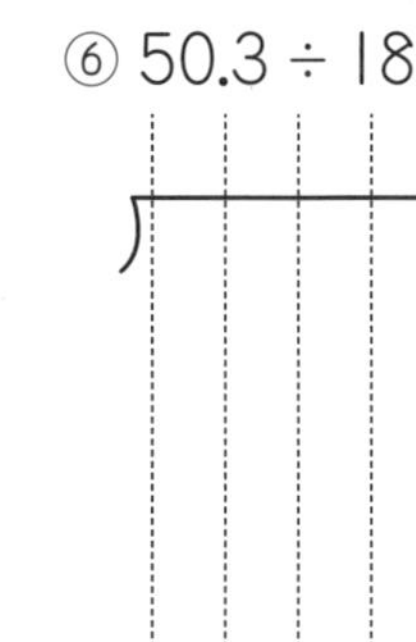
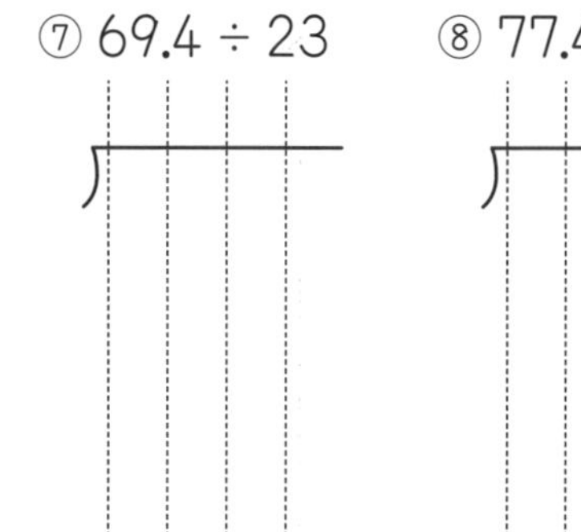

めいろは，答えの大きい方をとおりましょう。とおった方の答えを下の□に書きましょう。

※商は四捨五入して，$\frac{1}{10}$の位までのがい数で求めましょう。

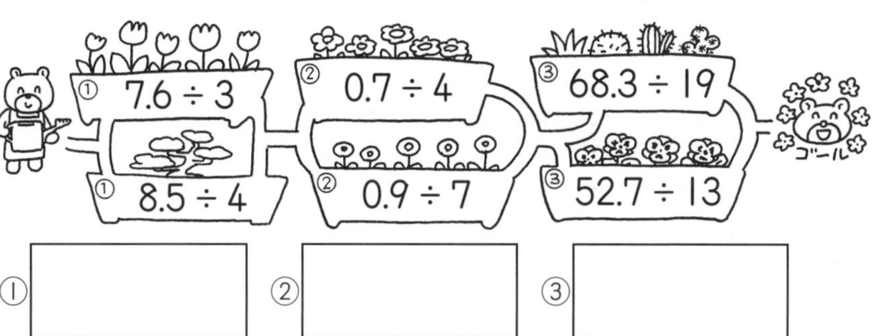

① □　② □　③ □

小数のわり算（9）

小数倍

名前

□1 右の表を見て，テープの長さをくらべましょう。

テープの長さ

赤	20m
黄	30m
白	12m

① 黄は赤の長さの何倍ですか。

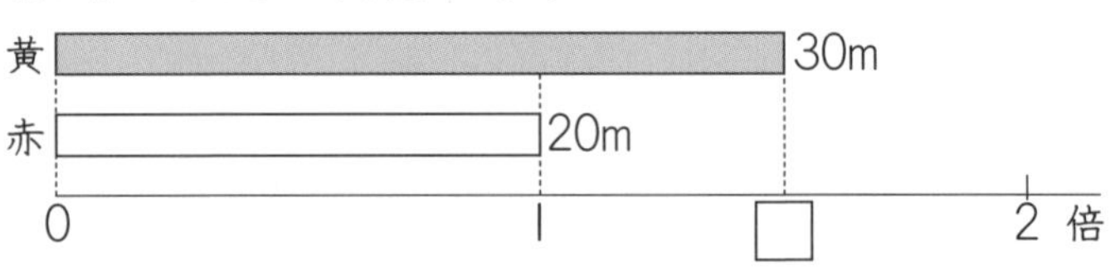

式

答え

② 白は赤の長さの何倍ですか。

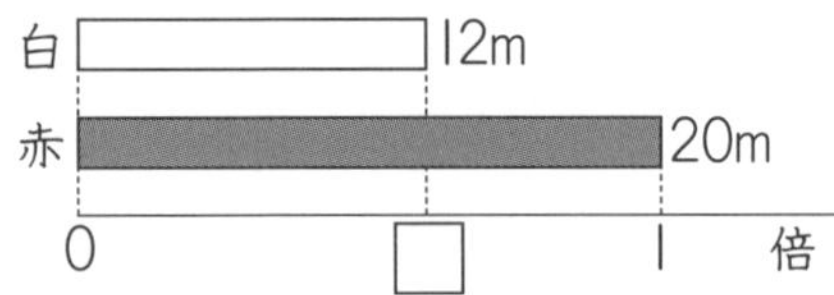

式

答え

□2 3つのおかしがあります。
ねだんをくらべましょう。

50円

130円

220円

① クッキーのねだんは，
グミのねだんの何倍ですか。

式

答え

② あめのねだんは，グミのねだんの何倍ですか。

式

答え

小数のわり算（10）

めいろ

名前

● 次の計算をして，答えの大きい方へすすみましょう。
とおった方の答えをじゅんばんに□に書きましょう。

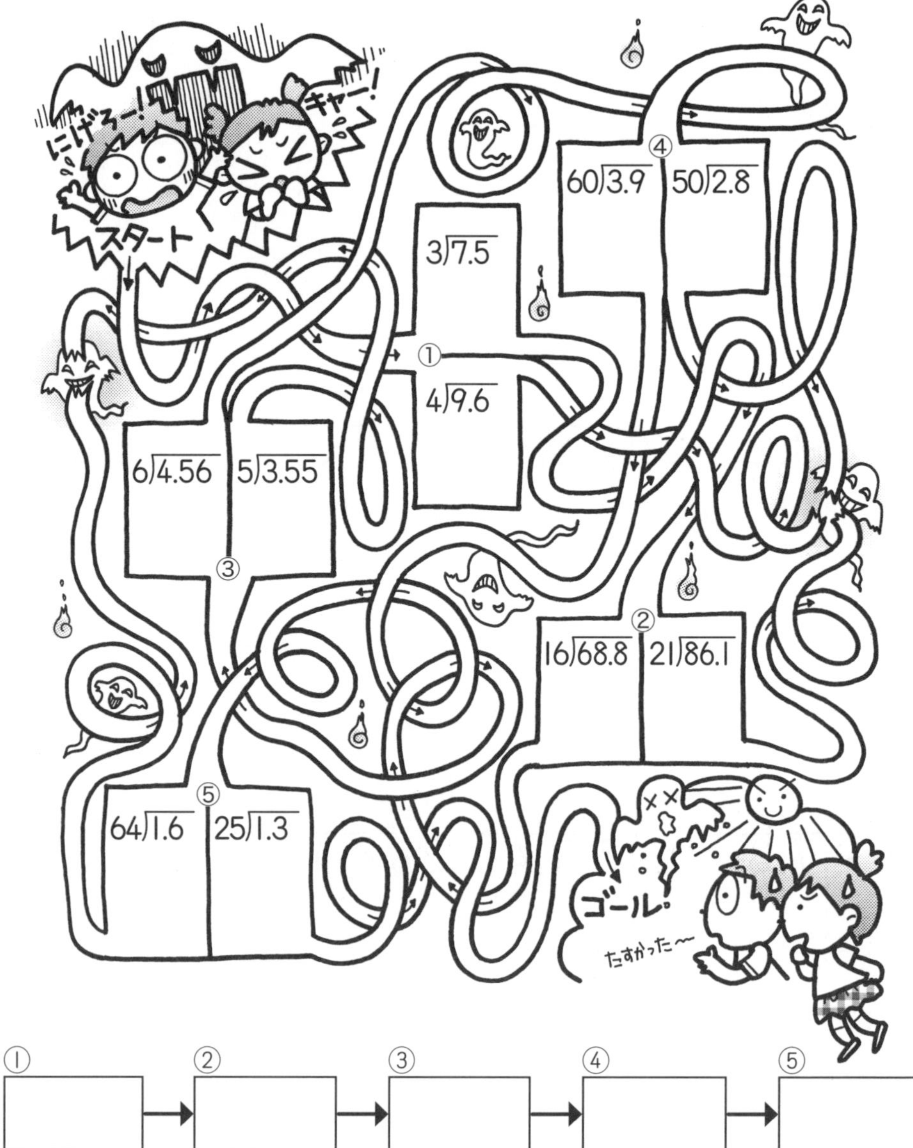

① □ → ② □ → ③ □ → ④ □ → ⑤ □

小数のかけ算・わり算（1）

名前

□1 高さが 2.4cm のさいころが 7 こあります。全部積むと高さは何 cm になりますか。

式

答え

□2 4.35m のリボンを同じ長さで 5 本に分けると，1 本の長さは何 m になりますか。

式

答え

□3 たての長さが 18.6m で，横の長さが 9m の畑があります。この畑の面積は，何 m^2 ですか。

式

答え

□4 91kg の米を 14 等分して箱に入れます。米 1 箱は何 kg になりますか。なお，箱の重さは 0.5kg です。

式

答え

小数のかけ算・わり算（2）

がい数で答える

名前

□1 1L で 2.8m^2 のかべがぬれるペンキがあります。このペンキ 14L でぬれるかべの面積は何 m^2 ですか。四捨五入して，上から 2 けたのがい数で答えましょう。

式

答え

□2 41.8dL のジュースを 23 人で等しく分けます。1 人分は何 dL になりますか。四捨五入して，上から 2 けたのがい数で答えましょう。

式

答え

□3 1m が 9.3kg の鉄のぼうがあります。この鉄のぼう 15m の重さは，何 kg ですか。四捨五入して，上から 2 けたのがい数で答えましょう。

式

答え

□4 8m のはり金の重さをはかったら，42.2g ありました。このはり金 1m の重さは何 g ですか。四捨五入して，上から 2 けたのがい数で答えましょう。

式

答え

小数のかけ算・わり算 (3)

名前

① 1mの重さが2.43kgの鉄のぼうがあります。この鉄のぼう7mの重さは，何kgになりますか。

式

答え

② 1辺が8.45mの正方形の畑があります。この畑のまわりにさくを作ります。さくの長さは何mになりますか。

式

答え

③ 公園のまわりを自転車で3周(しゅう)走ると，7.95kmでした。公園のまわり1周は何kmですか。

式

答え

④ 34.4dLのミルクを16人で等しく分けます。1人分は何dLになりますか。

式

答え

小数のかけ算・わり算 (4)

名前

① 11.7mのひもを18等分すると，1本の長さは何mになりますか。

式

答え

② 25人の子どもに1人0.35Lずつお茶を分けます。お茶は全部で何Lいりますか。

式

答え

③ 1ふくろ1.6kgのさとうがあります。このさとう15ふくろを重さ0.8kgの箱につめると，箱全体では何kgになりますか。

式

答え

④ 1mの重さが8gのはり金があります。このはり金35.6gは何mですか。

式

答え

小数のかけ算・わり算（5）

名前

① 同じ重さの板が７まいあります。全部の重さは，5.95kgです。１まいの重さは何kgですか。

式

答え

② 面積が33.6m²の長方形があります。たての長さは8mです。横の長さを求（もと）めましょう。

式

答え

③ 1mの重さが9gのはり金があります。このはり金75.6gは，何mになりますか。

式

答え

④ 水とうには，0.39Lのお茶が入っています。さらに，1.34Lのお茶の半分をもらうことになりました。水とうのお茶は，何Lになりますか。

式

答え

小数のかけ算・わり算（6）

倍

名前

① 兄弟でジョギングをしました。兄は3.2km，弟は2km走りました。兄は弟の何倍走りましたか。

式

答え

② ペットボトルに入ったジュースとかんジュースがあります。ペットボトルには600mL，かんジュースには250mL入っています。ペットボトルのジュースの量（りょう）は，かんジュースの何倍ですか。

式

答え

③ いもほりをしました。お父さんのほったさつまいもは，かんなさんの４倍で7.4kgでした。かんなさんは何kgほりましたか。

式

答え

④ 図かんのねだんは2100円で，絵本のねだんは600円です。図かんのねだんは，絵本のねだんの何倍ですか。

式

答え

ふりかえりテスト　小数のかけ算・わり算

名前

1　筆算になおして計算しましょう。(4×10)

① 0.8 × 6　② 7.8 × 8　③ 6.7 × 3

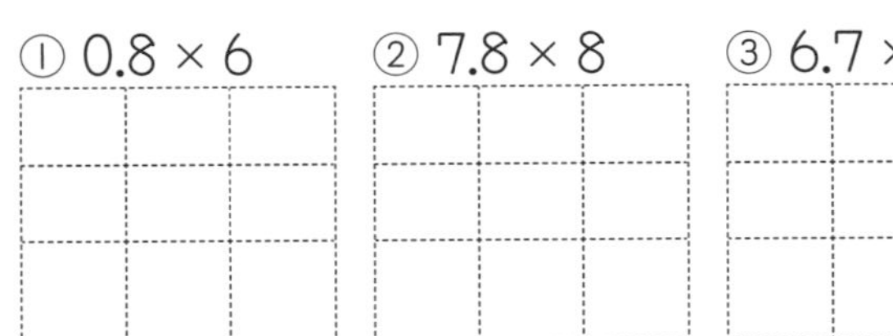

④ 0.9 × 45　⑤ 8.5 × 23　⑥ 0.125 × 4

⑦ 0.93 × 5　⑧ 0.04 × 7

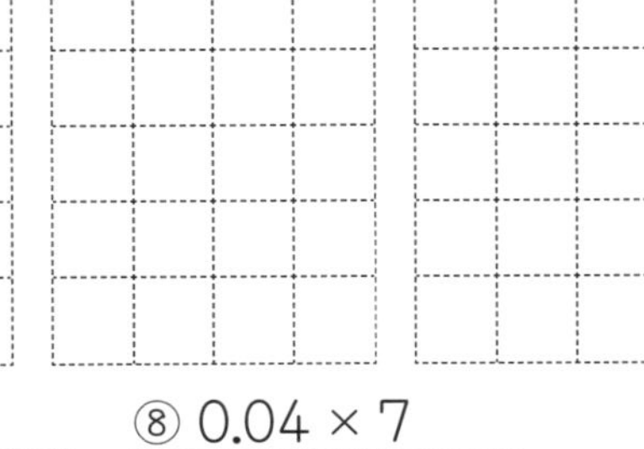

⑨ 3.86 × 37　⑩ 0.48 × 92

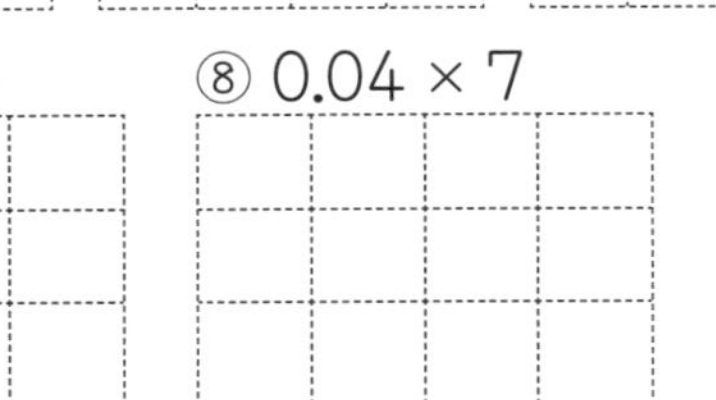

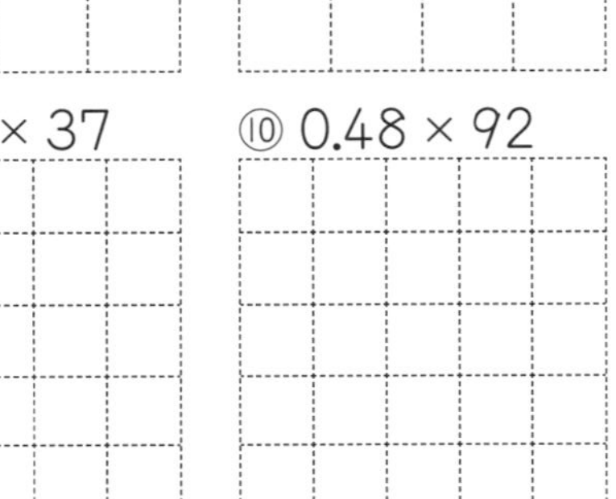

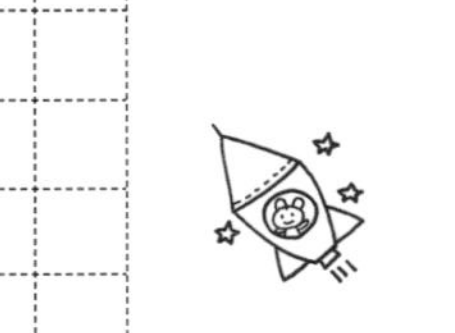

2　筆算になおして計算しましょう。(4×4)

① 8.4 ÷ 7　② 72.8 ÷ 28

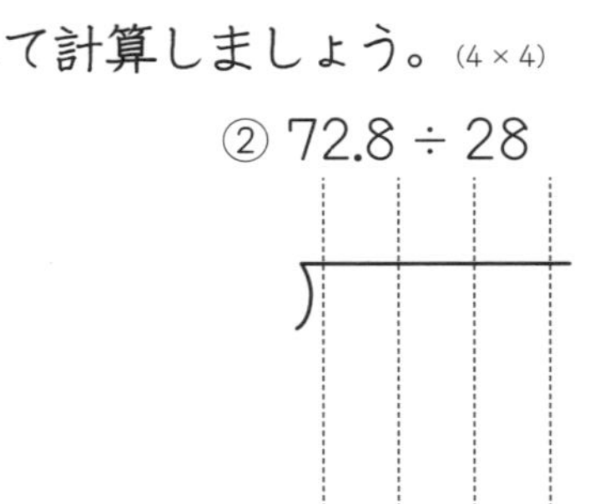

③ 5.4 ÷ 9　④ 2.82 ÷ 47

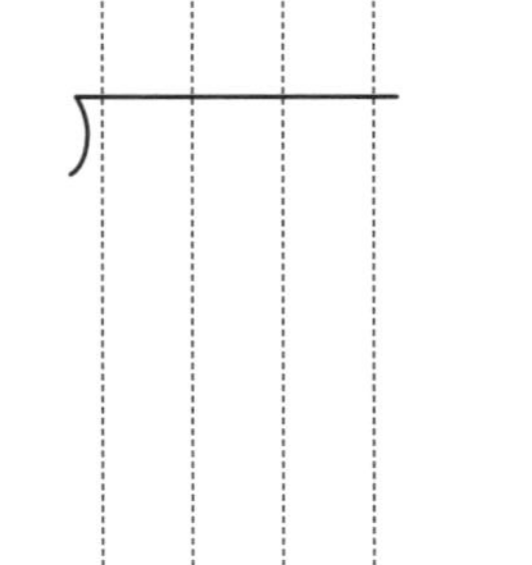

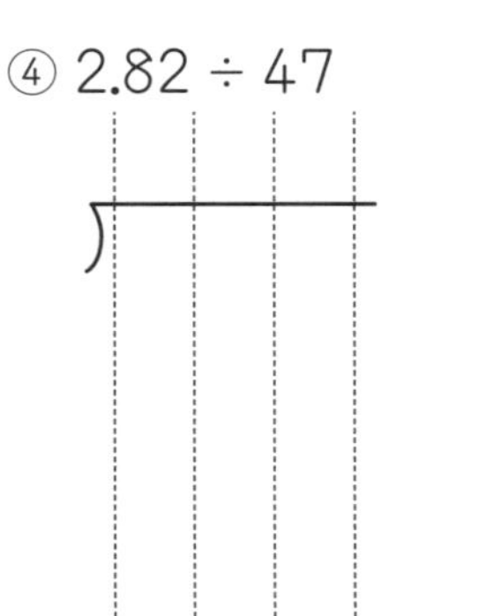

3　わり切れるまで計算しましょう。(5×3)

① 1.5 ÷ 20　② 1.24 ÷ 8　③ 1.7 ÷ 25

4　商を$\frac{1}{10}$の位までのがい数で表しましょう。(5×2)

① 8.5 ÷ 4　② 74.2 ÷ 26

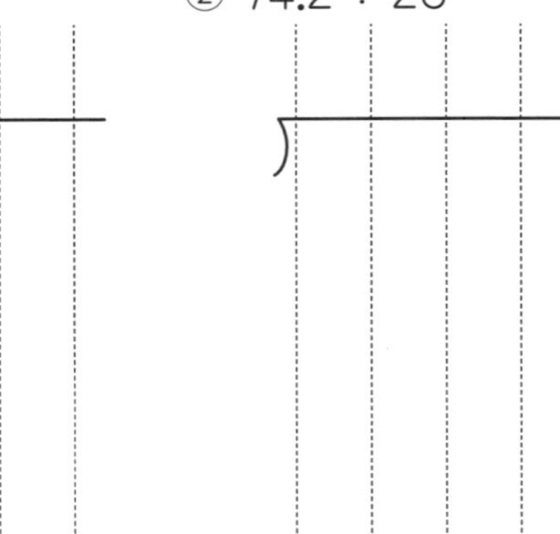

(　　　)　(　　　)

5　りょうさんは，1周(しゅう)1.8kmのコースを7周走りました。何km走ったでしょうか。(10)

式

答え

6　10.2mのテープがあります。このテープを12等分して使います。1本のテープは何mになりますか。(9)

式

答え

変わり方調べ（1）

名前

● 18本のぼうを使って，いろいろな長方形を作ります。

① 表にまとめましょう。

たての本数（本）	1	2	3	4	5	6	7	8
横の本数　（本）								

② たての本数と横の本数をあわせると，できる決まった数は何ですか。

③ ①の表を式に表しましょう。

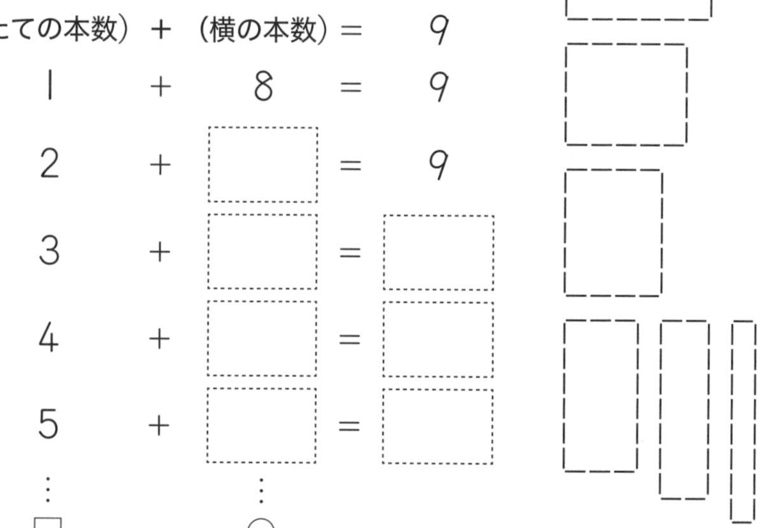

④ たての本数を□，横の本数を○として式に表しましょう。

変わり方調べ（2）

名前

● 1辺(べん)が1cmの正方形をならべて，下の図のように階だんの形を作っていきます。だん数とまわりの長さの関係(かんけい)を調べましょう。

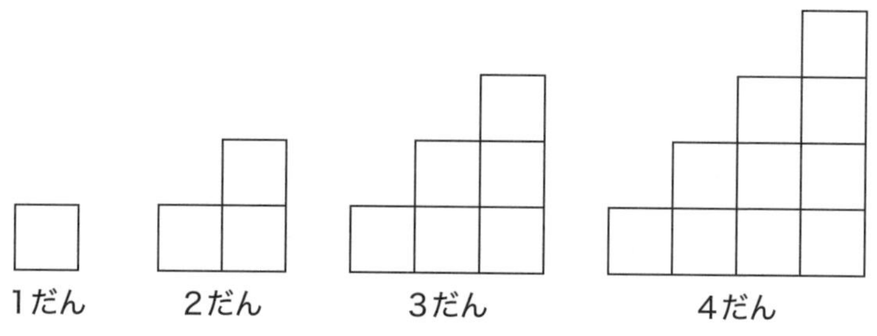

① だんの数とまわりの長さを表にまとめましょう。

だんの数（だん）	1	2	3	4	5	6
まわりの長さ（cm）	4					

② 1だんふえるごとに，まわりの長さは何cm長くなっていますか。

cm

③ だんの数を□，まわりの長さを○として，関係を式に表しましょう。

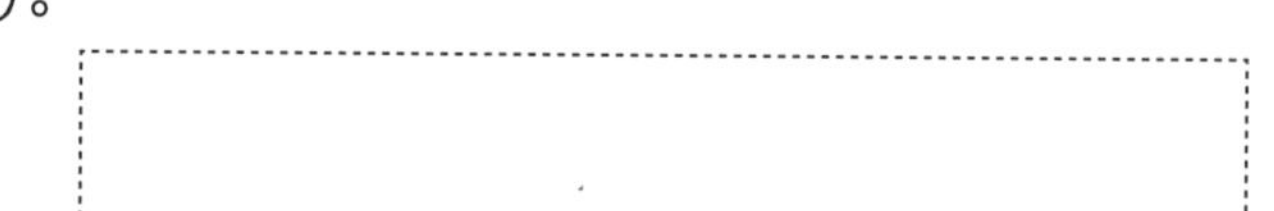

④ だんの数□が20だんのとき，まわりの長さ○は何cmですか。

式

cm

変わり方調べ (3)

名前

1 下の図のように，正三角形の１辺(べん)の長さを変えていきます。

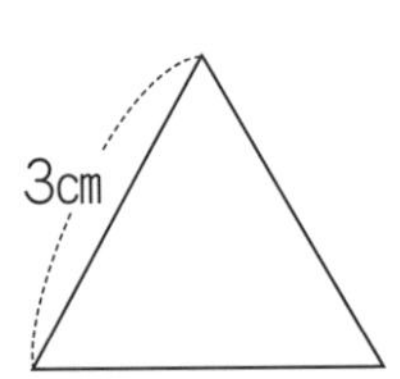

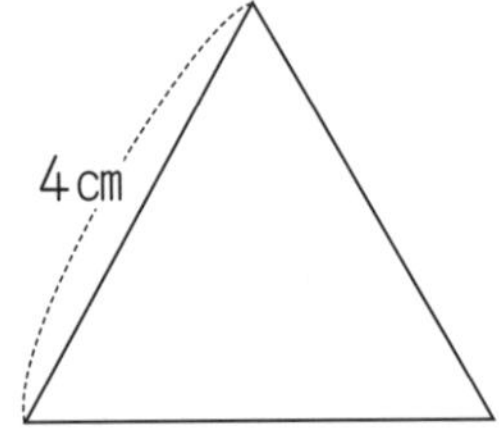

① １辺の長さとまわりの長さの関係(かんけい)を表にまとめましょう。

1辺の長さ (cm)	1	2	3	4	5	6
まわりの長さ (cm)						

② １辺の長さを□cm，まわりの長さを○cmとして式に表しましょう。

2 長さ１cmのひごを，下の図のように三角形にならべていきます。

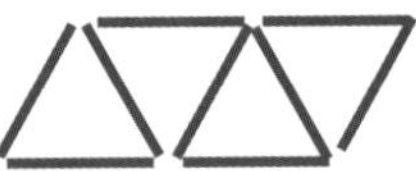

① 三角形の数とまわりの長さの関係を表にまとめましょう。

三角形の数 (こ)	1	2	3	4	5	6
まわりの長さ (cm)						

② 三角形の数を□こ，まわりの長さを○cmとして式に表しましょう。

変わり方調べ (4)

名前

● 下の表は，0.5kgの水そうに水を入れたときの水のかさと全体の重さを表したものです。

水のかさ (L)	1	2	3	4	5	6
重さ (kg)	1.5	2.5	3.5	4.5	5.5	6.5

① 水のかさと重さの関係(かんけい)を折(お)れ線グラフにかきましょう。

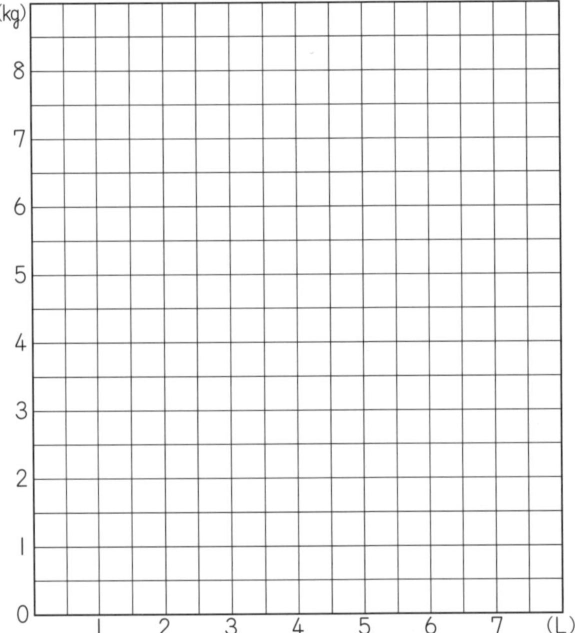

② 水を7L入れたとき，重さは何kgになりますか。　　kg

③ 水を4.5L入れたとき，重さは何kgになりますか。　　kg

分数（1）

名前

1 ジュースのかさは，何 L でしょうか。

① 下の図のかさを帯分数（たいぶんすう）で答えましょう。

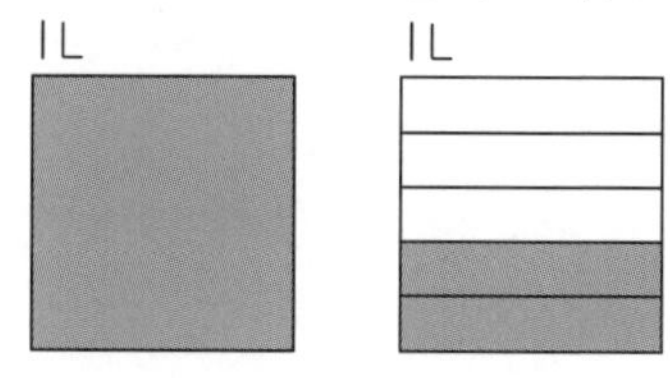

□ L

② 下の図のように考えると，何Lでしょうか。仮分数（かぶんすう）で答えましょう。

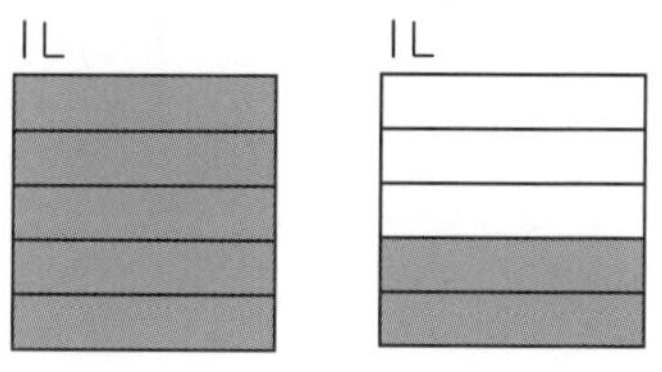

□ L

2 下の色のついたテープの長さは何 m でしょうか。

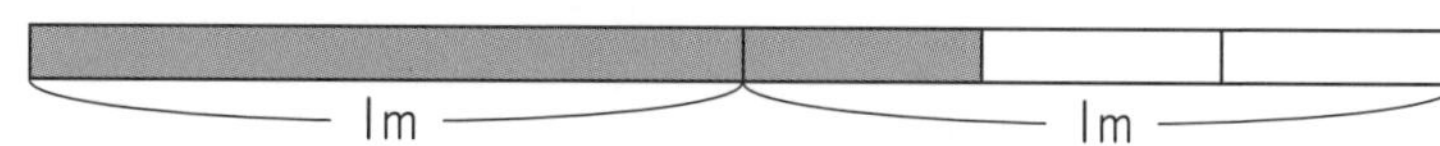

① 上の長さを帯分数で答えましょう。

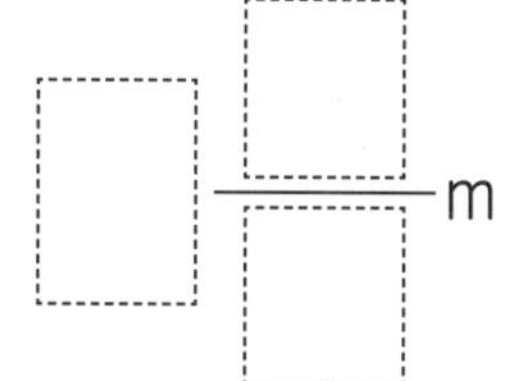

② 下の図のように考えて，仮分数で表しましょう。

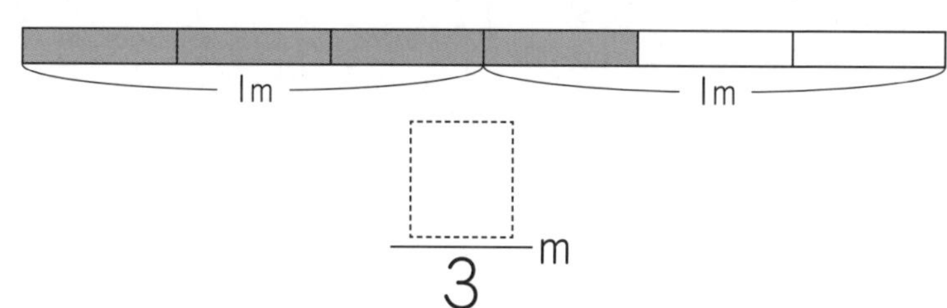

分数（2）

名前

1 次の長さやかさの分だけ，色をぬりましょう。

① $\frac{5}{3}$ m

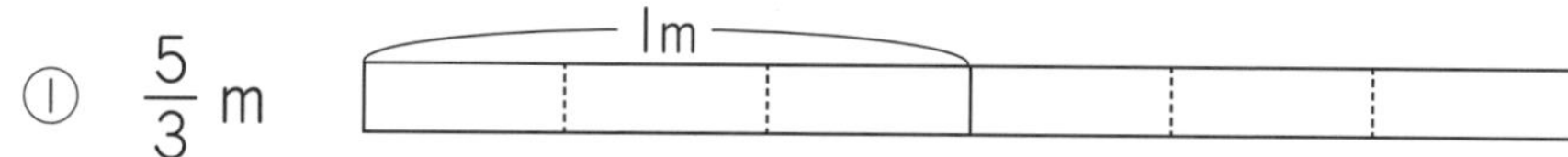

② $1\frac{3}{4}$ m

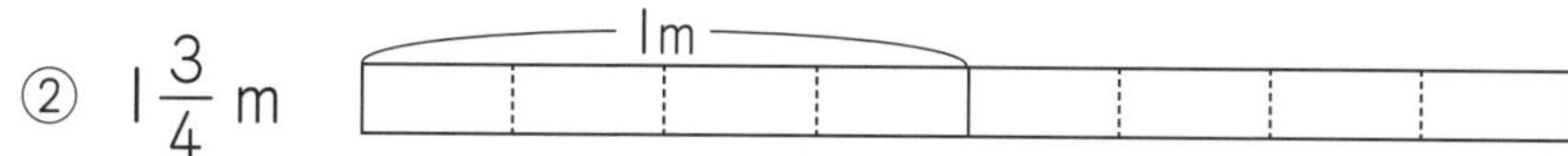

③ $\frac{5}{4}$ L

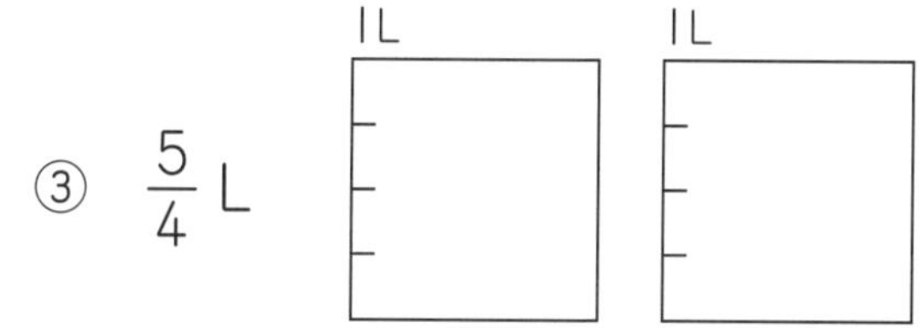

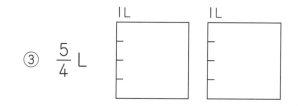

④ $1\frac{4}{5}$ L

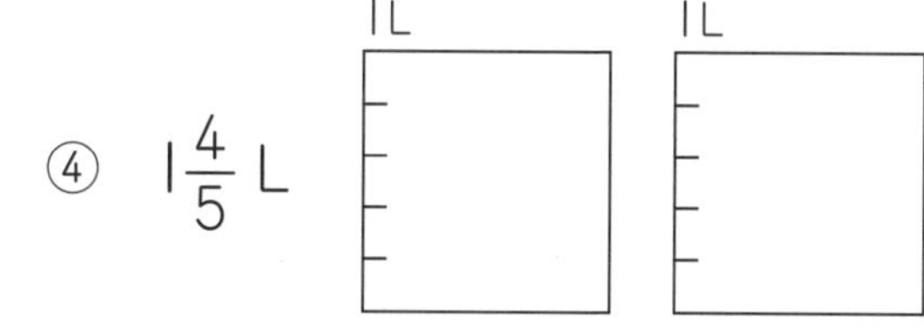

2 次の□にあてはまる数を書きましょう。

① 1を2こと，$\frac{1}{5}$ を3こ集めた数は，□ です。

② $\frac{7}{4}$ は，$\frac{1}{4}$ を □ こ集めた数です。

③ $\frac{1}{3}$ を □ こ集めると，1になります。

分数（3）

名前

● 次の数直線の分数を帯分数と仮分数で表しましょう。

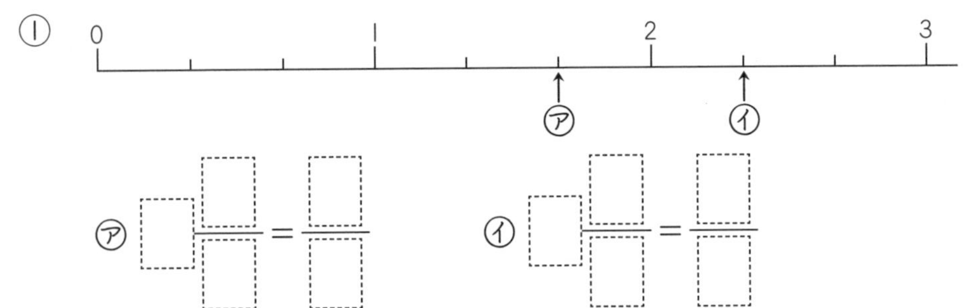

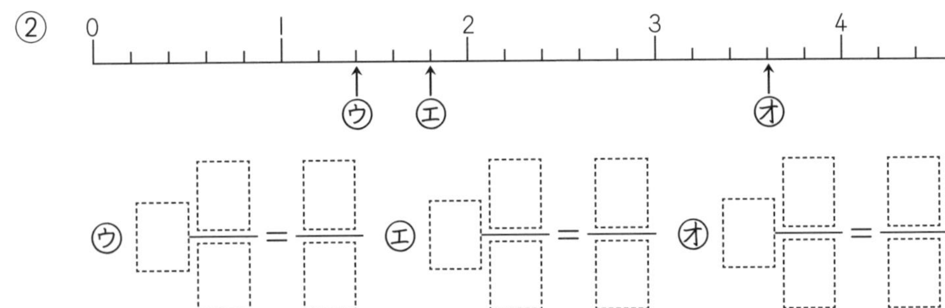

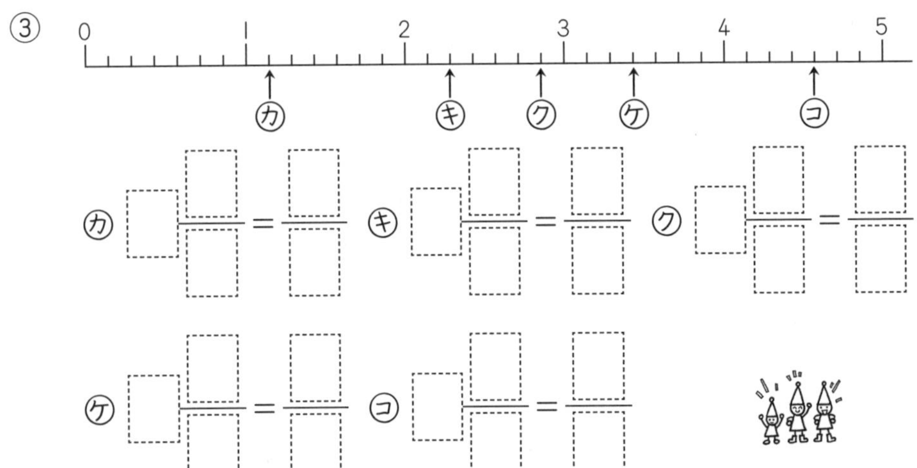

分数（4）

名前

1 次の仮分数を，帯分数か整数になおしましょう。

① $\frac{9}{2}$ =　② $\frac{7}{3}$ =　③ $\frac{8}{4}$ =

④ $\frac{12}{5}$ =　⑤ $\frac{22}{7}$ =　⑥ $\frac{40}{8}$ =

2 次の帯分数を仮分数になおしましょう。

① $2\frac{1}{2}$ =　② $3\frac{2}{3}$ =　③ $4\frac{2}{5}$ =

④ $1\frac{2}{9}$ =　⑤ $3\frac{1}{4}$ =　① $2\frac{7}{8}$ =

3 □に不等号を書きましょう。

① $\frac{8}{2}$ □ $3\frac{1}{2}$　② $3\frac{3}{4}$ □ $\frac{14}{4}$

めいろは，答えの大きい方をとおりましょう。とおった方の答えを下の□に書きましょう。

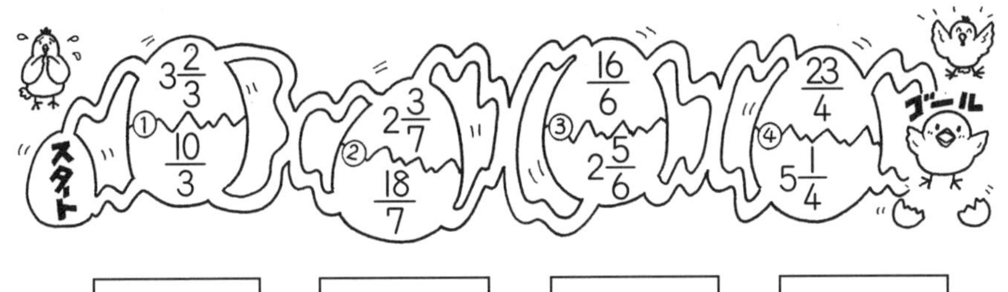

①□　②□　③□　④□

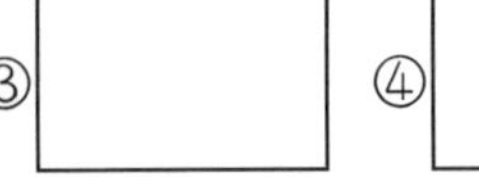

分数（5）

名前

● 下の数直線をみて答えましょう。

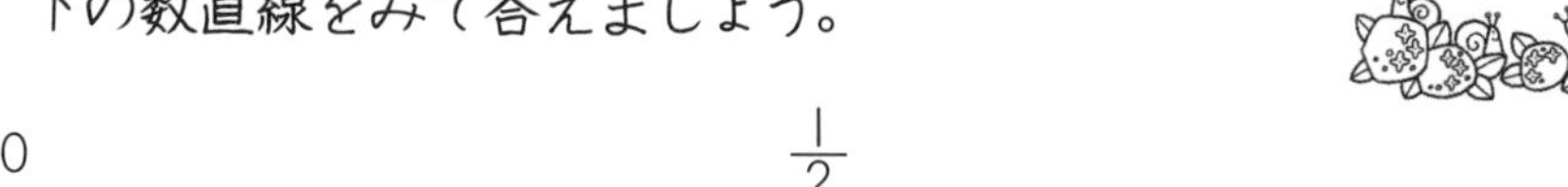

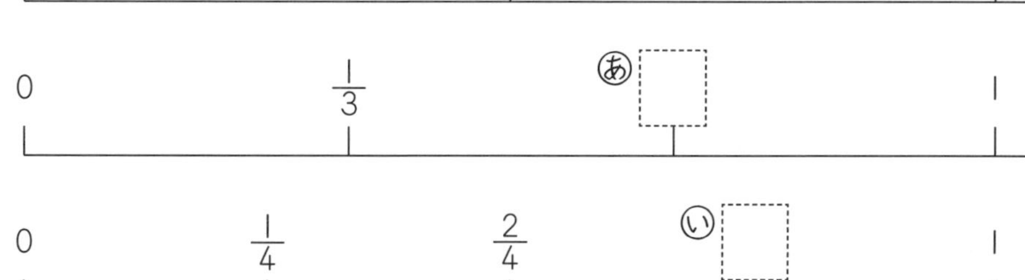

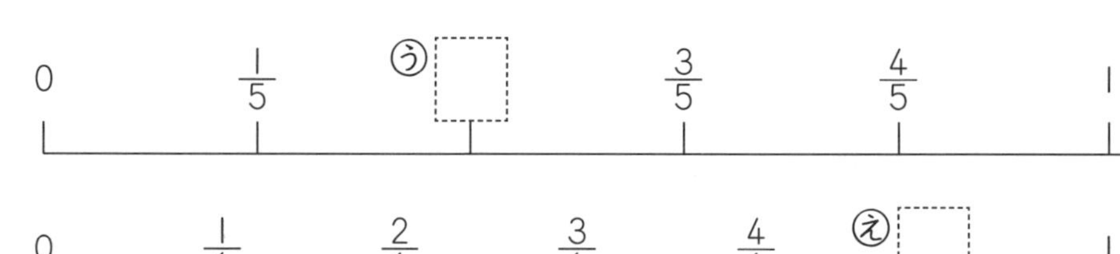

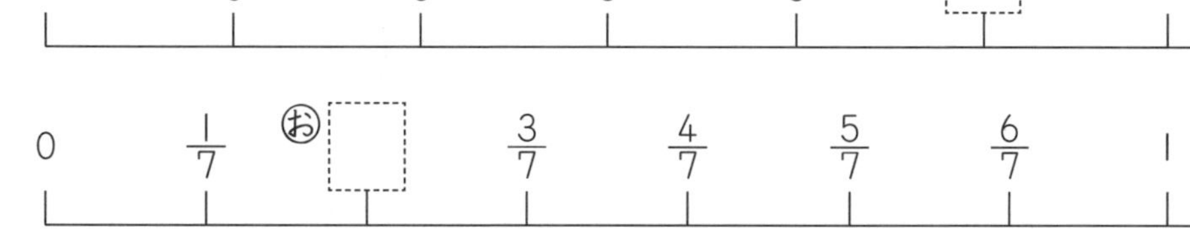

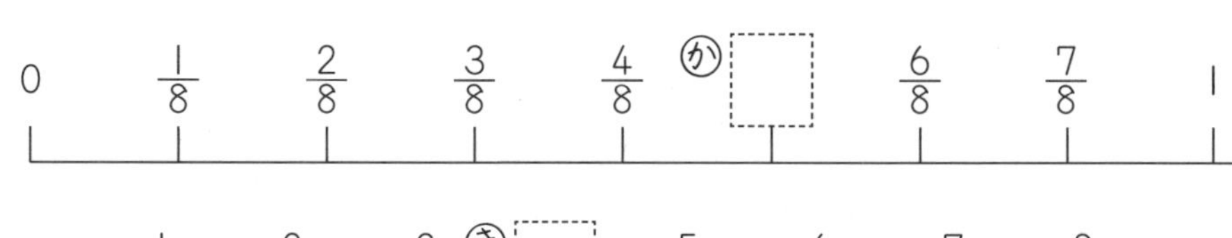

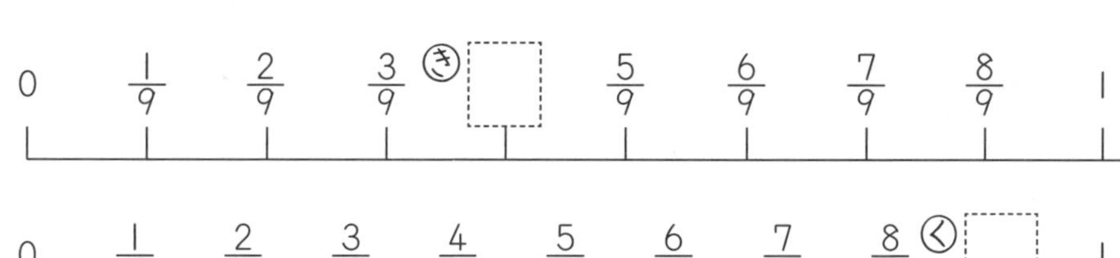

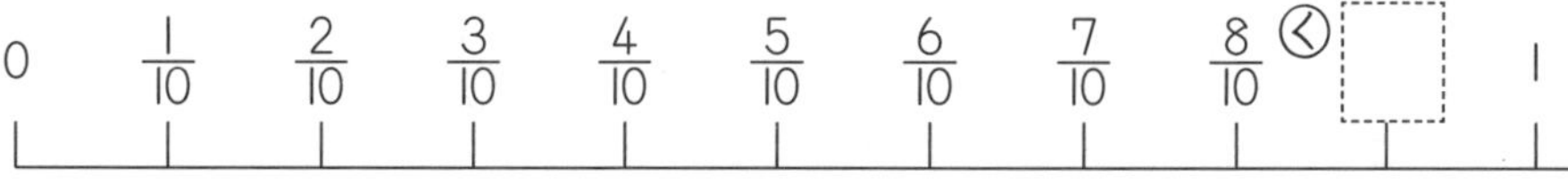

① あ～くにあてはまる分数を書きましょう。

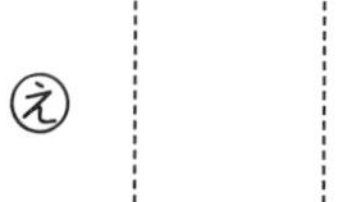

② 左の数直線で，次の分数と同じ大きさの分数を全部書きましょう。

$\frac{1}{2}$ = □ □ □ □

$\frac{1}{3}$ = □ □　　$\frac{4}{5}$ = □

めいろは，答えの大きい方をとおりましょう。とおった方の答えを下の□に書きましょう。

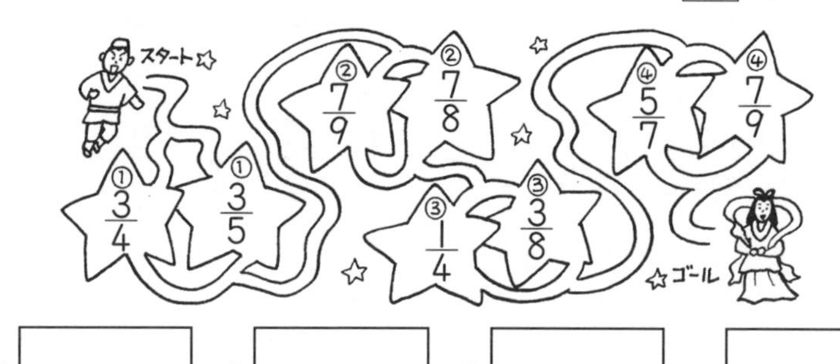

① □　② □　③ □　④ □

分数（6）

たし算　仮，真分数＋仮，真分数

名前

● 計算をしましょう。

① $\frac{2}{3}+\frac{2}{3}$　② $\frac{2}{4}+\frac{3}{4}$

③ $\frac{3}{4}+\frac{6}{4}$　④ $\frac{4}{3}+\frac{8}{3}$

⑤ $\frac{2}{5}+\frac{4}{5}$　⑥ $\frac{4}{6}+\frac{5}{6}$

⑦ $\frac{10}{6}+\frac{3}{6}$　⑧ $\frac{3}{5}+\frac{6}{5}$

⑨ $\frac{6}{7}+\frac{5}{7}$　⑩ $\frac{15}{8}+\frac{11}{8}$

⑪ $\frac{10}{8}+\frac{6}{8}$　⑫ $\frac{2}{6}+\frac{5}{6}$

⑬ $\frac{14}{9}+\frac{13}{9}$　⑭ $\frac{8}{9}+\frac{4}{9}$

分数（7）

たし算　帯分数＋帯，真分数（くり上がりなし）

名前

● 計算をしましょう。

① $3\frac{1}{3}+2\frac{1}{3}$　② $3\frac{1}{5}+3\frac{3}{5}$

③ $4\frac{2}{4}+3\frac{1}{4}$　④ $1\frac{1}{5}+4\frac{2}{5}$

⑤ $2\frac{3}{8}+1\frac{1}{8}$　⑥ $1\frac{4}{9}+2\frac{3}{9}$

⑦ $4\frac{3}{7}+3\frac{2}{7}$　⑧ $2\frac{4}{6}+7\frac{1}{6}$

⑨ $4\frac{3}{5}+6\frac{1}{5}$　⑩ $1\frac{5}{9}+4\frac{2}{9}$

⑪ $1\frac{2}{6}+4\frac{3}{6}$　⑫ $2\frac{3}{8}+2\frac{4}{8}$

めいろは，答えの大きい方をとおりましょう。とおった方の答えを下の□に書きましょう。

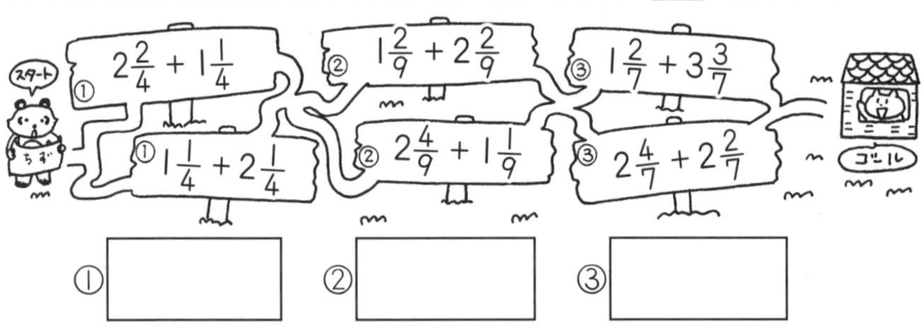

分数（8）

たし算　帯分数＋帯，真分数（くり上がりあり）

名前

● 計算をしましょう。

① $1\frac{7}{8}+\frac{4}{8}$　② $2\frac{3}{4}+\frac{1}{4}$

③ $5\frac{3}{5}+2\frac{4}{5}$　④ $4\frac{2}{3}+\frac{2}{3}$

⑤ $2\frac{4}{5}+\frac{4}{5}$　⑥ $2\frac{5}{7}+1\frac{3}{7}$

⑦ $5\frac{2}{6}+\frac{5}{6}$　⑧ $1\frac{7}{8}+2\frac{3}{8}$

⑨ $4\frac{7}{9}+3\frac{8}{9}$　⑩ $1\frac{5}{8}+\frac{6}{8}$

⑪ $3\frac{3}{7}+1\frac{6}{7}$　⑫ $5\frac{5}{6}+2\frac{3}{6}$

⑬ $6\frac{3}{10}+\frac{7}{10}$　⑭ $3\frac{1}{9}+5\frac{8}{9}$

分数（9）

たし算　いろいろな型

名前

● 計算をしましょう。

① $2\frac{3}{4}+1\frac{3}{4}$　② $2\frac{2}{3}+\frac{1}{3}$

③ $6+2\frac{2}{5}$　④ $2\frac{5}{8}+4\frac{5}{8}$

⑤ $3\frac{6}{7}+\frac{4}{7}$　⑥ $5\frac{2}{9}+1\frac{8}{9}$

⑦ $4\frac{4}{8}+5\frac{5}{8}$　⑧ $2\frac{4}{5}+7$

⑨ $2\frac{1}{2}+7\frac{1}{2}$　⑩ $6\frac{2}{7}+1\frac{4}{7}$

⑪ $3\frac{1}{6}+6$　⑫ $4\frac{9}{10}+5$

めいろは，答えの大きい方をとおりましょう。とおった方の答えを下の□に書きましょう。

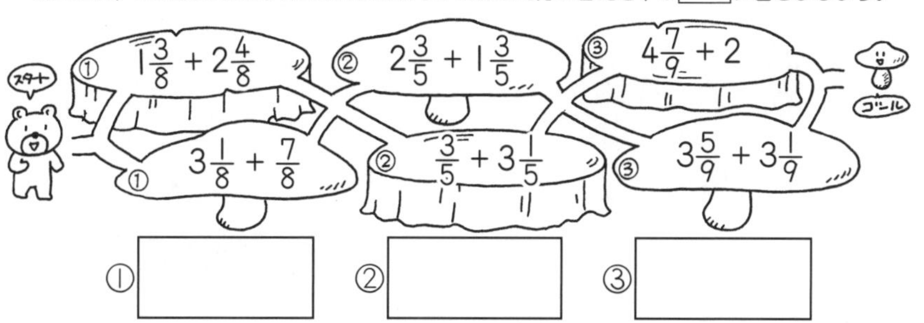

分数（10）

ひき算　真，仮分数ー真，仮分数

名前

● 計算をしましょう。

① $\frac{6}{7}-\frac{2}{7}$　　② $\frac{11}{9}-\frac{3}{9}$

③ $\frac{8}{5}-\frac{6}{5}$　　④ $\frac{5}{8}-\frac{1}{8}$

⑤ $\frac{13}{6}-\frac{8}{6}$　　⑥ $\frac{10}{8}-\frac{5}{8}$

⑦ $\frac{15}{9}-\frac{14}{9}$　　⑧ $\frac{10}{4}-\frac{7}{4}$

⑨ $\frac{9}{5}-\frac{2}{5}$　　⑩ $\frac{15}{8}-\frac{7}{8}$

⑪ $\frac{12}{9}-\frac{2}{9}$　　⑫ $\frac{24}{10}-\frac{4}{10}$

⑬ $\frac{9}{6}-\frac{3}{6}$　　⑭ $\frac{16}{7}-\frac{8}{7}$

分数（11）

ひき算　帯分数ー帯，真分数（くり下がりなし）

名前

● 計算をしましょう。

① $3\frac{2}{3}-\frac{1}{3}$　　② $6\frac{4}{5}-\frac{2}{5}$

③ $4\frac{6}{7}-\frac{5}{7}$　　④ $2\frac{5}{6}-\frac{2}{6}$

⑤ $1\frac{4}{5}-\frac{3}{5}$　　⑥ $9\frac{7}{9}-\frac{5}{9}$

⑦ $3\frac{3}{4}-1\frac{2}{4}$　　⑧ $2\frac{6}{7}-1\frac{2}{7}$

⑨ $5\frac{8}{9}-3\frac{6}{9}$　　⑩ $4\frac{6}{7}-2\frac{5}{7}$

⑪ $3\frac{5}{6}-1\frac{1}{6}$　　⑫ $2\frac{7}{8}-1\frac{2}{8}$

めいろは，答えの大きい方をとおりましょう。とおった方の答えを下の□に書きましょう。

スタート

① $4\frac{2}{3}-\frac{1}{3}$

① $5\frac{2}{3}-2\frac{1}{3}$

② $7\frac{8}{9}-\frac{1}{9}$

② $8\frac{5}{9}-1\frac{3}{9}$

③ $5\frac{7}{8}-2\frac{3}{8}$

③ $4\frac{6}{8}-1\frac{1}{8}$

ゴール

① □　② □　③ □

分数（12）

ひき算　帯分数ー帯，真分数（くり下がりあり）

名前

● 計算をしましょう。

① $4\frac{2}{5}-\frac{3}{5}$

② $5\frac{2}{7}-\frac{5}{7}$

③ $4\frac{1}{6}-\frac{2}{6}$

④ $4\frac{1}{4}-\frac{3}{4}$

⑤ $3\frac{1}{8}-\frac{3}{8}$

⑥ $9\frac{4}{9}-\frac{7}{9}$

⑦ $3\frac{1}{7}-2\frac{4}{7}$

⑧ $7\frac{2}{8}-1\frac{7}{8}$

⑨ $5\frac{1}{6}-1\frac{5}{6}$

⑩ $4\frac{3}{5}-2\frac{4}{5}$

⑪ $6\frac{2}{9}-4\frac{5}{9}$

⑫ $3\frac{3}{10}-\frac{9}{10}$

⑬ $2\frac{3}{8}-1\frac{5}{8}$

⑭ $8\frac{3}{7}-2\frac{6}{7}$

分数（13）

ひき算　いろいろな型

名前

● 計算をしましょう。

① $\frac{13}{5}-\frac{11}{5}$

② $2\frac{4}{6}-\frac{5}{6}$

③ $3\frac{3}{7}-2$

④ $5\frac{1}{8}-2\frac{7}{8}$

⑤ $4\frac{7}{9}-2\frac{5}{9}$

⑥ $5\frac{1}{6}-3$

⑦ $1-\frac{1}{2}$

⑧ $2-\frac{1}{3}$

⑨ $6\frac{1}{4}-5\frac{3}{4}$

⑩ $4\frac{6}{7}-1\frac{4}{7}$

⑪ $3-\frac{1}{9}$

⑫ $7\frac{3}{5}-3\frac{4}{5}$

めいろは，答えの大きい方をとおりましょう。とおった方の答えを下の□に書きましょう。

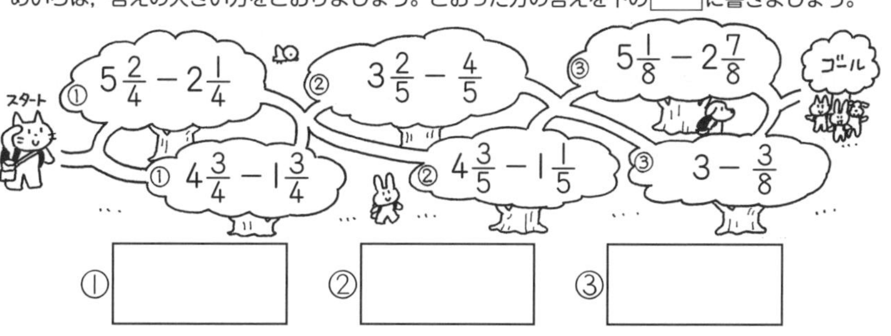

分数（14）

文章題①

名前

1　麦茶が $3\frac{2}{4}$ L ありました。みんなが飲んだので，残りは $1\frac{1}{4}$ L になりました。みんなで何 L 飲みましたか。

式

答え

3　$2\frac{2}{7}$ dL のオレンジジュースと $1\frac{4}{7}$ dL のマンゴージュースをあわせてミックスジュースを作ります。全部で何 dL になりますか。

式

答え

2　赤いリボンは $4\frac{4}{5}$ m あります。白いリボンは，$2\frac{3}{5}$ m あります。

① どちらのリボンの方が何 m 長いですか。

式

答え

② 2本のリボンをつなぐと，何 m になりますか。（つなぎ目の長さは考えません。）

式

答え

分数（15）

文章題②

名前

1　$3\frac{2}{3}$ kg のすいかを $\frac{2}{3}$ kg の箱に入れました。全部の重さは何 kg ですか。

式

答え

2　$8\frac{4}{9}$ m² の畑があります。$3\frac{8}{9}$ m² にトマトを植えました。残っている畑の面積は何 m² ですか。

式

答え

3　紙パックの牛にゅう $1\frac{2}{7}$ L と，びんの牛にゅうをあわせると，2L になりました。びんには何 L 入っていましたか。

式

答え

4　A のロープが $\frac{3}{5}$ m，B のロープが $2\frac{2}{5}$ m あります。ちがいは何 m になりますか。

式

答え

ふりかえりテスト 分数

名前

□1 下のかさは，何Lでしょうか。
帯分数(たいぶんすう)と仮分数(かぶんすう)で表しましょう。(3 × 4)

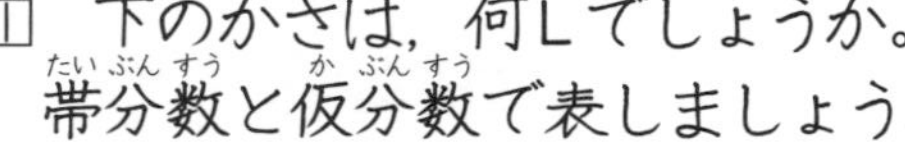

①

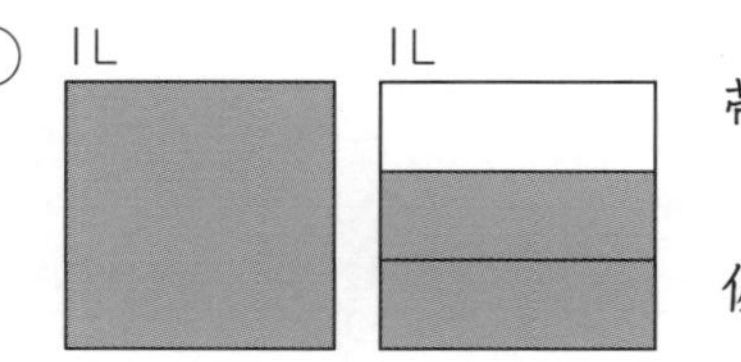

帯分数（　　　）L
仮分数（　　　）L

②

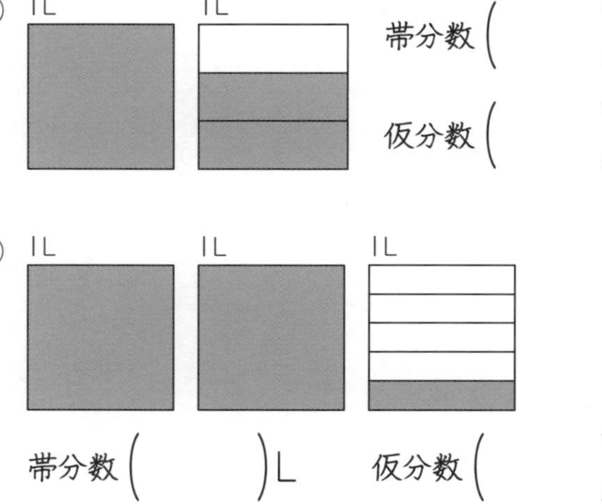

帯分数（　　　）L　仮分数（　　　）L

□2 数直線の分数を，帯分数と仮分数で表しましょう。(3 × 6)

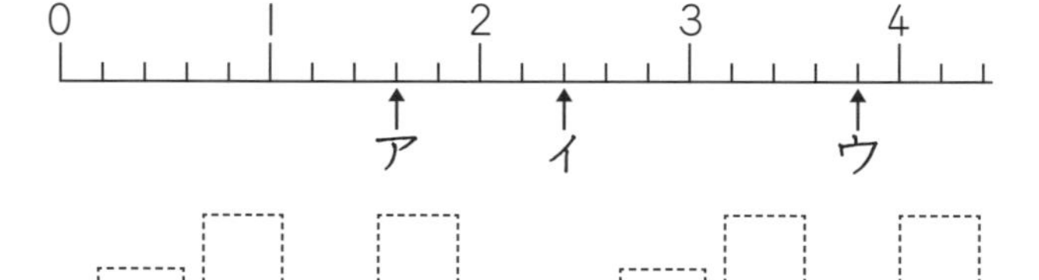

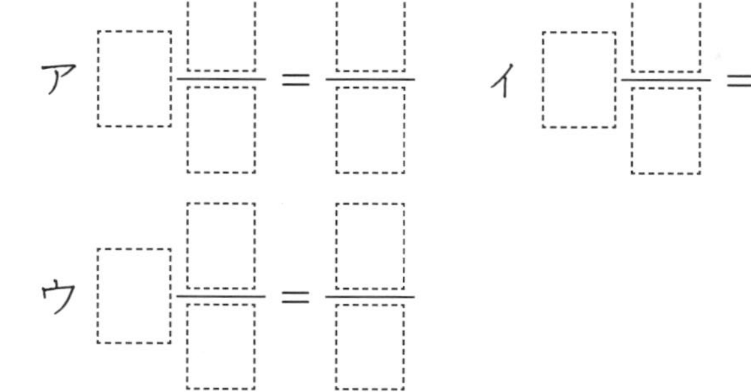

□3 帯分数は仮分数に，仮分数は帯分数にしましょう。(4 × 4)

① $1\frac{1}{3}$　（　　　）

② $3\frac{2}{7}$　（　　　）

③ $\frac{7}{4}$　（　　　）

④ $\frac{13}{5}$　（　　　）

□4 次の計算をしましょう。答えが帯分数にできるものは，帯分数にしましょう。(4 × 10)

① $\frac{5}{7} + \frac{4}{7}$

② $1\frac{3}{4} + \frac{3}{4}$

③ $\frac{4}{5} + 4\frac{3}{5}$

④ $1\frac{2}{9} + 1\frac{8}{9}$

⑤ $1\frac{1}{6} + 6\frac{5}{6}$

⑥ $\frac{12}{5} - \frac{7}{5}$

⑦ $2\frac{7}{9} - 1\frac{2}{9}$

⑧ $3\frac{2}{3} - \frac{2}{3}$

⑨ $3\frac{1}{7} - 1\frac{2}{7}$

⑩ $2 - 1\frac{1}{2}$

□5 赤いテープは$\frac{7}{9}$m，青いテープは$2\frac{2}{9}$mです。

① 赤と青のテープのちがいは，何mですか。(7)

式

答え

② 赤と青のテープをつなぐと，何mになりますか。（つなぎ目の長さは考えません）(7)

式

答え

直方体と立方体（1）

名前

□1 次の（　）にあうことばを下の □ から選んで書きましょう。

① 長方形だけで囲まれている形や，長方形や正方形で囲まれた形を（　　　　　）といいます。

② 正方形だけで囲まれた形を（　　　　　）といいます。

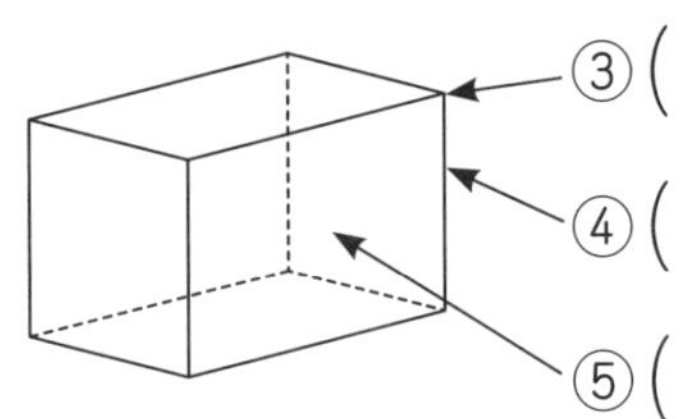

③（　　　　　）

④（　　　　　）

⑤（　　　　　）

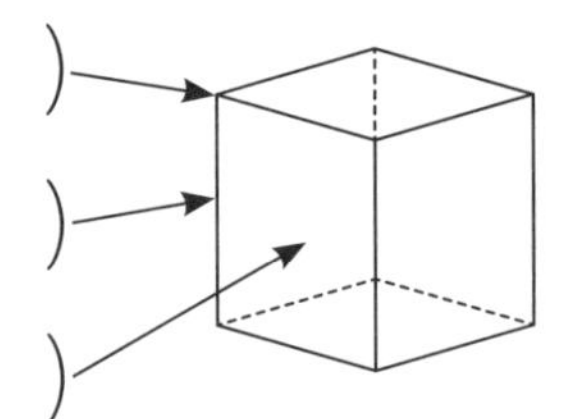

立方体・直方体・頂点・辺・平面

□2 上の直方体・立方体について調べましょう。

① 面・辺・頂点のそれぞれの数を表にまとめましょう。

	面の数	辺の数	頂点の数
直方体			
立方体			

② 直方体には同じ形の面はいくつずつありますか。

（　　　　　）こずつ

③ 直方体には同じ長さの辺が何本ずつありますか。

（　　　　　）本ずつ

直方体と立方体（2）

名前

□1 直方体の展開図で正しいのはどれでしょうか。正しい図の記号を○で囲みましょう。

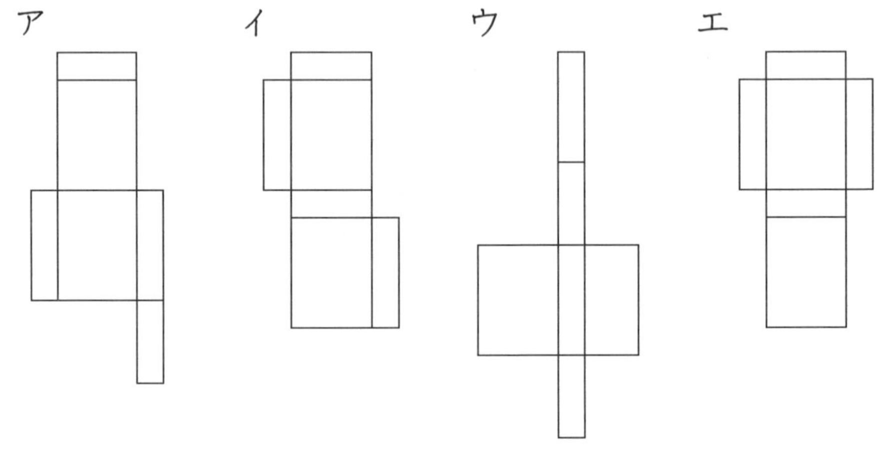

□2 右の展開図を組み立てます。問いに答えましょう。

① 向き合う面を答えましょう。

面㋐と（　　　　　）

面㋑と（　　　　　）

面㋓と（　　　　　）

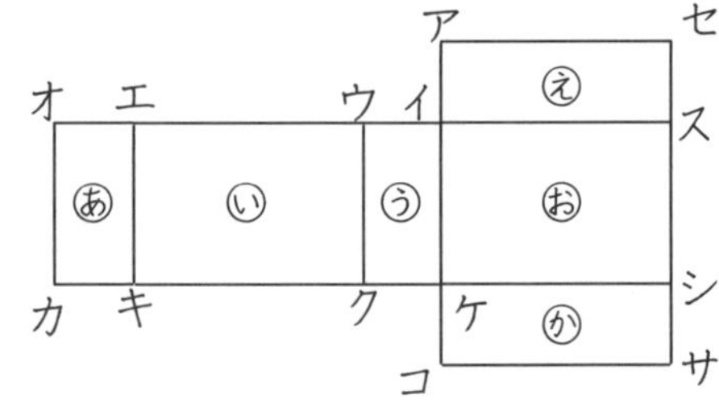

② 重なる点を答えましょう。

点アと（　　　　　）　点キと（　　　　　）

③ 重なる辺を答えましょう。

辺アイと（　　　　　）　辺エウと（　　　　　）

辺カキと（　　　　　）

直方体と立方体（3）

名前

● 右の直方体の展開図の続きをかきましょう。

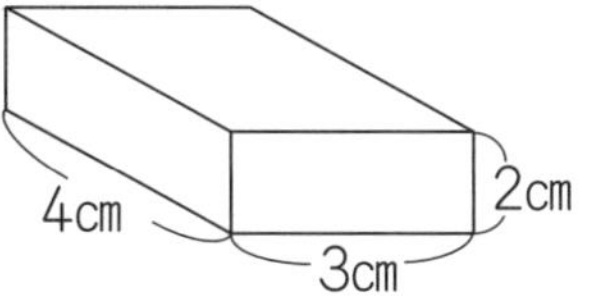

1cm
1cm

直方体と立方体（4）

名前

1 1辺が2cmの立方体の展開図の続きを2通りかきましょう。

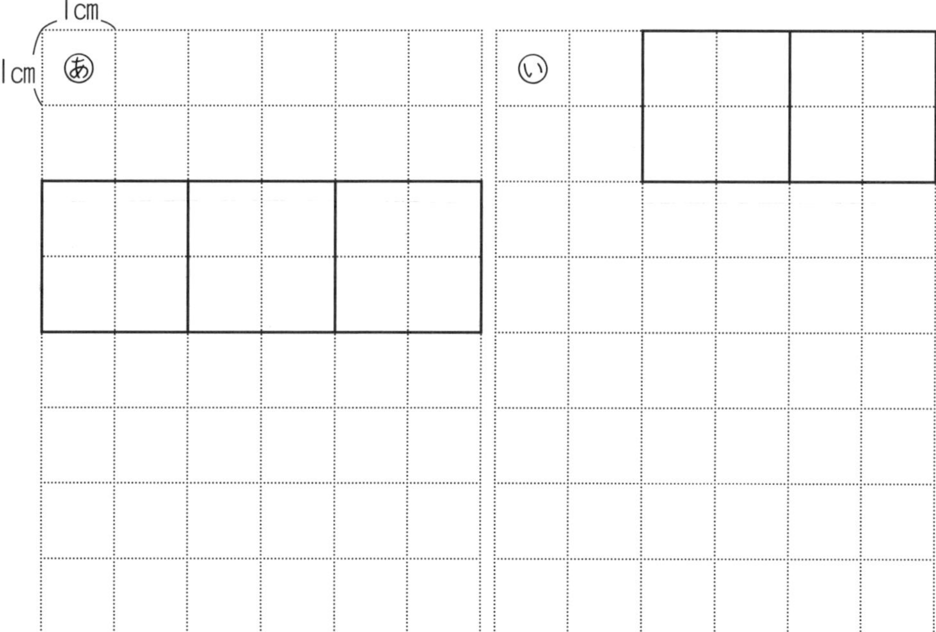

2 立方体の展開図を組み立てます。

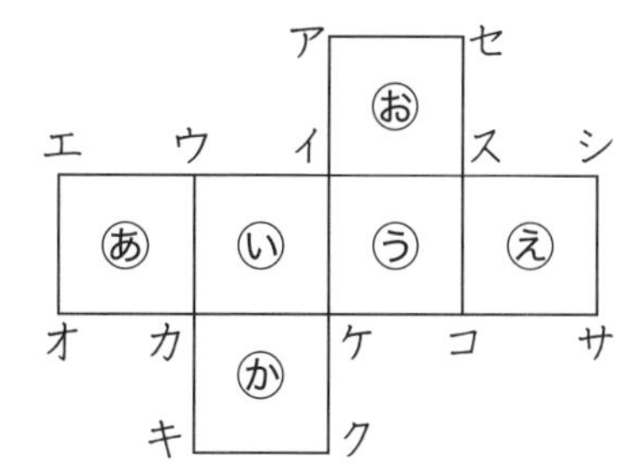

① 向き合う面を答えましょう。

面あと（　　　　）

面いと（　　　　）

② 重なる点を答えましょう。

点アと（　　　　）　点オと（　　　　）と（　　　　）

③ 重なる辺を答えましょう。

辺アイと（　　　　）　辺エオと（　　　　）

辺キクと（　　　　）

直方体と立方体（5）

面と面の垂直・平行

名前

□1 右の直方体について，面と面について調べましょう。

① 面㋑に垂直な面を4つ書きましょう。

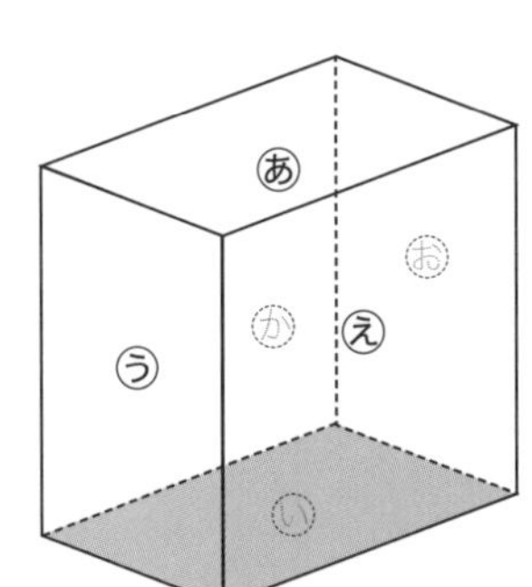

② 平行な面は何組ありますか。

□2 右の立方体について，面と面について調べましょう。

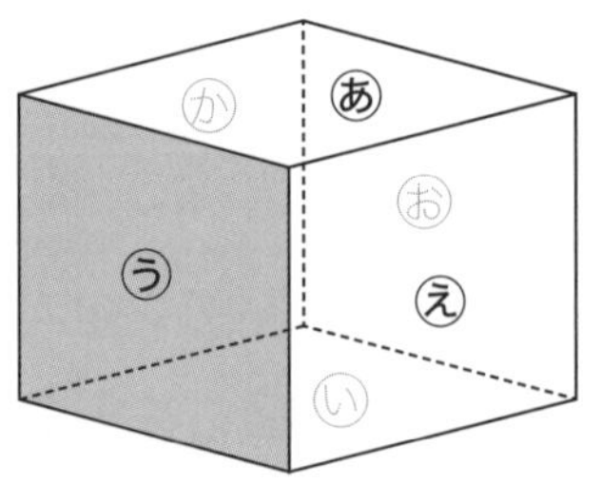

① 面㋒に垂直な面を4つ書きましょう。

（　　　）（　　　）

（　　　）（　　　）

② 面㋓に平行な面を書きましょう。　（　　　）

③ 平行な面は何組ありますか。　（　　　）

直方体と立方体（6）

辺と辺の垂直・平行

名前

□1 次の直方体で，辺と辺の関係について調べましょう。

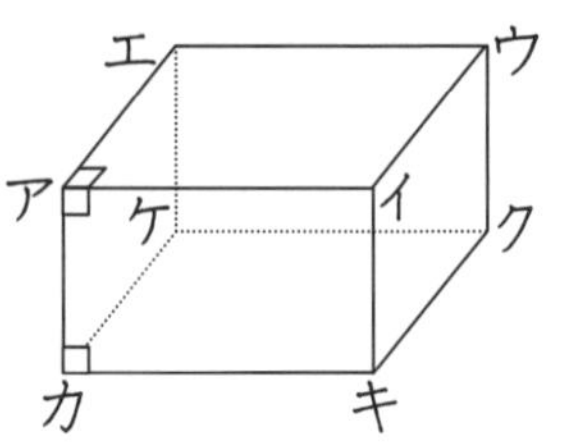

① 辺アカに垂直な辺は何本ありますか。　（　　　）

② 辺アイに平行な辺を３本書きましょう。

（　　　）（　　　）（　　　）

□2 次の立方体で，辺と辺の関係について調べましょう。

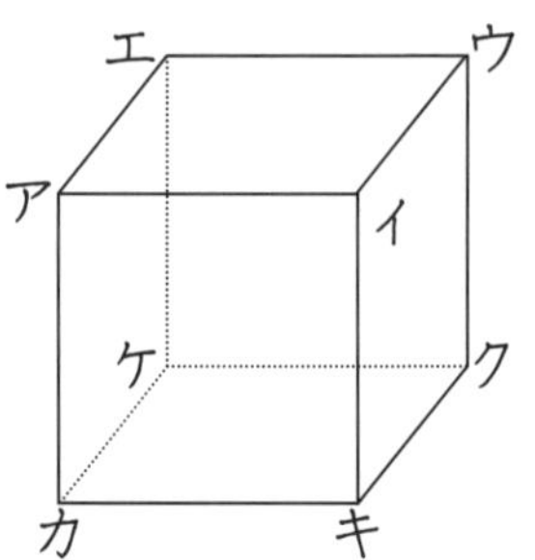

① 辺アエに垂直な辺を４本書きましょう。

（　　　）（　　　）（　　　）（　　　）

② 辺アカに平行な辺を３本書きましょう。

（　　　）（　　　）（　　　）

直方体と立方体（7）

名前

面と辺の垂直・平行

1 右の直方体で，面と辺の関係について調べましょう。

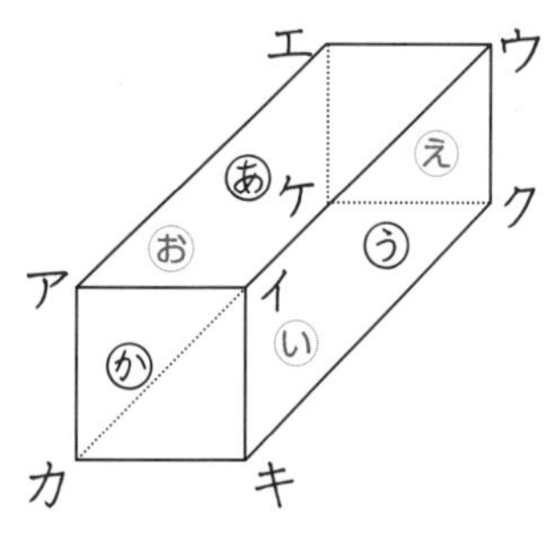

① 面あに垂直な辺を4本書きましょう。

(　　　) (　　　)

(　　　) (　　　)

② 面あに平行な辺を4本書きましょう。

(　　　) (　　　) (　　　) (　　　)

③ 面かに平行な辺は何本ありますか。　(　　　)

2 右の立方体で，面と辺の関係について調べましょう。

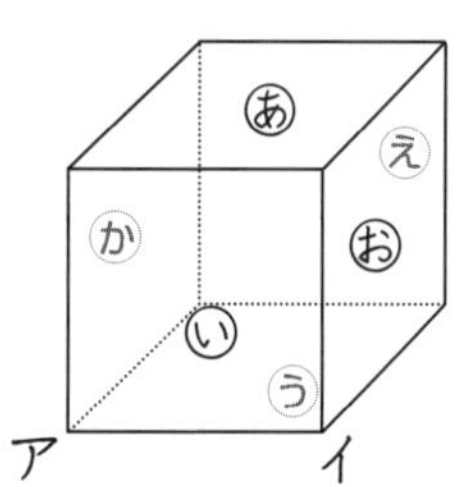

① 辺アイに垂直な面を2つ書きましょう。

(　　　) (　　　)

② 辺アイに平行な面を2つ書きましょう。

(　　　) (　　　)

直方体と立方体（8）

名前

● 下の①～③の直方体や立方体の見取図の続きをかきましょう。（見えない線は，点線でかきましょう。）

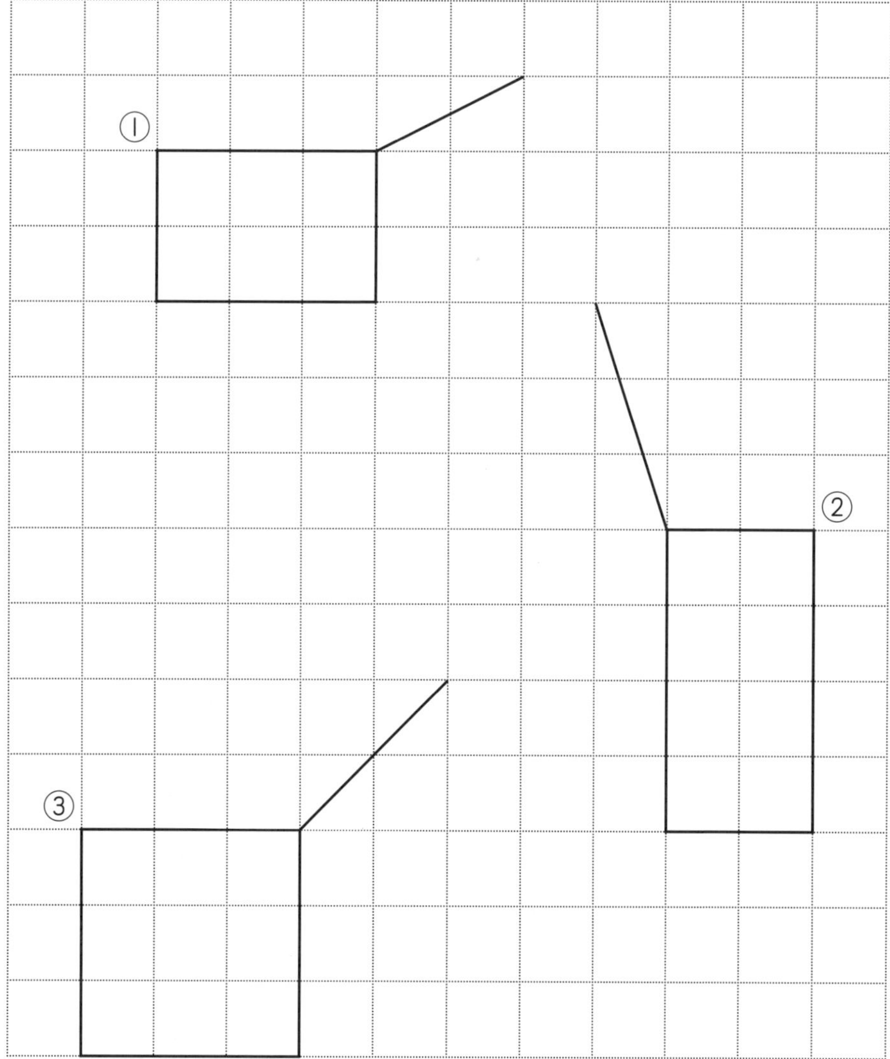

直方体と立方体（9）

名前

1　下の図で，こん虫の位置を（例）にならって書きましょう。

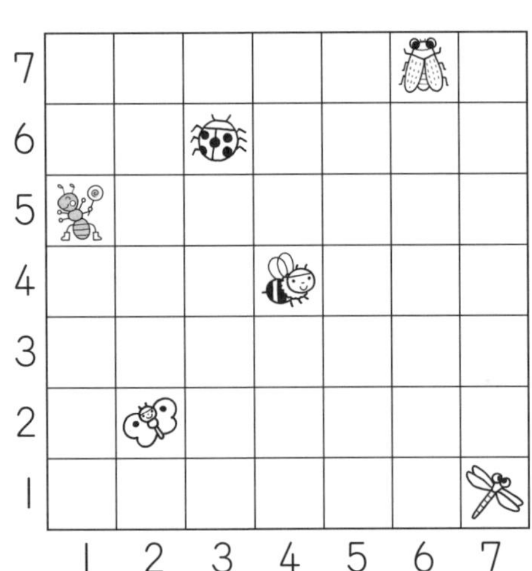

(例) てんとうむしの位置 (3の6)

① ありの位置　(　　の　　)

② ちょうの位置 (　　の　　)

③ はちの位置　(　　の　　)

④ せみの位置　(　　の　　)

⑤ とんぼの位置 (　　の　　)

2　下の図で，●の位置は（１の２）と表します。
次の①～⑥の位置を同じように表しましょう。

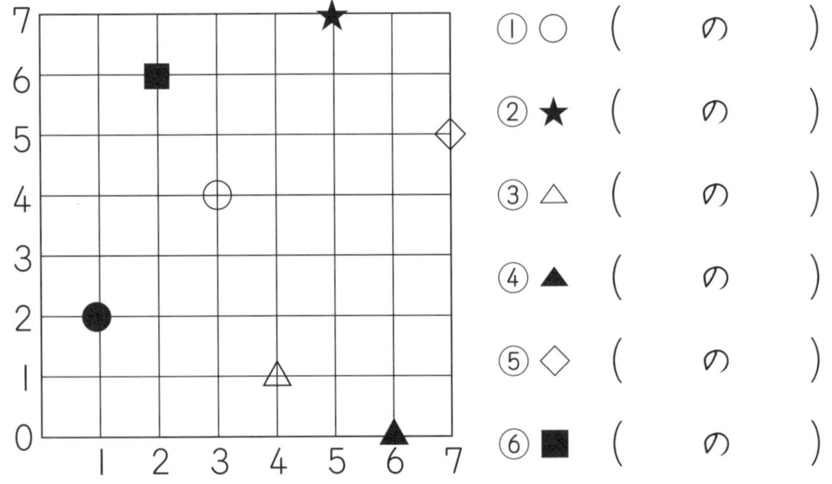

① ○　(　　の　　)

② ★　(　　の　　)

③ △　(　　の　　)

④ ▲　(　　の　　)

⑤ ◇　(　　の　　)

⑥ ■　(　　の　　)

直方体と立方体（10）

名前

● はたが立っている位置をもとにして，動物たちはどこにいるといえばよいでしょうか。

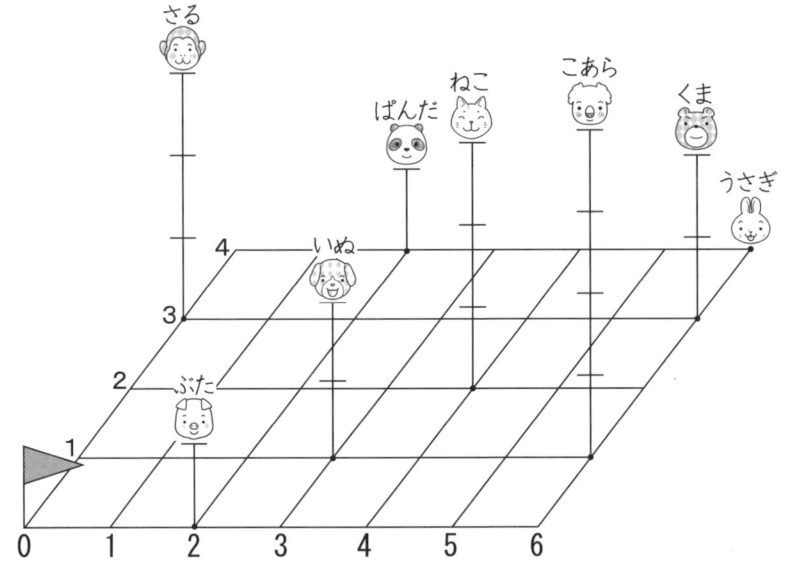

① 例（いぬ）のように，動物の位置を数で表しましょう。

(例)　いぬ　(3の1の2)

ねこ　(　　の　　の　　)

うさぎ　(　　の　　の　　)

ぱんだ　(　　の　　の　　)

② (6の1の4) にいる動物は何ですか。　(　　　　)

③ (2の0の1) にいる動物は何ですか。　(　　　　)

④ (0の3の3) にいる動物は何ですか。　(　　　　)

直方体と立方体（11）

名前

□1 下の直方体の頂点の位置を，頂点Aをもとに考えましょう。

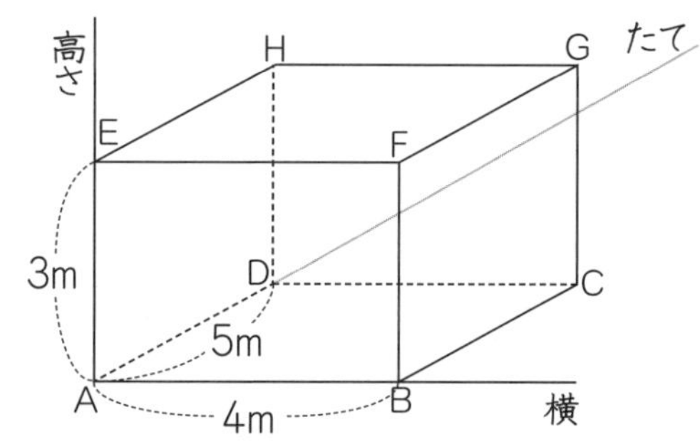

① (横 4m，たて 5m，高さ 0m）の位置にある頂点は何ですか。

頂点（　　　　）

② 次の頂点の位置を表しましょう。

頂点G（横　　　m，たて　　　m，高さ　　　m）

頂点H（横　　　m，たて　　　m，高さ　　　m）

□2 下の直方体の頂点の位置を，頂点Aをもとに考えましょう。

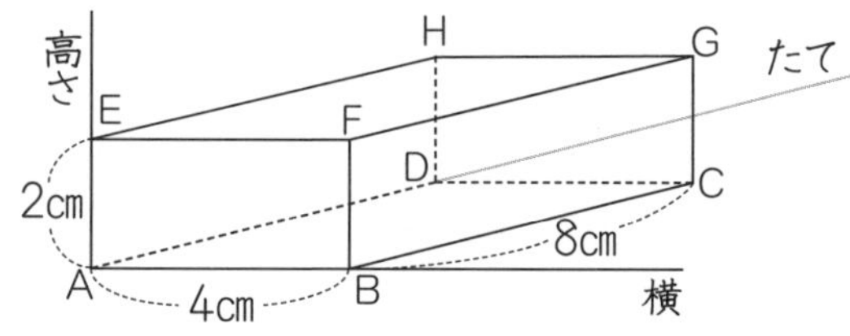

① (横 4cm，たて 8cm，高さ 2cm ）の位置にある頂点は何ですか。

頂点（　　　　）

② 次の頂点の位置を表しましょう。

頂点D（横　　　cm，たて　　　cm，高さ　　　cm）

直方体と立方体（12）

チャレンジ

名前

● 下にしめした位置に点をとり，直線でつなげましょう。

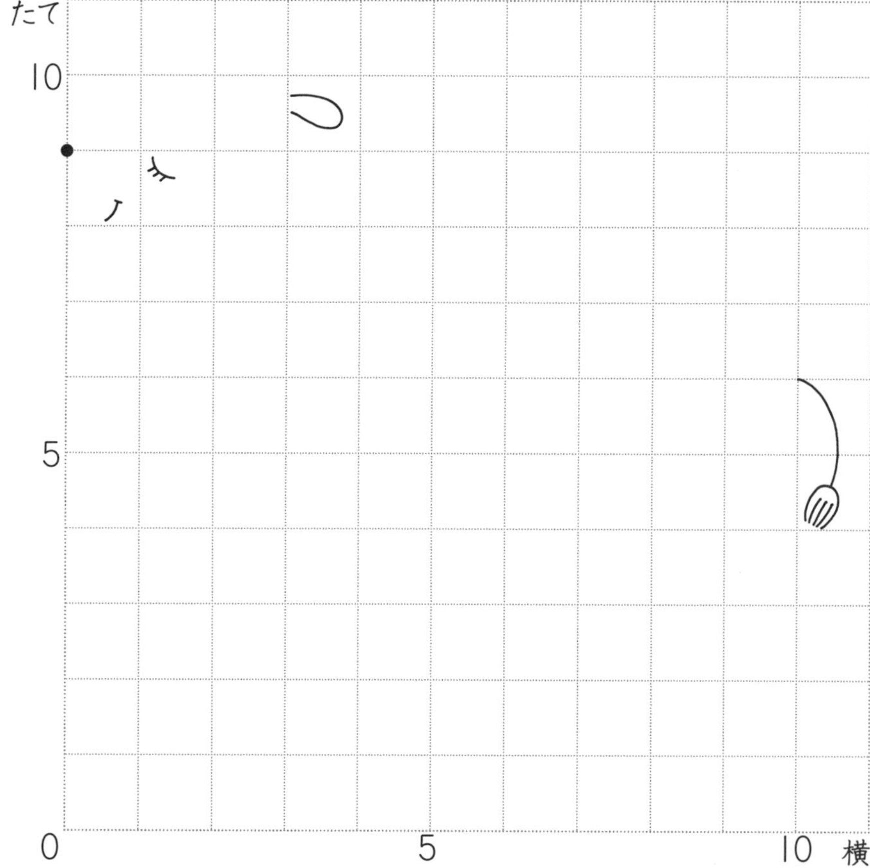

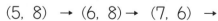

横　たて

(0, 9) → (1, 9) → (2, 10) →
(3, 10) → (3, 6) → (4, 6) →
(5, 8) → (6, 8) → (7, 6) →
(8, 8) → (9, 8) → (10, 6) → (10, 0) → (8, 0) →
(9, 1) → (9, 3) → (4, 3) → (4, 0) → (2, 0) →
(3, 1) → (3, 4) → (2, 5) → (2, 8) → (0, 8) → (0, 9)

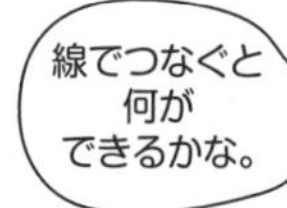

ふりかえりテスト　直方体と立方体

名前

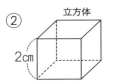

1　直方体について調べましょう。(3×3)

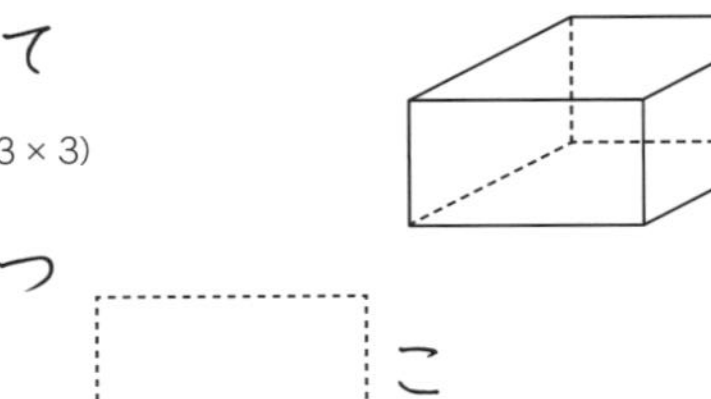

① 頂点はいくつありますか。　□ こ

② 同じ長さの辺は何本ずつ何組ありますか。

□ 本ずつ □ 組

③ 同じ面は何組ありますか。　□ 組

2　下の図をみて答えましょう。(3×15)

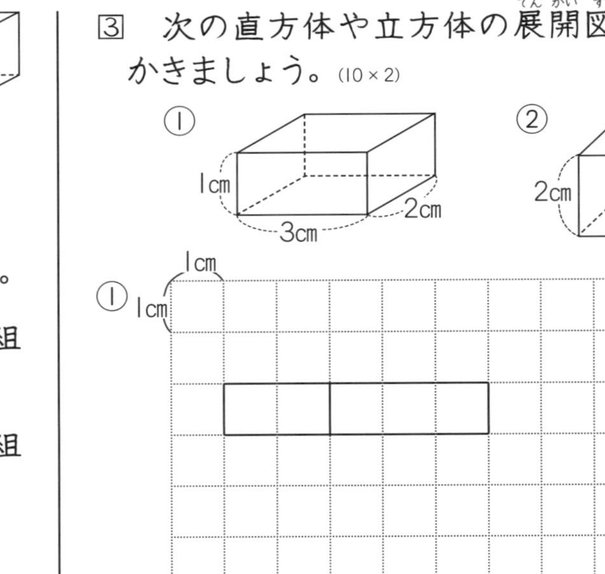

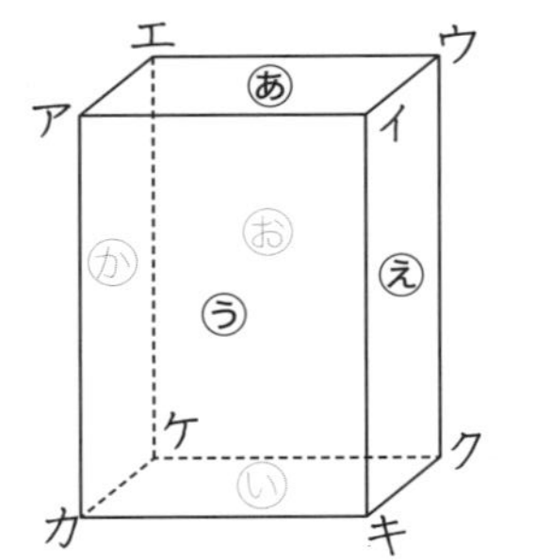

① 面あに垂直な面を4つ書きましょう。

(　　) (　　)
(　　) (　　)

② 面あに垂直な辺は何本ありますか。

(　　)

③ 面うに平行な面はいくつありますか。

(　　)

④ 面うに平行な辺を4本書きましょう。

(　　) (　　)
(　　) (　　)

⑤ 辺エケに垂直な辺を4本書きましょう。

(　　) (　　)
(　　) (　　)

⑥ 辺エケに平行な辺は何本ありますか。

(　　)

3　次の直方体や立方体の展開図の続きをかきましょう。(10×2)

① 1cm 3cm 2cm　② 立方体 2cm

①

②

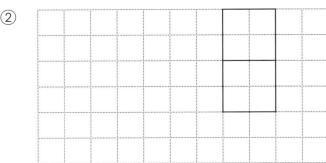

4　次の直方体の見取図の続きをかきましょう。
(見えない線は，点線でかきましょう。)(10)

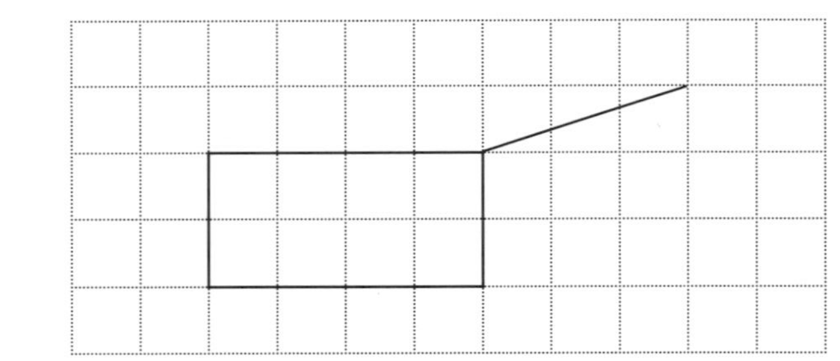

5　右の直方体の頂点の位置を頂点Aをもとに考えましょう。(8×2)

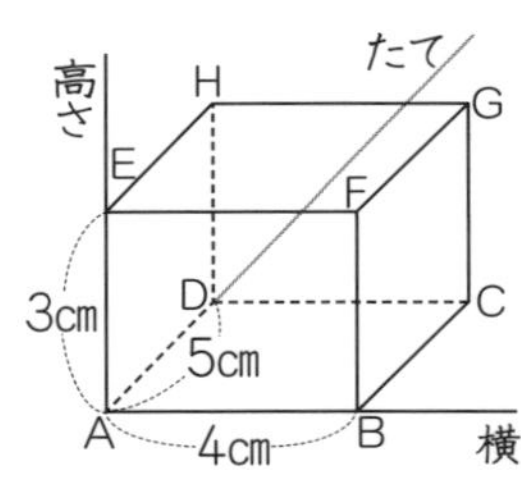

① (横 4cm，たて 0cm，高さ 3cm) の位置にある頂点は何ですか。

頂点 (　　)

② 頂点Cの位置を表しましょう。

(横 □ cm，たて □ cm，高さ □ cm)

児童に実施させる前に，必ず指導される方が問題を解いてください。本書の解答は，あくまでも1つの例です。指導される方の作られた解答をもとに，本書の解答例を参考に児童の多様な考えに寄り添って○つけをお願いします。

P.2

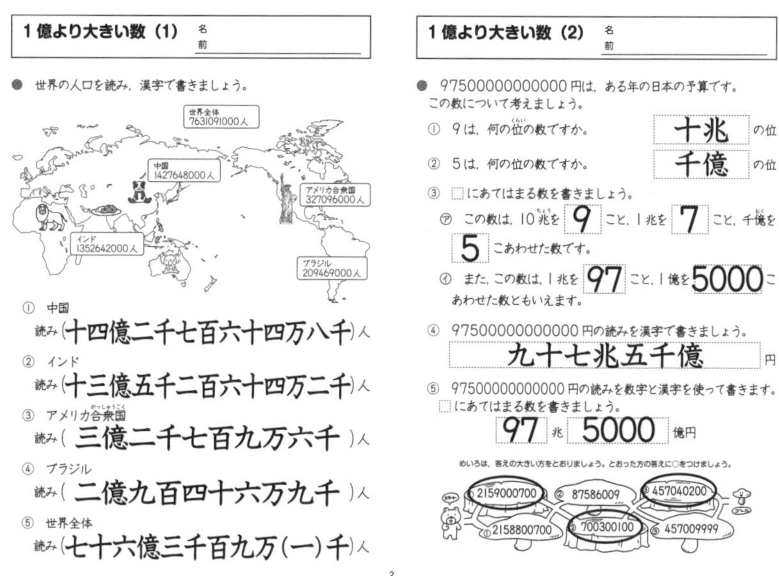

1億より大きい数（1） 名前

● 世界の人口を読み，漢字で書きましょう。

① 中国
読み（十四億二千七百六十四万八千）人

② インド
読み（十三億五千二百六十四万二千）人

③ アメリカ合衆国
読み（三億二千七百九万六千）人

④ ブラジル
読み（二億九百四十六万九千）人

⑤ 世界全体
読み（七十六億三千百九万（一）千）人

2

1億より大きい数（2） 名前

● 97500000000000円は，ある年の日本の予算です。この数について考えましょう。

① 9は，何の位の数ですか。 十兆 の位

② 5は，何の位の数ですか。 千億 の位

③ □にあてはまる数を書きましょう。

㋐ この数は，10兆を 9 こと，1兆を 7 こと，千億を 5 こあわせた数です。

㋑ また，この数は，1兆を 97 こと，1億を 5000 こあわせた数ともいえます。

④ 97500000000000円の読みを漢字で書きましょう。
九十七兆五千億 円

⑤ 97500000000000円の読みを数字と漢字を使って書きます。□にあてはまる数を書きましょう。
97 兆 5000 億円

めいろは，答えの大きい方をとおりましょう。とおった方の答えに○をつけましょう。

P.3

1億より大きい数（3） 名前

1 次の数の読みを漢字で書きましょう。

① 37516400000000
読み 三十七兆五千百六十四億

② 819000000000000
読み 八百十九兆

③ 20200052500000
読み 二十兆二千億五千二百五十万

2 次の数を数字で書きましょう。

① 四十八兆五千二百二億三千万
48520230000000

② 七兆九千億
7900000000000

③ 六百四十億二百二十一万八千
64002218000

千	百	十	一	千	百	十	一	千	百	十	一	千	百	十	一
			兆				億				万				

これを使うと便利だね！

3

1億より大きい数（4） 名前

1 次の□にあてはまる数を書きましょう。

① 1億を1000こ集めた数は， 1000億 です。

② 1億を10000こ集めた数は， 1兆 です。

③ 4700億は， 1億 を4700こ集めた数です。

④ 4700億は， 100億 を47こ集めた数です。

2 次の数を数字で書きましょう。

① 1億を240こ集めた数
24000000000

② 1億を65000こ集めた数
6500000000000

③ 十兆を3こと，一兆を7こと，千億を6こと，百億を2こと，十億を1こと，一億を5こあわせた数
37621500000000

④ 1兆を58こと，1億を3679こあわせた数
58367900000000

P.4

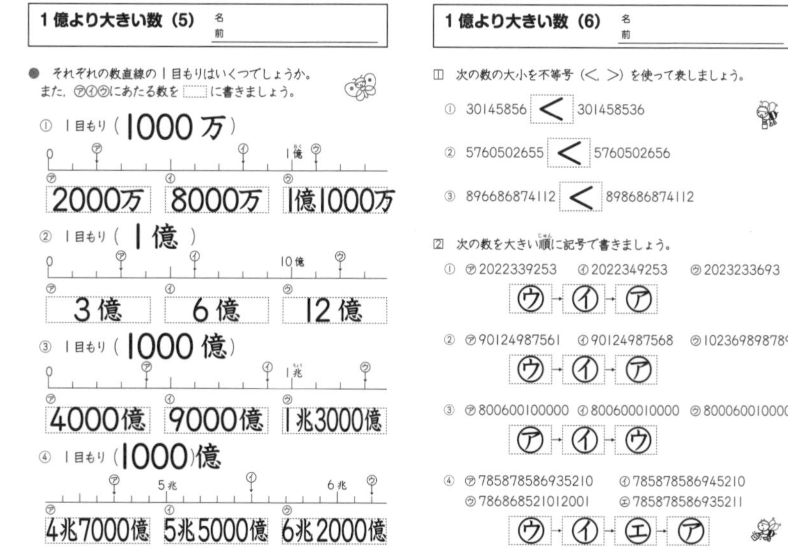

1億より大きい数（5） 名前

● それぞれの数直線の1目もりはいくつでしょうか。また，㋐㋑㋒にあたる数を□に書きましょう。

① 1目もり（1000万）
㋐ 2000万　㋑ 8000万　㋒ 1億1000万

② 1目もり（1億）
㋐ 3億　㋑ 6億　㋒ 12億

③ 1目もり（1000億）
㋐ 4000億　㋑ 9000億　㋒ 1兆3000億

④ 1目もり（1000）億
㋐ 4兆7000億　㋑ 5兆5000億　㋒ 6兆2000億

4

1億より大きい数（6） 名前

1 次の数の大小を不等号（<, >）を使って表しましょう。

① 30145856 < 301458536

② 5760502655 < 5760502656

③ 896686874112 < 898686874112

2 次の数を大きい順に記号で書きましょう。

① ㋐2022339253 ㋑2022349253 ㋒2023233693
㋒→㋑→㋐

② ㋐90124987561 ㋑90124987568 ㋒102369898789
㋒→㋑→㋐

③ ㋐800600100000 ㋑800600010000 ㋒800060010000
㋐→㋑→㋒

④ ㋐785878586935210 ㋑785878586945210 ㋒786868521012001 ㋓785878586935211
㋒→㋑→㋓→㋐

P.5

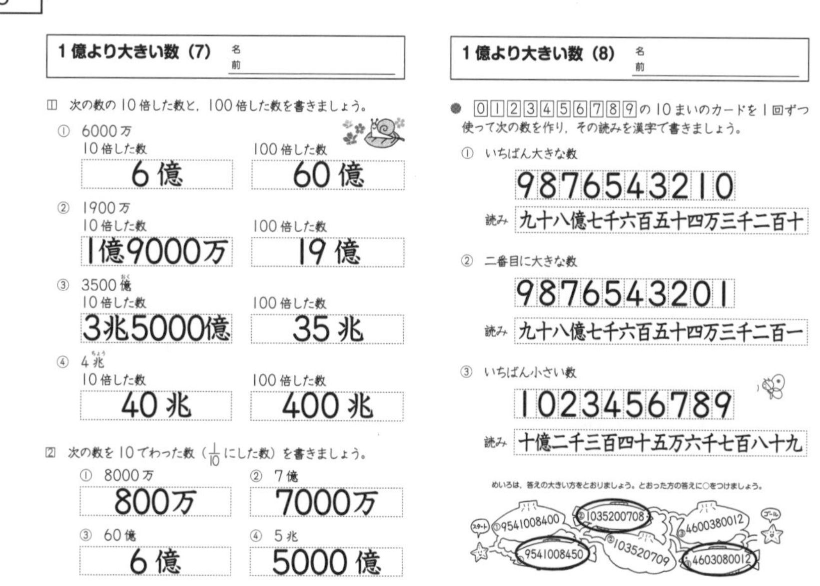

1億より大きい数（7） 名前

1 次の数の10倍した数と，100倍した数を書きましょう。

① 6000万
10倍した数 6億　100倍した数 60億

② 1900万
10倍した数 1億9000万　100倍した数 19億

③ 3500億
10倍した数 3兆5000億　100倍した数 35兆

④ 4兆
10倍した数 40兆　100倍した数 400兆

2 次の数を10でわった数（$\frac{1}{10}$にした数）を書きましょう。

① 8000万　800万

② 7億　7000万

③ 60億　6億

④ 5兆　5000億

5

1億より大きい数（8） 名前

● 0 1 2 3 4 5 6 7 8 9 の10まいのカードを1回ずつ使って次の数を作り，その読みを漢字で書きましょう。

① いちばん大きな数
9876543210
読み 九十八億七千六百五十四万三千二百十

② 二番目に大きな数
9876543201
読み 九十八億七千六百五十四万三千二百一

③ いちばん小さい数
1023456789
読み 十億二千三百四十五万六千七百八十九

めいろは，答えの大きい方をとおりましょう。とおった方の答えに○をつけましょう。

解答

児童に実施させる前に，必ず指導される方が問題を解いてください。本書の解答は，あくまでも１つの例です。指導される方の作られた解答をもとに，本書の解答例を参考に児童の多様な考えに寄り添って○つけをお願いします。

P.6

１億より大きい数（9） 名前

● 計算をしましょう。

① 213 × 312 = 66456
② 467 × 843 = 393681
③ 796 × 458 = 364568
④ 602 × 525 = 316050
⑤ 842 × 702 = 591084
⑥ 204 × 502 = 102408

⑦ 3 × 800　2400　⑧ 900 × 5　4500
⑨ 140 × 60　8400　⑩ 2300 × 700　1610000
⑪ 2600 × 200　520000　⑫ 9200 × 60　552000

１億より大きい数（10） 名前

1 26 × 37 = 962 を使って，次の答えを求めましょう。

① 260 × 370　96200
② 2600 × 3700　962万
③ 26万 × 37万　962億

2 34 × 23 = 782 を使って，次の答えを求めましょう。

① 340 × 230　78200
② 3400 × 2300　782万
③ 34万 × 23万　782億

めいろは，答えの大きい方をとおりましょう。とおった方の答えを下の□に書きましょう。

120×30　2100×3200　54万×22万　160×20　2200×3100　28万×44万

① 3600　② 682万　③ 1232億

6

P.7

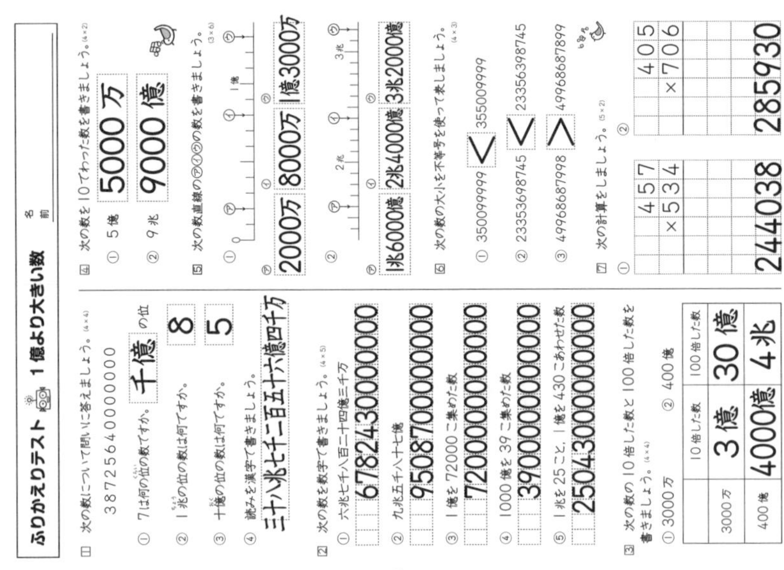

7

P.8

折れ線グラフ（1） 名前

● 長崎市の月別気温を折れ線グラフで表しました。問いに答えましょう。

長崎市の月別気温

① グラフのたてじくと，横じくはそれぞれ何を表していますか。
たてじく（気温）　横じく（月）

② 3月・7月・11月の気温は何度でしょうか。
3月（15度）7月（30度）11月（18度）

③ 気温がもっとも高いのは何月ですか。（8）月

④ 気温がもっとも低いのは何月ですか。（1）月

⑤ 気温の上がり方がいちばん大きいのは何月から何月ですか。
（3）月から（4）月

⑥ 気温の下がり方がいちばん大きいのは何月から何月ですか。
（10）月から（11）月

折れ線グラフ（2） 名前

● 右の表は，１日の気温の変わり方を表にしたものです。下の手順で，折れ線グラフに表しましょう。

① たてじくに目もりと単位を書く。（最高気温がかけるように）
② 横じくに時間と単位を書く。
③ 表を見て点をうつ。
④ 点と点を直線で結ぶ。
⑤ 表題を書く。

１日の気温

時こく（時）		気温（度）
午前	9	16
	10	19
	11	25
	12	28
午後	1	30
	2	32
	3	31

１日の気温
（度）30, 20, 10, 0
午前 9, 10, 11, 12, 午後 1, 2, 3（時）

8

P.9

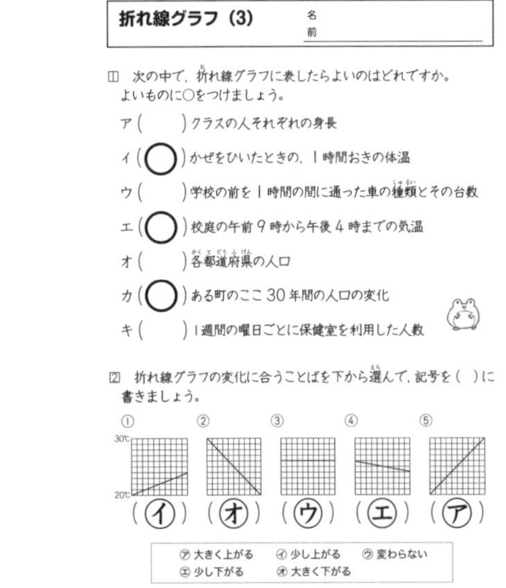

折れ線グラフ（4） 名前

● 右の表は，こうたさんの小学校時代の身長を表したものです。折れ線グラフに表しましょう。

① ㋐のグラフのたてじくに，最高の164cmが表せるように目もりを書きましょう。
② ㋐と㋑のグラフに表を見て点をうちましょう。
③ 点と点を直線でむすびましょう。
④ ㋐と㋑，どちらのグラフの方が変化がわかりやすいですか。（㋑）

こうたさんの身長

学年	身長（cm）
1	124
2	130
3	138
4	144
5	156
6	164

㋐ こうたさんの身長（cm）170, 160, 150, 140, 130, 120, 110, 100, 90, 80, 70, 60, 50, 40, 30, 20, 10, 0　1 2 3 4 5 6（年）

㋑ こうたさんの身長（cm）170, 160, 150, 140, 130, 120, 0　1 2 3 4 5 6（年）

9

児童に実施させる前に，必ず指導される方が問題を解いてください。本書の解答は，あくまでも１つの例です。指導される方の作られた解答をもとに，本書の解答例を参考に児童の多様な考えに寄り添って○つけをお願いします。

解答

P.10

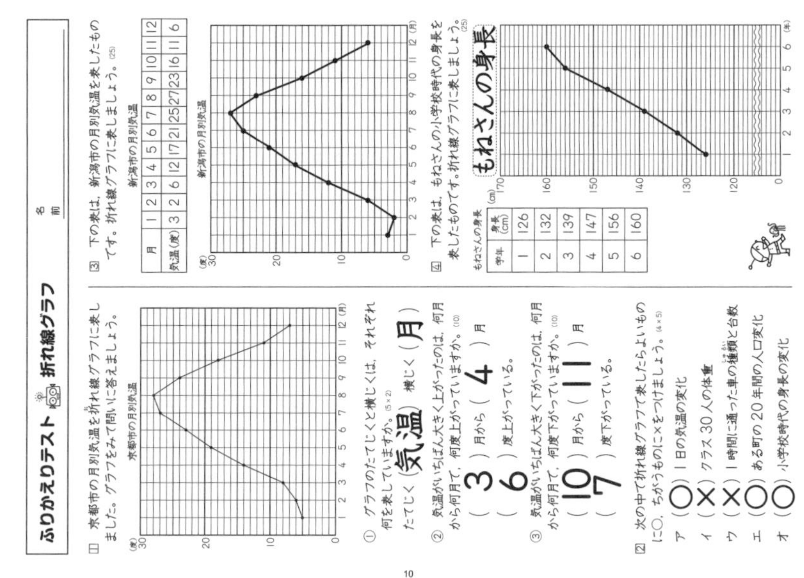

P.11

資料の整理（1）

名前

● 下の表は，ある学校の１週間のけがのようすを表したものです。

場所	けがの種類	場所	けがの種類	場所	けがの種類
教室	すりきず	ろうか	切りきず	運動場	すりきず
運動場	すりきず	運動場	すりきず	体育館	打ぼく
体育館	つきゆび	教室	打ぼく	運動場	すりきず
ろうか	すりきず	ろうか	すりきず	教室	切りきず
ろうか	打ぼく	体育館	こっせつ	体育館	すりきず
運動場	打ぼく	運動場	こっせつ	教室	すりきず
階だん	ねんざ	体育館	つきゆび	教室	つきゆび
運動場	打ぼく	教室	打ぼく	運動場	ねんざ

① けがをした場所別に表に書きましょう。

けがをした場所別人数（人）

けがをした場所	人数 正の字	人数 数字
運動場	正下	8
ろうか	止	4
教室	正一	6
体育館	正	5
階だん	一	1
合計		24

② けがの種類別に表に書きましょう。

けがの種類別人数（人）

けがの種類	人数 正の字	人数 数字
切りきず	T	2
打ぼく	正一	6
すりきず	正止	9
こっせつ	T	2
つきゆび	下	3
ねんざ	T	2
合計		24

③ ①と②を一つの表にまとめて調べましょう。

けがの種類と，けがをした場所（人）

場所＼種類	切りきず 正の字	切りきず 数字	打ぼく 正の字	打ぼく 数字	すりきず 正の字	すりきず 数字	こっせつ 正の字	こっせつ 数字	つきゆび 正の字	つきゆび 数字	ねんざ 正の字	ねんざ 数字	合計
運動場			T	2	止	4	一	1			一	1	8
ろうか	一	1	一	1	T	2							4
教室	一	1	T	2	T	2			一	1			6
体育館			一	1	一	1	一	1	T	2			5
階だん											一	1	1
合計		2		6		9		2		3		2	24

㋐ どこでけがをする人がいちばん多いですか。（運動場）

㋑ どんなけがをする人がいちばん多いですか。（すりきず）

㋒ 運動場で打ぼくをした人は，何人いますか。（ 2 ）人

㋓ ねんざをした場所は，どことどこですか。
（ 運動場 ）と（ 階だん ）

㋔ どこでどんなけがをする人がいちばん多いですか。
（ 運動場 ）で（ すりきず ）

㋕ 一週間でけがをした人は全部で何人ですか。（ 24 ）人

11

P.12

資料の整理（2）

名前

● ４年生 56 人の遠足のおやつについて調べてみました。

- ○ チョコレートを持ってきている人は 33 人いました。
- ○ あめを持ってきている人は 37 人いました。
- ○ チョコレートもあめも持ってきている人は 27 人いました。

① 上のことがらをもとに，下の表を完成させましょう。

遠足のおやつ調べ（人）

		チョコレート 持ってきた	チョコレート 持ってこなかった	合計
あめ	持ってきた	27	10	37
あめ	持ってこなかった	6	13	19
合計		33	23	56

② あめだけを持ってきた人は何人いますか。
（ 10 ）人

③ チョコレートだけを持ってきた人は何人いますか。
（ 6 ）人

④ 両方とも持ってこなかった人は何人いますか。
（ 13 ）人

⑤ あめを持ってこなかった人は何人いますか。
（ 19 ）人

12

資料の整理（3）

名前

● 下の表は，ある日の図書室で，本を借りた学年の人数と本の種類を調べたものです。表にまとめて答えましょう。

学年	種類	学年	種類	学年	種類	学年	種類
3	自然	5	社会	4	スポーツ	4	物語
5	社会	4	スポーツ	6	れきし	5	図工
4	科学	5	物語	4	自然	5	自然
5	社会	5	科学	6	スポーツ	5	物語
5	スポーツ	3	スポーツ	3	物語	3	物語
4	科学	5	物語	3	図工	6	れきし
4	物語	5	スポーツ	3	物語	3	物語
4	図工	4	物語	4	図工	5	れきし

① 表にまとめましょう。

図書室で借りた本の種類と人数（人）

	3年		4年		5年		6年		合計
自然	一	1	一	1	一	1			3
科学			T	2	一	1			3
社会					下	3			3
スポーツ	一	1	T	2	T	2	一	1	6
図工	一	1	T	2	一	1			4
物語	止	4	下	3	下	3			10
れきし					一	1	T	2	3
合計	7		10		12		3		32

② どの学年がいちばん多く借りていますか。（ 5年 ）

③ どんな種類の本がいちばん多く借りられていますか。
（ 物語 ）

P.13

わり算の筆算１（1）

名前

① 20 ÷ 2	10	② 40 ÷ 2	20
③ 20 ÷ 1	20	④ 60 ÷ 2	30
⑤ 80 ÷ 4	20	⑥ 90 ÷ 3	30
⑦ 60 ÷ 3	20	⑧ 80 ÷ 2	40
⑨ 150 ÷ 3	50	⑩ 320 ÷ 8	40
⑪ 400 ÷ 8	50	⑫ 180 ÷ 2	90
⑬ 200 ÷ 5	40	⑭ 560 ÷ 7	80
⑮ 360 ÷ 4	90	⑯ 100 ÷ 2	50
⑰ 630 ÷ 9	70	⑱ 300 ÷ 6	50
⑲ 500 ÷ 5	100	⑳ 200 ÷ 1	200
㉑ 400 ÷ 2	200	㉒ 600 ÷ 3	200
㉓ 1200 ÷ 4	300	㉔ 2000 ÷ 5	400
㉕ 4000 ÷ 5	800		

わり算の筆算１（2）

2けた ÷ 1けた　あまりなし

名前

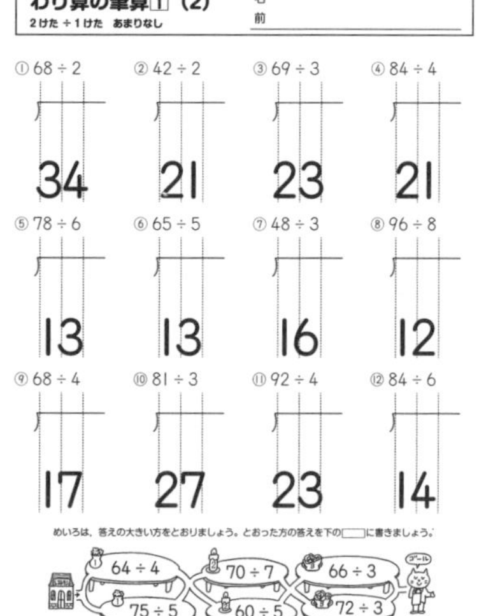

① 68 ÷ 2
② 42 ÷ 2
③ 69 ÷ 3
④ 84 ÷ 4
34
21
23
21
⑤ 78 ÷ 6
⑥ 65 ÷ 5
⑦ 48 ÷ 3
⑧ 96 ÷ 8
13
13
16
12
⑨ 68 ÷ 4
⑩ 81 ÷ 3
⑪ 92 ÷ 4
⑫ 84 ÷ 6
17
27
23
14
めいろは，答えの大きい方をとおりましょう。とおった方の答えを下の□に書きましょう。
64 ÷ 4
75 ÷ 5
70 ÷ 7
60 ÷ 5
66 ÷ 3
72 ÷ 3
① 16
② 12
③ 24

13

解答

児童に実施させる前に，必ず指導される方が問題を解いてください。本書の解答は，あくまでも１つの例です。指導される方の作られた解答をもとに，本書の解答例を参考に児童の多様な考えに寄り添って○つけをお願いします。

P.14

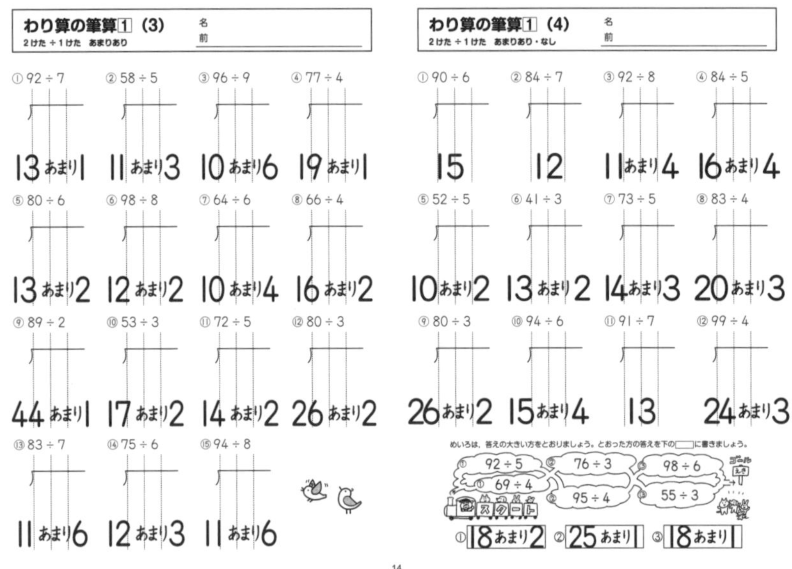

わり算の筆算1 (3) 2けた÷1けた あまりあり 名前

① 92÷7 13あまり1 ② 58÷5 11あまり3 ③ 96÷9 10あまり6 ④ 77÷4 19あまり1
⑤ 80÷6 13あまり2 ⑥ 98÷8 12あまり2 ⑦ 64÷6 10あまり4 ⑧ 66÷4 16あまり2
⑨ 89÷2 44あまり1 ⑩ 53÷3 17あまり2 ⑪ 72÷5 14あまり2 ⑫ 80÷3 26あまり2
⑬ 83÷7 11あまり6 ⑭ 75÷6 12あまり3 ⑮ 94÷8 11あまり6

わり算の筆算1 (4) 2けた÷1けた あまりあり・なし 名前

① 90÷6 15 ② 84÷7 12 ③ 92÷8 11あまり4 ④ 84÷5 16あまり4
⑤ 52÷5 10あまり2 ⑥ 41÷3 13あまり2 ⑦ 73÷5 14あまり3 ⑧ 83÷4 20あまり3
⑨ 80÷3 26あまり2 ⑩ 94÷6 15あまり4 ⑪ 91÷7 13 ⑫ 99÷4 24あまり3

めいろは，答えの大きい方をとおりましょう。とおった方の答えを下の□に書きましょう。

① 18あまり2 ② 25あまり1 ③ 18あまり1

14

P.15

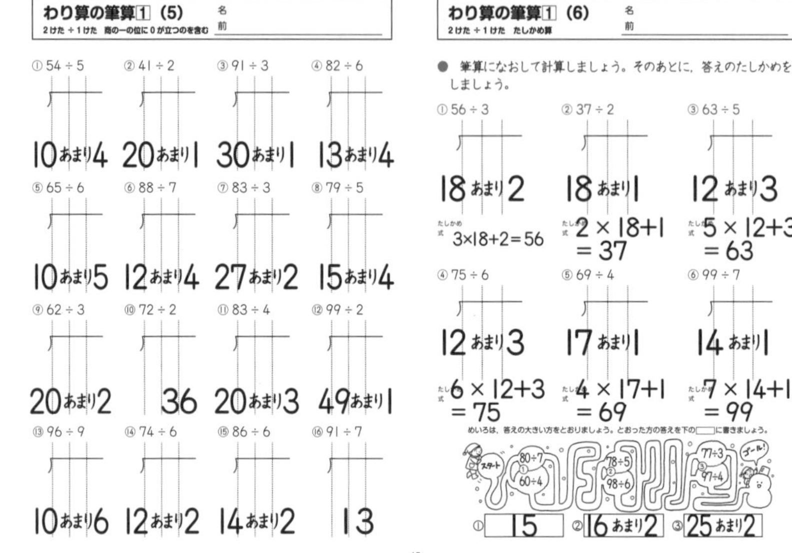

わり算の筆算1 (5) 2けた÷1けた 商の一の位に0が立つのを含む 名前

① 54÷5 10あまり4 ② 41÷2 20あまり1 ③ 91÷3 30あまり1 ④ 82÷6 13あまり4
⑤ 65÷6 10あまり5 ⑥ 88÷7 12あまり4 ⑦ 83÷3 27あまり2 ⑧ 79÷5 15あまり4
⑨ 62÷3 20あまり2 ⑩ 72÷2 36 ⑪ 83÷4 20あまり3 ⑫ 99÷2 49あまり1
⑬ 96÷9 10あまり6 ⑭ 74÷6 12あまり2 ⑮ 86÷6 14あまり2 ⑯ 91÷7 13

わり算の筆算1 (6) 2けた÷1けた たしかめ算 名前

● 筆算になおして計算しましょう。そのあとに，答えのたしかめをしましょう。

① 56÷3 18あまり2 たしかめ式 3×18+2=56
② 37÷2 18あまり1 たしかめ式 2×18+1 = 37
③ 63÷5 12あまり3 たしかめ式 5×12+3 = 63
④ 75÷6 12あまり3 たしかめ式 6×12+3 = 75
⑤ 69÷4 17あまり1 たしかめ式 4×17+1 = 69
⑥ 99÷7 14あまり1 たしかめ式 7×14+1 = 99

めいろは，答えの大きい方をとおりましょう。とおった方の答えを下の□に書きましょう。

① 15 ② 16あまり2 ③ 25あまり2

15

P.16

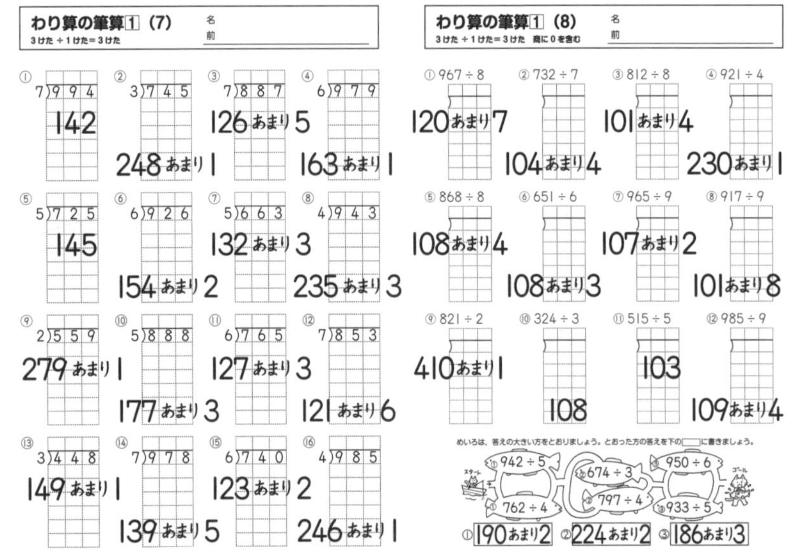

わり算の筆算1 (7) 3けた÷1けた=3けた 名前

① 7)994 142 ② 3)745 248あまり1 ③ 7)887 126あまり5 ④ 6)979 163あまり1
⑤ 5)725 145 ⑥ 6)926 154あまり2 ⑦ 5)663 132あまり3 ⑧ 4)943 235あまり3
⑨ 2)559 279あまり1 ⑩ 5)888 177あまり3 ⑪ 6)765 127あまり3 ⑫ 7)853 121あまり6
⑬ 3)448 149あまり1 ⑭ 7)978 139あまり5 ⑮ 6)740 123あまり2 ⑯ 4)985 246あまり1

わり算の筆算1 (8) 3けた÷1けた=3けた 商に0を含む 名前

① 967÷8 120あまり7 ② 732÷7 104あまり4 ③ 812÷8 101あまり4 ④ 921÷4 230あまり1
⑤ 868÷8 108あまり4 ⑥ 651÷6 108あまり3 ⑦ 965÷9 107あまり2 ⑧ 917÷9 101あまり8
⑨ 821÷2 410あまり1 ⑩ 324÷3 108 ⑪ 515÷5 103 ⑫ 985÷9 109あまり4

めいろは，答えの大きい方をとおりましょう。とおった方の答えを下の□に書きましょう。

① 190あまり2 ② 224あまり2 ③ 186あまり3

16

P.17

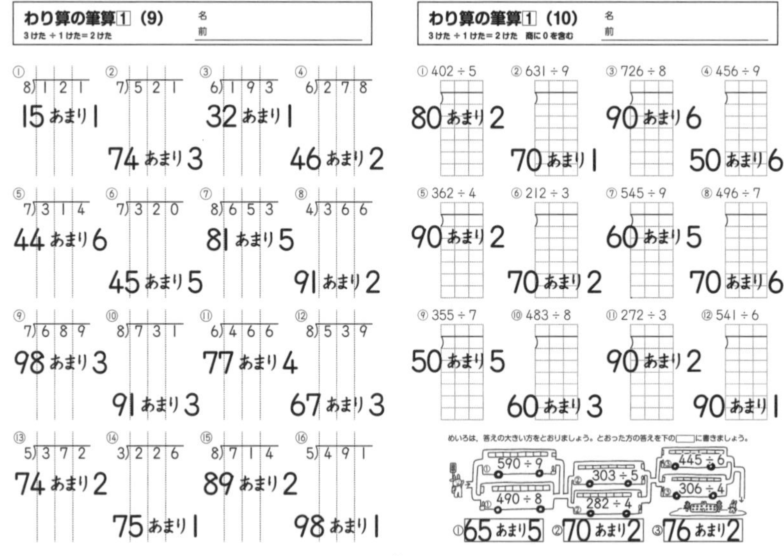

わり算の筆算1 (9) 3けた÷1けた=2けた 名前

① 8)121 15あまり1 ② 7)521 74あまり3 ③ 6)193 32あまり1 ④ 6)278 46あまり2
⑤ 7)314 44あまり6 ⑥ 7)320 45あまり5 ⑦ 8)653 81あまり5 ⑧ 4)366 91あまり2
⑨ 7)689 98あまり3 ⑩ 8)731 91あまり3 ⑪ 6)466 77あまり4 ⑫ 8)539 67あまり3
⑬ 5)372 74あまり2 ⑭ 3)226 75あまり1 ⑮ 8)714 89あまり2 ⑯ 5)491 98あまり1

わり算の筆算1 (10) 3けた÷1けた=2けた 商に0を含む 名前

① 402÷5 80あまり2 ② 631÷9 70あまり1 ③ 726÷8 90あまり6 ④ 456÷9 50あまり6
⑤ 362÷4 90あまり2 ⑥ 212÷3 70あまり2 ⑦ 545÷9 60あまり5 ⑧ 496÷7 70あまり6
⑨ 355÷7 50あまり5 ⑩ 483÷8 60あまり3 ⑪ 272÷3 90あまり2 ⑫ 541÷6 90あまり1

めいろは，答えの大きい方をとおりましょう。とおった方の答えを下の□に書きましょう。

① 65あまり5 ② 70あまり2 ③ 76あまり2

17

P.18

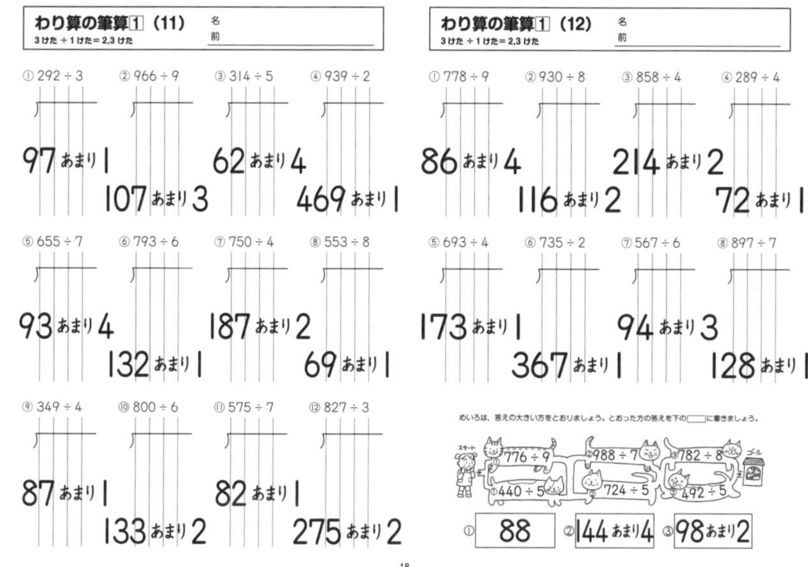
わり算の筆算1 (11) 3けた÷1けた＝2,3けた 名前

① 292÷3 97あまり1 ② 966÷9 107あまり3 ③ 314÷5 62あまり4 ④ 939÷2 469あまり1
⑤ 655÷7 93あまり4 ⑥ 793÷6 132あまり1 ⑦ 750÷4 187あまり2 ⑧ 553÷8 69あまり1
⑨ 349÷4 87あまり1 ⑩ 800÷6 133あまり2 ⑪ 575÷7 82あまり1 ⑫ 827÷3 275あまり2

わり算の筆算1 (12) 3けた÷1けた＝2,3けた 名前

① 778÷9 86あまり4 ② 930÷8 116あまり2 ③ 858÷4 214あまり2 ④ 289÷4 72あまり1
⑤ 693÷4 173あまり1 ⑥ 735÷2 367あまり1 ⑦ 567÷6 94あまり3 ⑧ 897÷7 128あまり1

めいろは，答えの大きい方をとおりましょう。とおった方の答えを下の□に書きましょう。

776÷9 988÷7 782÷8 440÷5 724÷5 492÷5

① 88 ② 144あまり4 ③ 98あまり2

P.19

わり算の筆算1 (13) 文章題① 名前

1 96まいの色紙を６人で同じ数ずつ分けます。１人分は，何まいになりますか。

式 $96 \div 6 = 16$

答え 16まい

2 86cmのテープがあります。6cmのテープが何本できて，何cmあまりますか。

式 $86 \div 6 = 14$ あまり2

答え 14本，あまり2cm

3 45このゼリーを１人に４こずつ分けると，何人に分けられて，何こあまりますか。

式 $45 \div 4 = 11$ あまり1

答え 11人，あまり1こ

4 ガムを３こ買うと，87円でした。ガム１このねだんは，何円ですか。

式 $87 \div 3 = 29$

答え 29円

わり算の筆算1 (14) 文章題② 名前

1 158まいのカードを３人で同じ数ずつ分けます。１人分は，何まいになって，何まいあまりますか。

式 $158 \div 3 = 52$ あまり2

答え 52まい，あまり2まい

2 リボンを5m買うと，900円でした。1mのねだんは，何円ですか。

式 $900 \div 5 = 180$

答え 180円

3 220cmのはり金から，9cmのはり金は何本とれますか。また，あまりは何cmですか。

式 $220 \div 9 = 24$ あまり4

答え 24本，あまり4cm

4 100日は，何週間と何日といえますか。

式 $100 \div 7 = 14$ あまり2

答え 14週間と2日

P.20

わり算の筆算1 (15) 文章題③ 名前

1 96dLのジュースを8dLずつびんに入れました。8dL入りのびんは何本できますか。

式 $96 \div 8 = 12$

答え 12本

2 978まいの色紙を７人で同じ数ずつ分けると，１人分は何まいで，何まいあまりますか。

式 $978 \div 7 = 139$ あまり5

答え 139まい，あまり5まい

3 266ページの本を１週間（７日間）で読むには，１日何ページずつ読めばよいでしょうか。

式 $266 \div 7 = 38$

答え 38ページ

4 チョコレートを４まい買うと，356円でした。チョコレート１まいのねだんは，何円ですか。

式 $356 \div 4 = 89$

答え 89円

わり算の筆算1 (16) 文章題④ 名前

1 83人の子どもが長いすにすわります。長いす１きゃくに４人ずつすわります。全員がすわるには，長いすは何きゃくいりますか。

式 $83 \div 4 = 20$ あまり3
$20 + 1 = 21$

答え 21きゃく

2 725まいのカードを６人で同じ数ずつ分けると，１人分は何まいで，何まいあまりますか。

式 $725 \div 6 = 120$ あまり5

答え 120まい，あまり5まい

3 あめが192こあります。

① ８人で同じ数ずつ分けると，１人分は何こになりますか。

式 $192 \div 8 = 24$

答え 24こ

② ９こずつくばると，何人にくばることができますか。

式 $192 \div 9 = 21$ あまり3

答え 21人

P.21

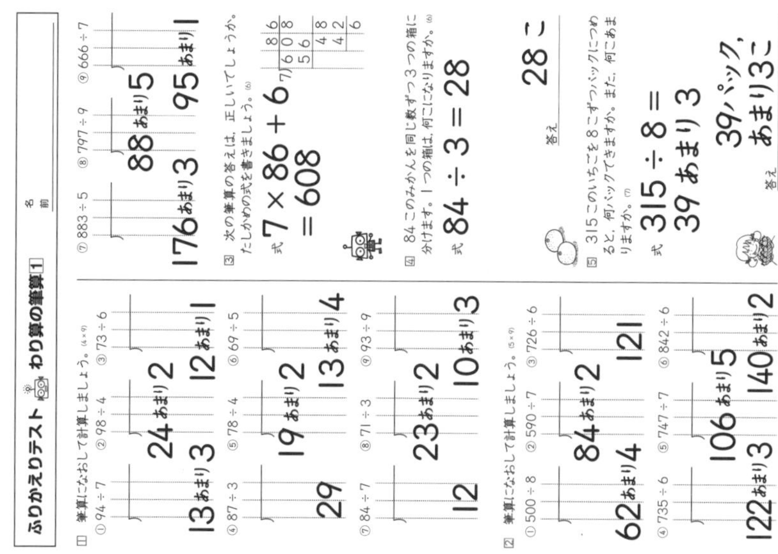
ふりかえりテスト わり算の筆算1 名前

1 筆算になおして計算しましょう。(4×9)

① 94÷7 13あまり3 ② 98÷4 24あまり2 ③ 73÷6 12あまり1
④ 87÷3 29 ⑤ 78÷4 19あまり2 ⑥ 69÷5 13あまり4
⑦ 84÷7 12 ⑧ 71÷3 23あまり2 ⑨ 93÷9 10あまり3

2 筆算になおして計算しましょう。(5×9)

① 500÷8 62あまり4 ② 590÷7 84あまり2 ③ 726÷6 121
④ 735÷6 122あまり3 ⑤ 747÷7 106あまり5 ⑥ 842÷6 140あまり2
⑦ 883÷5 176あまり3 ⑧ 797÷9 88あまり5 ⑨ 666÷7 95あまり1

3 次の筆算の答えは，正しいでしょうか。たしかめの式を書きましょう。(6)

式 $7 \times 86 + 6 = 608$

4 84このみかんを同じ数ずつ３つの箱に分けます。１つの箱は，何こになりますか。(6)

式 $84 \div 3 = 28$

答え 28こ

5 315このいちごを８こずつパックにつめると，何パックできますか。また，何こあまりますか。(7)

式 $315 \div 8 = 39$ あまり3

答え 39パック，あまり3こ

解答

児童に実施させる前に，必ず指導される方が問題を解いてください。本書の解答は，あくまでも１つの例です。指導される方の作られた解答をもとに，本書の解答例を参考に児童の多様な考えに寄り添って○つけをお願いします。

P.22

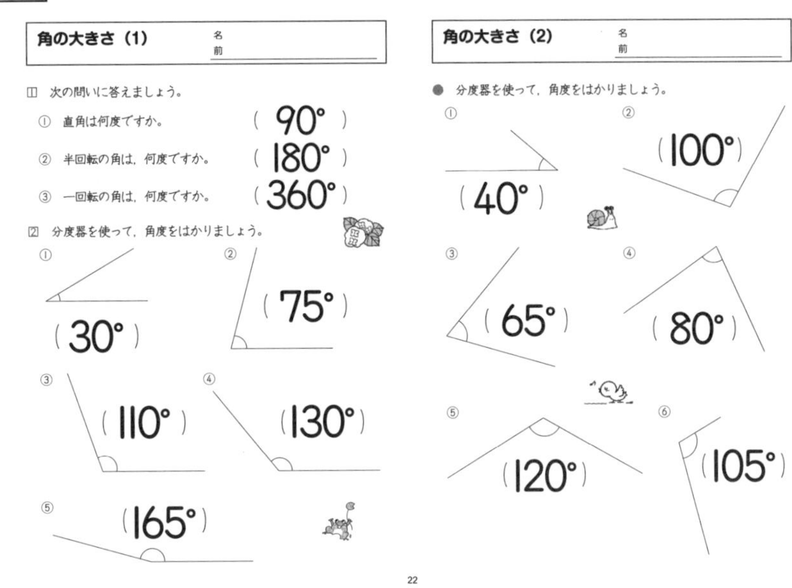

P.23

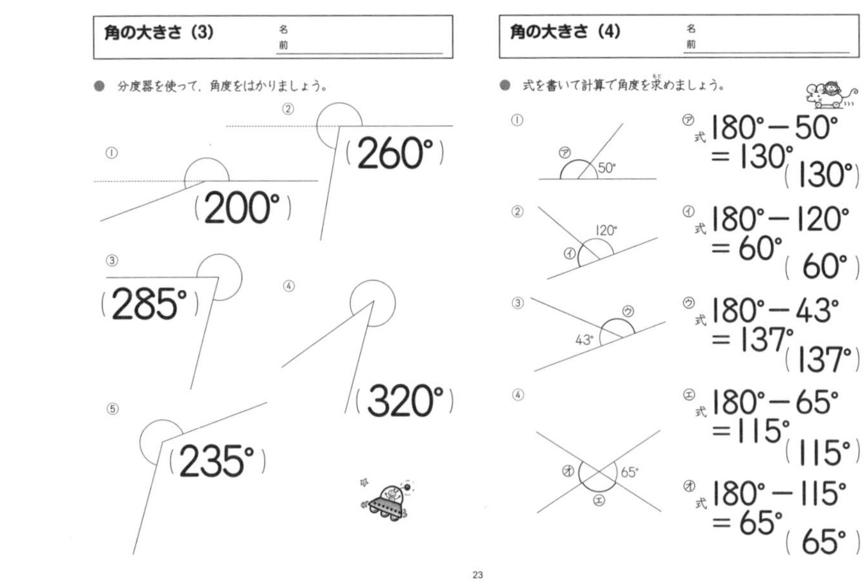

角の大きさ（3）
名前
● 分度器を使って，角度をはかりましょう。
① （200°）
② （260°）
③ （285°）
④ （320°）
⑤ （235°）
23
角の大きさ（4）
名前
● 式を書いて計算で角度を求めましょう。
㋐ 式 180°－50° ＝130° （130°）
㋑ 式 180°－120° ＝60° （60°）
㋒ 式 180°－43° ＝137° （137°）
㋓ 式 180°－65° ＝115° （115°）
㋔ 式 180°－115° ＝65° （65°）

P.24

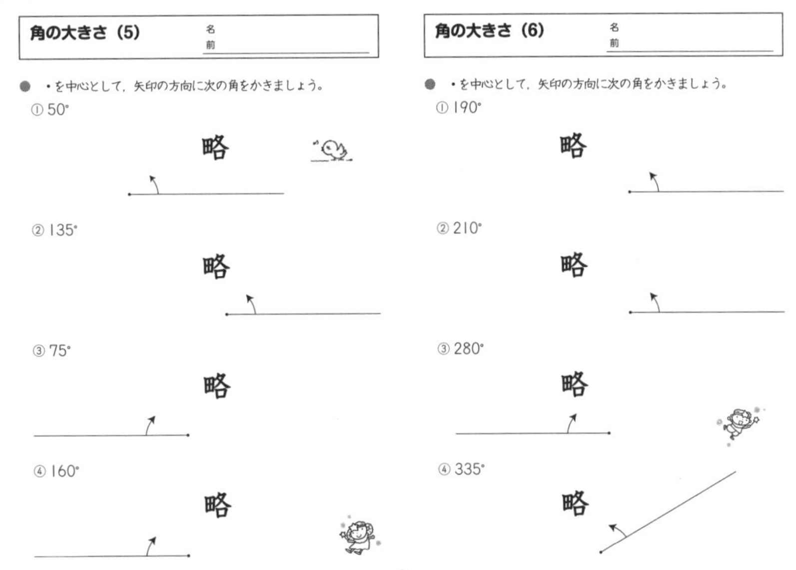

角の大きさ（5）
名前
● ・を中心として，矢印の方向に次の角をかきましょう。
① 50° 略
② 135° 略
③ 75° 略
④ 160° 略
24
角の大きさ（6）
名前
● ・を中心として，矢印の方向に次の角をかきましょう。
① 190° 略
② 210° 略
③ 280° 略
④ 335° 略

P.25

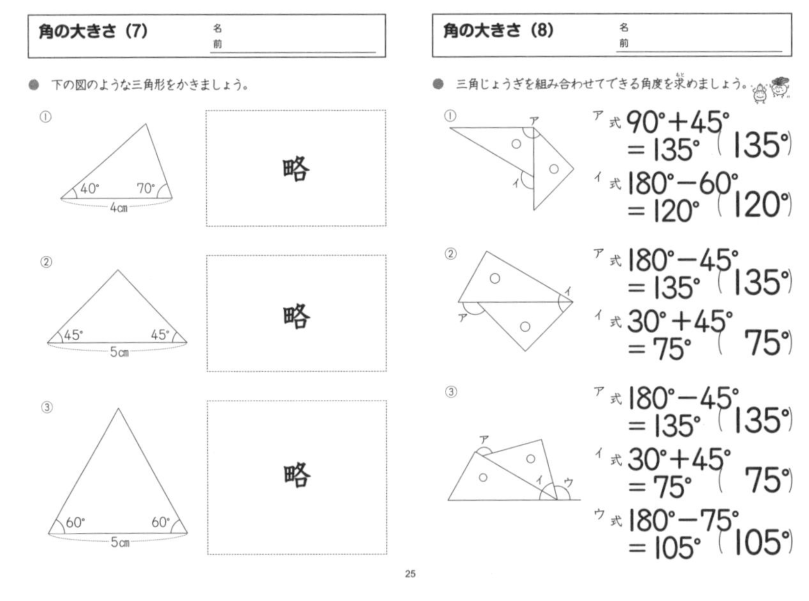

角の大きさ（7）
名前
● 下の図のような三角形をかきましょう。
① 40° 70° 4cm 略
② 45° 45° 5cm 略
③ 60° 60° 5cm 略
25
角の大きさ（8）
名前
● 三角じょうぎを組み合わせてできる角度を求めましょう。
①
ア 式 90°+45° ＝135° （135°）
イ 式 180°－60° ＝120° （120°）
②
ア 式 180°－45° ＝135° （135°）
イ 式 30°+45° ＝75° （75°）
③
ア 式 180°－45° ＝135° （135°）
イ 式 30°+45° ＝75° （75°）
ウ 式 180°－75° ＝105° （105°）

P.26

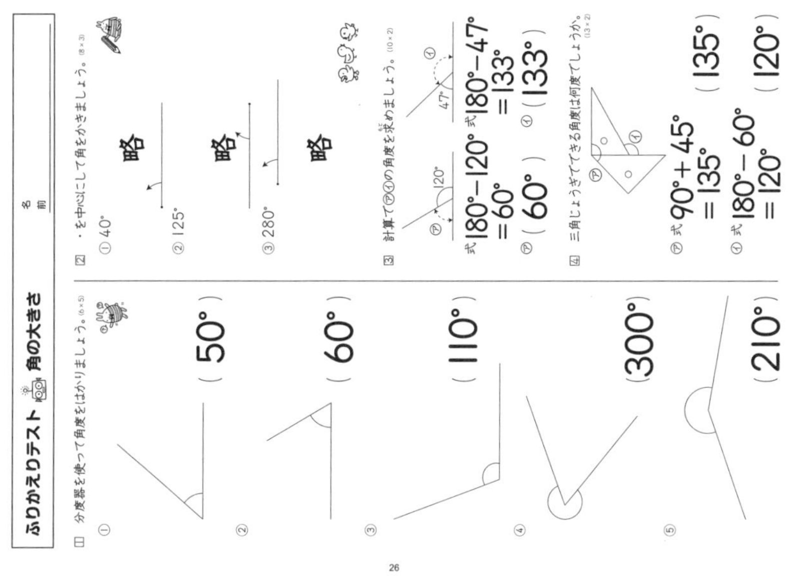

P.27

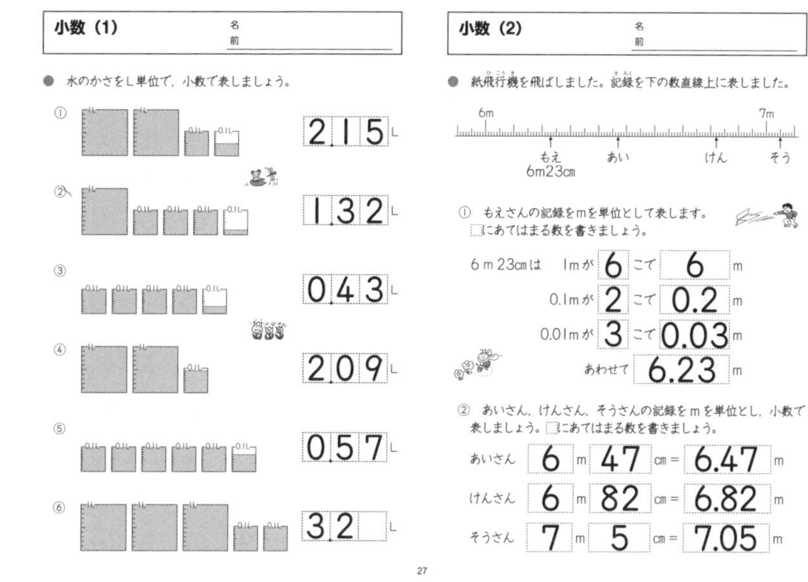

P.28

小数 (3)

名前

1 4.385の数について調べましょう。

① 8は，何の位の数ですか。　($\frac{1}{100}$)の位

② $\frac{1}{1000}$ の位の数は何ですか。　(5)

③ 4.385は，1を(4)こ，0.1を(3)こ，0.01を(8)こ，0.001を(5)こあわせた数です。

④ 4.385は，0.001を(4385)こ集めた数です。

2 (　)にあてはまる数を書きましょう。

① 5.26は，1を(5)こ，0.1を(2)こ，0.01を(6)こあわせた数です。また，0.01を(526)こ集めた数です。

② 0.07は，0.01を(7)こ集めた数です。

③ 1を4こ，0.1を0こ，0.01を9こあわせた数は，(4.09)です。

④ 0.01を32こ集めた数は，(0.32)です。

3 次の重さをkgの単位で表しましょう。

① 3kg456g　3.456 kg　② 5kg20g　5.02 kg

③ 269g　0.269 kg　④ 80g　0.08 kg

小数 (4)

名前

1 下の数直線をみて答えましょう。

3.49　3.5　3.51

㋐ ㋑ あ ㋒ い ㋓ ㋔

① ㋐㋑㋒㋓㋔の表す数を書きましょう。

㋐(3.489)　㋑(3.494)　㋒(3.502)　㋓(3.513)　㋔(3.52)

② 上の数直線に次の数を↑で表しましょう。

あ 3.498　い 3.507

2 次の数を数直線に↑で表し，小さい順に□に数を書きましょう。

① ㋐ 0.02　㋑ 0　㋒ 0.005　㋓ 0.038

0　0.05

0 → 0.005 → 0.02 → 0.038

② ㋐ 0.616　㋑ 0.608　㋒ 0.62　㋓ 0.601

0.6　0.61

0.601 → 0.608 → 0.616 → 0.62

28

P.29

小数 (5)

名前

1 次の数を10倍した数を書きましょう。

① 5.675　56.75　② 0.068　0.68

③ 0.25　2.5　④ 3.49　34.9

2 次の数を100倍した数を書きましょう。

① 3.706　370.6　② 4.37　437

③ 2.4　240　④ 0.762　76.2

3 次の数を10でわった数($\frac{1}{10}$ にした数)を書きましょう。

① 3.58　0.358　② 0.09　0.009

③ 6　0.6　④ 80.1　8.01

4 次の数を100でわった数($\frac{1}{100}$ にした数)を書きましょう。

① 0.5　0.005　② 6.3　0.063

③ 10.4　0.104　④ 2　0.02

小数 (6)

たし算① 3けた＋3けた

名前

①	4.23 + 3.55	7.78
②	2.74 + 6.14	8.88
③	5.65 + 1.73	7.38
④	3.28 + 3.36	6.64
⑤	3.53 + 5.56	9.09
⑥	4.72 + 0.82	5.54
⑦	0.82 + 5.15	5.97
⑧	8.02 + 4.69	12.71
⑨	4.46 + 1.07	5.53
⑩	6.27 + 0.02	6.29
⑪	0.08 + 6.06	6.14
⑫	4.16 + 8.39	12.55
⑬	0.96 + 0.55	1.51
⑭	7.59 + 0.52	8.11
⑮	0.49 + 2.09	2.58
⑯	1.37 + 9.77	11.14

29

解答　児童に実施させる前に，必ず指導される方が問題を解いてください。本書の解答は，あくまでも１つの例です。指導される方の作られた解答をもとに，本書の解答例を参考に児童の多様な考えに寄り添って○つけをお願いします。

P.30

小数（7）
たし算② 位をそろえる　名前

● 筆算になおして計算しましょう。

① 8.17 + 7.8	② 4.8 + 5.38	③ 0.7 + 8.98	④ 4.07 + 1.9
15.97	10.18	9.68	5.97
⑤ 9.8 + 2.01	⑥ 4.2 + 6.05	⑦ 9 + 13.2	⑧ 0.8 + 0.08
11.81	10.25	22.2	0.88
⑨ 5 + 7.73	⑩ 5.6 + 0.86	⑪ 7 + 3.77	⑫ 6.68 + 9
12.73	6.46	10.77	15.68
⑬ 0.63 + 0.5	⑭ 0.17 + 9.9	⑮ 0.7 + 0.38	⑯ 9.52 + 4
1.13	10.07	1.08	13.52

小数（8）
たし算③ 答えの０を消す問題を含む　名前

● 筆算になおして計算しましょう。

① 0.09 + 2.89	② 0.83 + 0.57	③ 2.08 + 7.17	④ 3.09 + 5.07
2.98	1.40	9.25	8.16
⑤ 0.34 + 0.06	⑥ 2.28 + 0.72	⑦ 1.53 + 1.8	⑧ 4.73 + 5.3
0.40	3.00	3.33	10.03
⑨ 1.08 + 9	⑩ 1.38 + 5.02	⑪ 1.88 + 9.12	⑫ 0.03 + 15
10.08	6.40	11.00	15.03

めいろは，答えの大きい方をとおりましょう。とおった方の答えを下の□に書きましょう。

スタート　2.28 + 4　9 + 9.12　3.86 + 10　ゴール
2.77 + 3.2　14 + 4.32　7.75 + 6.25

① 6.28　② 18.32　③ 14

P.31

小数（9）
たし算④ いろいろな型　名前

● 筆算になおして計算しましょう。

① 1.45 + 7.43	② 7.55 + 2.06	③ 4.09 + 8.05	④ 0.91 + 0.09
8.88	9.61	12.14	1.00
⑤ 4.43 + 5.57	⑥ 1.38 + 4.26	⑦ 0.04 + 0.96	⑧ 0.08 + 0.92
10.00	5.64	1.00	1.00
⑨ 6.5 + 4.37	⑩ 1.8 + 0.82	⑪ 5.2 + 1.89	⑫ 0.36 + 5.44
10.87	2.62	7.09	5.80
⑬ 5.83 + 27.3	⑭ 0.7 + 0.93	⑮ 15 + 3.96	⑯ 3.26 + 8
33.13	1.63	18.96	11.26
⑰ 5 + 4.83	⑱ 0.04 + 0.76	⑲ 73 + 0.87	⑳ 5.48 + 14.52
9.83	0.80	73.87	20.00

小数（10）
めいろ たし算　名前

● 次の計算をして，答えの大きい方へすすみましょう。
とおった方の答えを□に書きましょう。

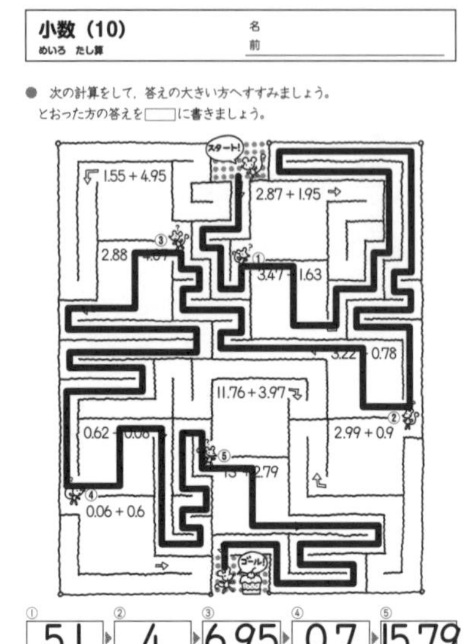

① 5.1　② 4　③ 6.95　④ 0.7　⑤ 15.79

P.32

小数（11）
ひき算① ３けた－３けた　名前

● 筆算になおして計算しましょう。

① 7.72 − 2.41	② 4.57 − 3.35	③ 7.93 − 5.36	④ 5.65 − 1.83
5.31	1.22	2.57	3.82
⑤ 3.28 − 1.97	⑥ 6.53 − 4.45	⑦ 8.55 − 6.93	⑧ 3.67 − 1.81
1.31	2.08	1.62	1.86
⑨ 1.56 − 0.08	⑩ 7.52 − 4.03	⑪ 9.05 − 0.06	⑫ 2.07 − 0.99
1.48	3.49	8.99	1.08
⑬ 3.93 − 0.24	⑭ 8.01 − 4.02	⑮ 3.53 − 1.78	⑯ 5.63 − 0.69
3.69	3.99	1.75	4.94

小数（12）
ひき算② 位をそろえる　名前

● 筆算になおして計算しましょう。

① 7.23−4.6	② 5−0.47	③ 7.78−7.09	④ 1.6−1.08
2.63	4.53	0.69	0.52
⑤ 3−0.02	⑥ 6.07−5.09	⑦ 4.08−3	⑧ 0.7−0.07
2.98	0.98	1.08	0.63
⑨ 1.28−1.2	⑩ 8−4.23	⑪ 4.03−1.8	⑫ 0.89−0.87
0.08	3.77	2.23	0.02

めいろは，答えの大きい方をとおりましょう。とおった方の答えを下の□に書きましょう。

3.82−2.01　9.76−9.5　5.21−5.12
4.77−3.47　8.02−7.5　2.39−2.34

① 1.81　② 0.52　③ 0.09

P.33

小数（13）
ひき算③ 答えの０を消す問題を含む　名前

● 筆算になおして計算しましょう。

① 5.3−2.46	② 8.07−0.67	③ 0.7−0.03	④ 6.24−3
2.84	7.40	0.67	3.24
⑤ 4.08−1.98	⑥ 6.1−4.73	⑦ 9.76−6.86	⑧ 1−0.01
2.10	1.37	2.90	0.99
⑨ 8−3.28	⑩ 14−7.98	⑪ 4.27−3.39	⑫ 10−0.99
4.72	6.02	0.88	9.01
⑬ 7.29−6.6	⑭ 11−9.91	⑮ 4−3.23	⑯ 12−0.03
0.69	1.09	0.77	11.97

小数（14）
ひき算④ いろいろな型　名前

● 筆算になおして計算しましょう。

① 6.21−0.3	② 5.43−3.03	③ 7.08−4.09	④ 0.7−0.09
5.91	2.40	2.99	0.61
⑤ 7.04−3.97	⑥ 9.06−8.9	⑦ 0.6−0.57	⑧ 8.1−5.04
3.07	0.16	0.03	3.06
⑨ 17−3.75	⑩ 8.43−3.7	⑪ 6−3.62	⑫ 1−0.27
13.25	4.73	2.38	0.73
⑬ 2.46−0.16	⑭ 6.5−4.99	⑮ 15−0.92	⑯ 10−1.12
2.30	1.51	14.08	8.88

めいろは，答えの大きい方をとおりましょう。とおった方の答えを下の□に書きましょう。

スタート　6.54−0.07　3.46−2.98　8−0.52　ゴール
9.23−2.03　5−4.45　7.98−0.59

① 7.2　② 0.55　③ 7.48

児童に実施させる前に，必ず指導される方が問題を解いてください。本書の解答は，あくまでも１つの例です。指導される方の作られた解答をもとに，本書の解答例を参考に児童の多様な考えに寄り添って○つけをお願いします。

解答

P.34

小数（15）
文章題

名前

① 麦茶が 1.36L ありました。0.4L 飲みました。何 L 残っていますか。

式 1.36−0.4＝0.96

答え 0.96L

② 遠足がありました。１年生は 2.27km 歩きました。４年生は 5.7km 歩きました。４年生は１年生より何 km 長く歩きましたか。

式 5.7−2.27＝3.43

答え 3.43km

③ 兄の体重は，32kg です。弟の体重は，兄より 3.2kg 軽いそうです。弟の体重は何 kg ですか。

式 32−3.2＝28.8

答え 28.8kg

④ 1.2kg のかばんに，2.86kg の本と 0.34kg のおもちゃを入れると，あわせて何 kg になりますか。

式 1.2＋2.86＋0.34＝4.4

答え 4.4kg

小数（16）
めいろ　たし算とひき算

名前

● 次の計算をして，答えの大きい方へすすみましょう。とおった方の答えを□に書きましょう。

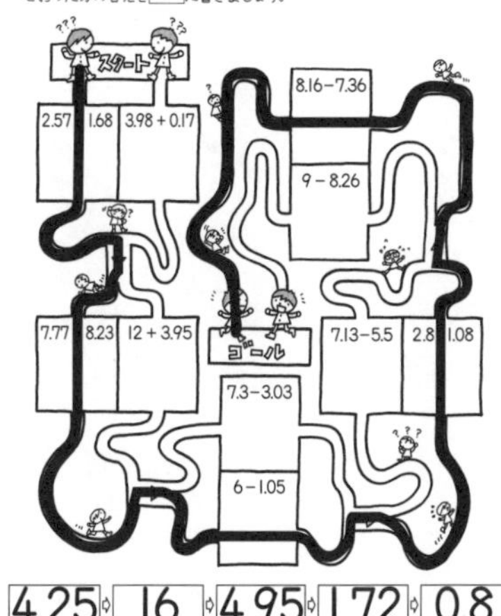

4.25 ◇ 16 ◇ 4.95 ◇ 1.72 ◇ 0.8

P.35

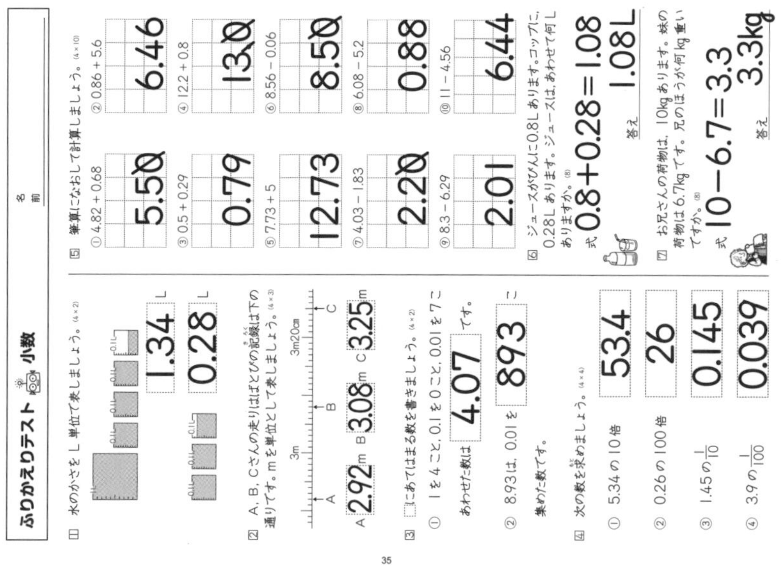

P.36

わり算の筆算②（1）
何十でわるわり算

名前

① 折り紙が 80 まいあります。１人に 20 まいずつ分けると，何人に分けることができますか。

式 80÷20＝4

答え 4人

② 計算をしましょう。

① 90÷30　3
② 60÷30　2
③ 160÷40　4
④ 210÷70　3
⑤ 540÷90　6
⑥ 560÷80　7
⑦ 80÷30　2 あまり 20
⑧ 90÷20　4 あまり 10
⑨ 160÷50　3 あまり 10
⑩ 260÷80　3 あまり 20
⑪ 500÷60　8 あまり 20
⑫ 840÷90　9 あまり 30

わり算の筆算②（2）
２けた÷２けた＝１けた　仮商の修正なし

名前

① あめが 63 こあります。21 人に同じ数ずつ分けると，１人分は，何こになりますか。

式 63÷21＝3

答え 3こ

① 23)69　3
② 37)74　2
③ 33)99　3
④ 12)48　4
⑤ 21)84　4
⑥ 25)75　3
⑦ 16)48　3
⑧ 24)72　3

めいろは，答えの大きい方をとおりましょう。とおった方の答えを下の□に書きましょう。

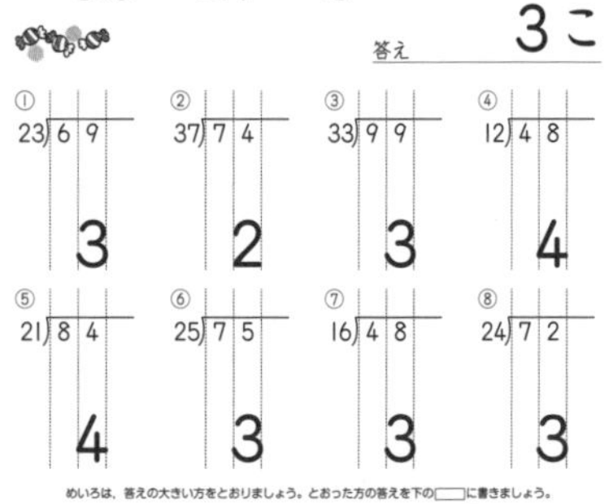

① 3　② 8　③ 4

P.37

わり算の筆算②（3）
２けた÷２けた＝１けた　仮商の修正なし

名前

① 22)68　3 あまり 2
② 12)38　3 あまり 2
③ 11)59　5 あまり 4
④ 31)97　3 あまり 4
⑤ 21)89　4 あまり 5
⑥ 24)52　2 あまり 4
⑦ 12)49　4 あまり 1
⑧ 23)98　4 あまり 6
⑨ 40)93　2 あまり 13
⑩ 25)27　1 あまり 2
⑪ 38)83　2 あまり 7
⑫ 24)78　3 あまり 6

わり算の筆算②（4）
２けた÷２けた＝１けた　仮商の修正なし

名前

① 32)97　3 あまり 1
② 44)89　2 あまり 1
③ 21)66　3 あまり 3
④ 25)75　3
⑤ 36)72　2
⑥ 11)78　7 あまり 1
⑦ 23)74　3 あまり 5
⑧ 24)96　4

めいろは，答えの大きい方をとおりましょう。とおった方の答えを下の□に書きましょう。

スタート　48÷12　98÷32　76÷37　78÷26　62÷15　82÷72　ゴール

① 4　② 4 あまり 2　③ 2 あまり 2

解答

児童に実施させる前に，必ず指導される方が問題を解いてください。本書の解答は，あくまでも１つの例です。指導される方の作られた解答をもとに，本書の解答例を参考に児童の多様な考えに寄り添って○つけをお願いします。

P.38

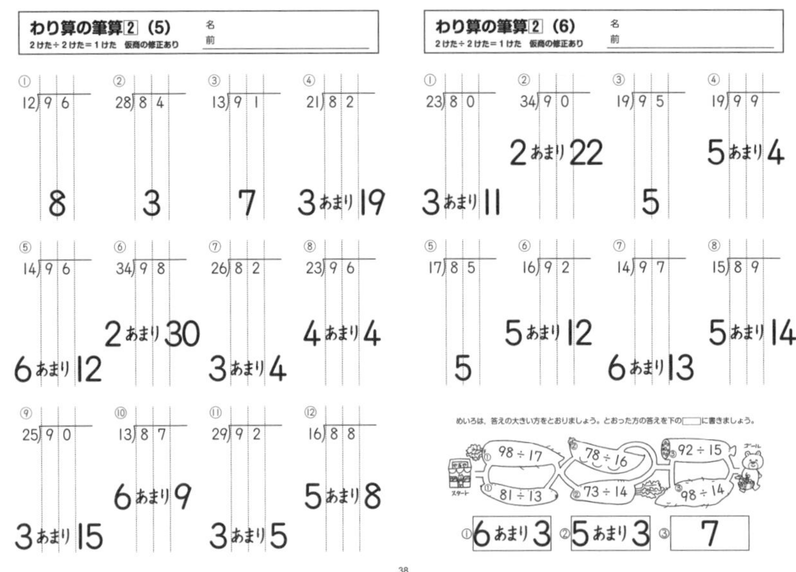

わり算の筆算２ (5)

2けた÷2けた＝1けた　仮商の修正あり

名前

① 12)96	8
② 28)84	3
③ 13)91	7
④ 21)82	3あまり19
⑤ 14)96	6あまり12
⑥ 34)98	2あまり30
⑦ 26)82	3あまり4
⑧ 23)96	4あまり4
⑨ 25)90	3あまり15
⑩ 13)87	6あまり9
⑪ 29)92	3あまり5
⑫ 16)88	5あまり8

わり算の筆算２ (6)

2けた÷2けた＝1けた　仮商の修正あり

名前

① 23)80	3あまり11
② 34)90	2あまり22
③ 19)95	5
④ 19)99	5あまり4
⑤ 17)85	5
⑥ 16)92	5あまり12
⑦ 14)97	6あまり13
⑧ 15)89	5あまり14

めいろは，答えの大きい方をとおりましょう。とおった方の答えを下の□に書きましょう。

① 6あまり3　② 5あまり3　③ 7

P.39

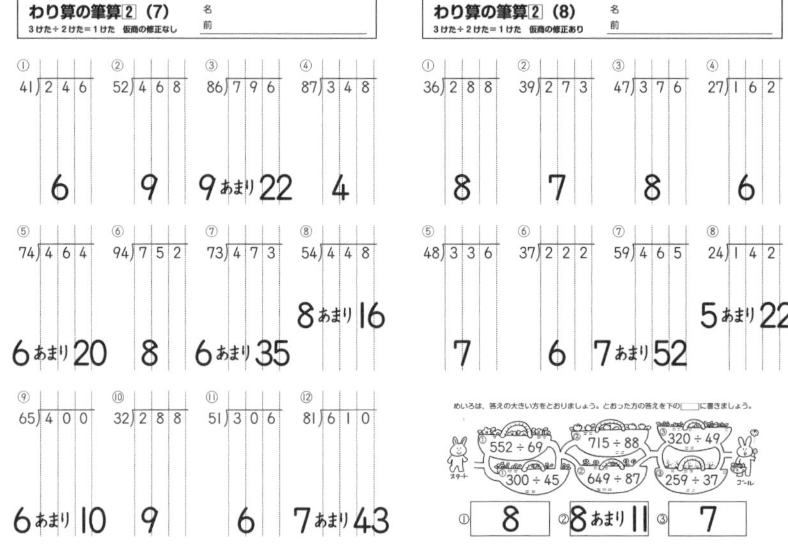

わり算の筆算２ (7)

3けた÷2けた＝1けた　仮商の修正なし

名前

① 41)246	6
② 52)468	9
③ 86)796	9あまり22
④ 87)348	4
⑤ 74)464	6あまり20
⑥ 94)752	8
⑦ 73)473	6あまり35
⑧ 54)448	8あまり16
⑨ 65)400	6あまり10
⑩ 32)288	9
⑪ 51)306	6
⑫ 81)610	7あまり43

わり算の筆算２ (8)

3けた÷2けた＝1けた　仮商の修正なし

名前

① 36)288	8
② 39)273	7
③ 47)376	8
④ 27)162	6
⑤ 48)336	7
⑥ 37)222	6
⑦ 59)465	7あまり52
⑧ 24)142	5あまり22

めいろは，答えの大きい方をとおりましょう。とおった方の答えを下の□に書きましょう。

① 8　② 8あまり11　③ 7

P.40

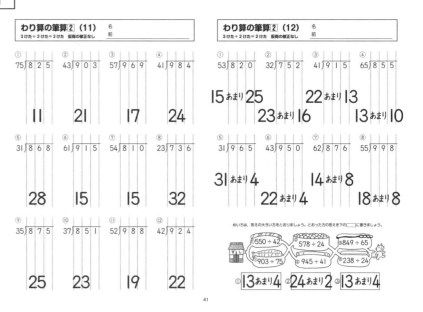

わり算の筆算２ (9)

3けた÷2けた＝1けた　仮商の修正あり

名前

① 69)483	7
② 45)405	9
③ 34)296	8あまり24
④ 45)307	6あまり37
⑤ 35)315	9
⑥ 39)312	8
⑦ 68)522	7あまり46
⑧ 57)513	9
⑨ 78)650	8あまり26
⑩ 67)491	7あまり22
⑪ 16)128	8
⑫ 28)252	9

わり算の筆算２ (10)

3けた÷2けた＝1けた　いろいろな型

名前

① 37)235	6あまり13
② 99)891	9
③ 68)612	9
④ 29)247	8あまり15
⑤ 43)258	6
⑥ 58)521	8あまり57
⑦ 75)600	8
⑧ 25)126	5あまり1

めいろは，答えの大きい方をとおりましょう。とおった方の答えを下の□に書きましょう。

612 ÷ 68　410 ÷ 83　220 ÷ 33　144 ÷ 18　383 ÷ 76　355 ÷ 44

① 9　② 5あまり3　③ 8あまり3

P.41

わり算の筆算２ (11)

3けた÷2けた＝2けた　仮商の修正なし

名前

① 75)825	11
② 43)903	21
③ 57)969	17
④ 41)984	24
⑤ 31)868	28
⑥ 61)915	15
⑦ 54)810	15
⑧ 23)736	32
⑨ 35)875	25
⑩ 37)851	23
⑪ 52)988	19
⑫ 42)924	22

わり算の筆算２ (12)

3けた÷2けた＝2けた　仮商の修正なし

名前

① 53)820	15あまり25
② 32)752	23あまり16
③ 41)915	22あまり13
④ 65)855	13あまり10
⑤ 31)965	31あまり4
⑥ 43)950	22あまり4
⑦ 62)876	14あまり8
⑧ 55)998	18あまり8

めいろは，答えの大きい方をとおりましょう。とおった方の答えを下の□に書きましょう。

550 ÷ 42　578 ÷ 24　849 ÷ 65　903 ÷ 75　945 ÷ 41　238 ÷ 24

① 13あまり4　② 24あまり2　③ 13あまり4

P.42

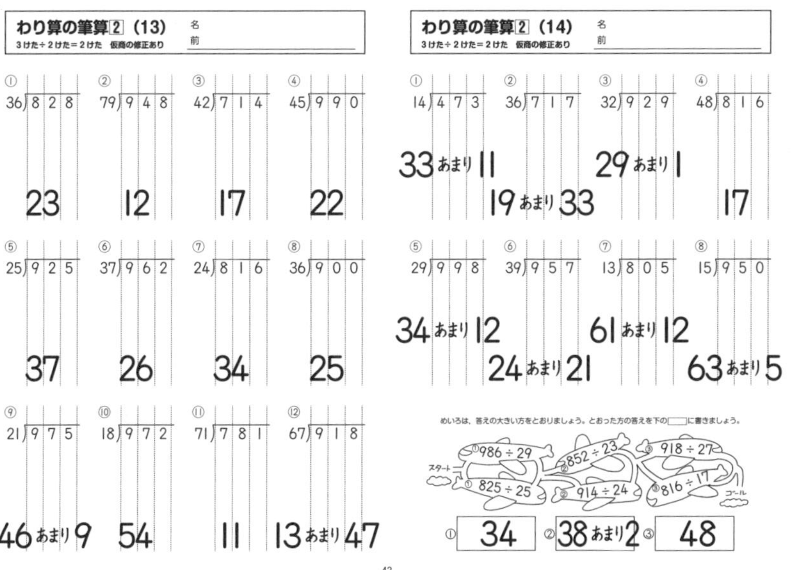

わり算の筆算2 (13) 名前
3けた÷2けた＝2けた 仮商の修正あり

① 36)828 23 ② 79)948 12 ③ 42)714 17 ④ 45)990 22
⑤ 25)925 37 ⑥ 37)962 26 ⑦ 24)816 34 ⑧ 36)900 25
⑨ 21)975 46あまり9 ⑩ 18)972 54 ⑪ 71)781 11 ⑫ 67)918 13あまり47

わり算の筆算2 (14) 名前
3けた÷2けた＝2けた 仮商の修正あり

① 14)473 33あまり11 ② 36)717 19あまり33 ③ 32)929 29あまり1 ④ 48)816 17
⑤ 29)998 34あまり12 ⑥ 39)957 24あまり21 ⑦ 13)805 61あまり12 ⑧ 15)950 63あまり5

めいろは，答えの大きい方をとおりましょう。とおった方の答えを下の□に書きましょう。

① 34 ② 38あまり2 ③ 48

42

P.43

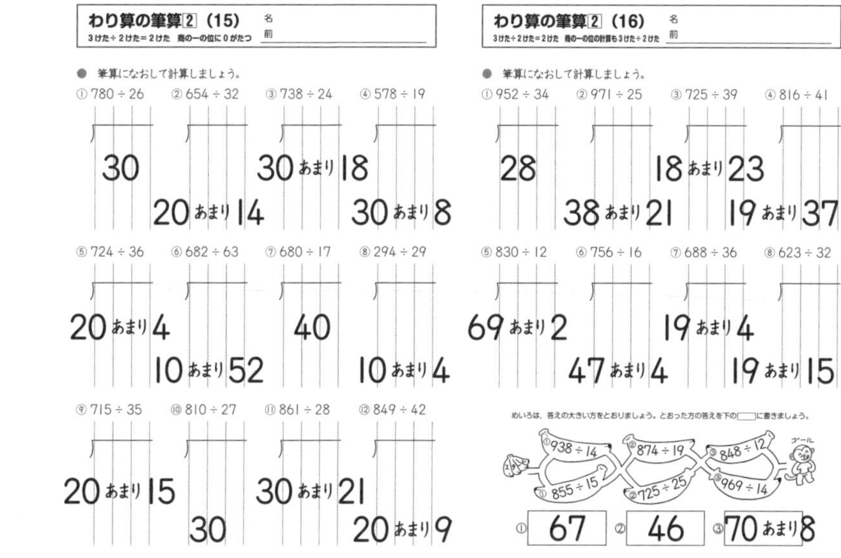

わり算の筆算2 (15) 名前
3けた÷2けた＝2けた 商の一の位に0がたつ

● 筆算になおして計算しましょう。

① 780÷26 30 ② 654÷32 20あまり14 ③ 738÷24 30あまり18 ④ 578÷19 30あまり8
⑤ 724÷36 20あまり4 ⑥ 682÷63 10あまり52 ⑦ 680÷17 40 ⑧ 294÷29 10あまり4
⑨ 715÷35 20あまり15 ⑩ 810÷27 30 ⑪ 861÷28 30あまり21 ⑫ 849÷42 20あまり9

わり算の筆算2 (16) 名前
3けた÷2けた＝2けた 商の一の位の計算も3けた÷2けた

● 筆算になおして計算しましょう。

① 952÷34 28 ② 971÷25 38あまり21 ③ 725÷39 18あまり23 ④ 816÷41 19あまり37
⑤ 830÷12 69あまり2 ⑥ 756÷16 47あまり4 ⑦ 688÷36 19あまり4 ⑧ 623÷32 19あまり15

めいろは，答えの大きい方をとおりましょう。とおった方の答えを下の□に書きましょう。

① 67 ② 46 ③ 70あまり8

43

P.44

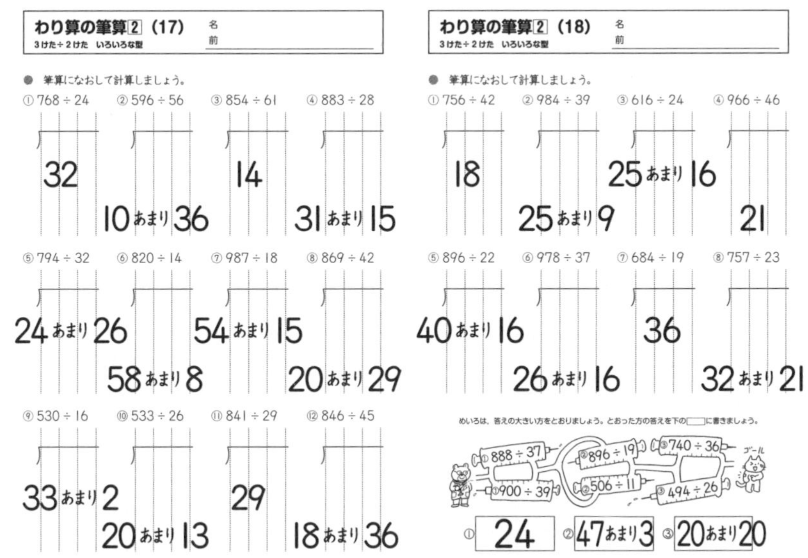

わり算の筆算2 (17) 名前
3けた÷2けた いろいろな型

● 筆算になおして計算しましょう。

① 768÷24 32 ② 596÷56 10あまり36 ③ 854÷61 14 ④ 883÷28 31あまり15
⑤ 794÷32 24あまり26 ⑥ 820÷14 58あまり8 ⑦ 987÷18 54あまり15 ⑧ 869÷42 20あまり29
⑨ 530÷16 33あまり2 ⑩ 533÷26 20あまり13 ⑪ 841÷29 29 ⑫ 846÷45 18あまり36

わり算の筆算2 (18) 名前
3けた÷2けた いろいろな型

● 筆算になおして計算しましょう。

① 756÷42 18 ② 984÷39 25あまり9 ③ 616÷24 25あまり16 ④ 966÷46 21
⑤ 896÷22 40あまり16 ⑥ 978÷37 26あまり16 ⑦ 684÷19 36 ⑧ 757÷23 32あまり21

めいろは，答えの大きい方をとおりましょう。とおった方の答えを下の□に書きましょう。

① 24 ② 47あまり3 ③ 20あまり20

44

P.45

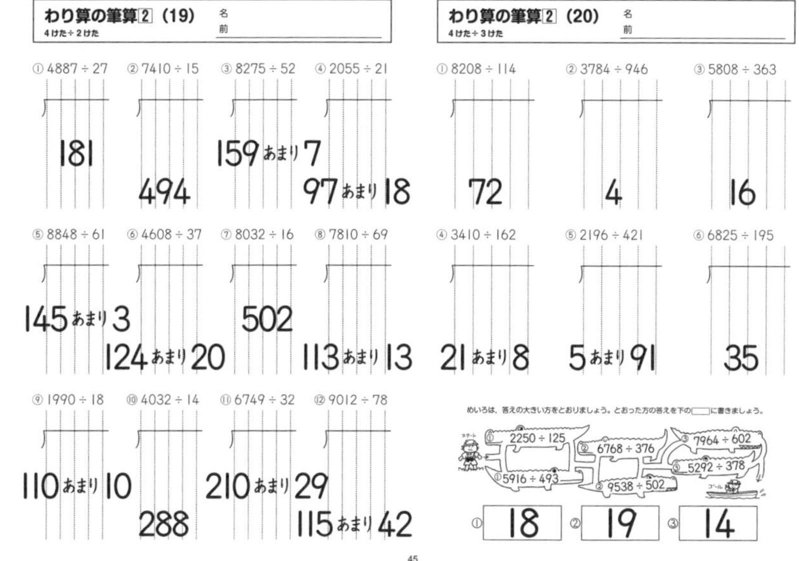

わり算の筆算2 (19) 名前
4けた÷2けた

① 4887÷27 181 ② 7410÷15 494 ③ 8275÷52 159あまり7 ④ 2055÷21 97あまり18
⑤ 8848÷61 145あまり3 ⑥ 4608÷37 124あまり20 ⑦ 8032÷16 502 ⑧ 7810÷69 113あまり13
⑨ 1990÷18 110あまり10 ⑩ 4032÷14 288 ⑪ 6749÷32 210あまり29 ⑫ 9012÷78 115あまり42

わり算の筆算2 (20) 名前
4けた÷3けた

① 8208÷114 72 ② 3784÷946 4 ③ 5808÷363 16
④ 3410÷162 21あまり8 ⑤ 2196÷421 5あまり91 ⑥ 6825÷195 35

めいろは，答えの大きい方をとおりましょう。とおった方の答えを下の□に書きましょう。

① 18 ② 19 ③ 14

45

解答 児童に実施させる前に，必ず指導される方が問題を解いてください。本書の解答は，あくまでも１つの例です。指導される方の作られた解答をもとに，本書の解答例を参考に児童の多様な考えに寄り添って○つけをお願いします。

P.46

わり算の筆算2 (21)　名前

1 次の計算で答えの正しいものには○を，まちがっているものには正しい答えを（　）に書きましょう。

① 19)193（筆算：9，171，22）　② 42)956（筆算：22，84，116，84，32）　③ 27)238（筆算：8，216，22）　④ 18)829（筆算：45，72，109，90，19）

10あまり3　（○）　（○）　46あまり1

2 商が１けたになるのは，□がどんな数の場合でしょうか。あてはまる数をすべて書きましょう。

① □4)724　（7, 8, 9）　② 73)7□5　（2, 1, 0）

3 くふうして次の計算をしましょう。

① 40 ÷ 20	2	② 180 ÷ 60	3
③ 300 ÷ 50	6	④ 560 ÷ 80	7
⑤ 900 ÷ 300	3	⑥ 6300 ÷ 900	7
⑦ 2400 ÷ 400	6	⑧ 6000 ÷ 200	30

わり算の筆算2 (22)　文章題①　名前

1 76本のえん筆を19人で同じ数ずつ分けます。１人分は，何本になりますか。

式 76 ÷ 19 = 4　答え 4本

2 730kgのお米を12kgずつふくろに入れます。12kgのふくろは，何ふくろできて，何kgあまりますか。

式 730 ÷ 12 = 60 あまり 10　答え 60ふくろ，あまり10kg

3 おかしを14こ買ったら，952円でした。おかし１このねだんは，いくらですか。

式 952 ÷ 14 = 68　答え 68円

4 236さつの本を１回に15さつずつ運びます。何回運べば，ぜんぶ運ぶことができますか。

式 236 ÷ 15 = 15 あまり 11
15 + 1 = 16　答え 16回

46

P.47

わり算の筆算2 (23)　文章題②　名前

1 238まいの折り紙を17人で同じ数ずつ分けます。１人分は何まいになりますか。

式 238 ÷ 17 = 14　答え 14まい

2 9m30cmのテープを36cmずつ切ります。36cmのテープは何本とれて，何cmあまりますか。

式 9m30cm = 930cm
930 ÷ 36 = 25 あまり 30　答え 25本，あまり30cm

3 375gのさとうを15ふくろに同じ重さずつに分けます。さとう１ふくろ分は何gになりますか。

式 375 ÷ 15 = 25　答え 25g

4 179人が38人乗りのバスに乗って出かけます。179人全員が乗るには，バスは何台いりますか。

式 179 ÷ 38 = 4 あまり 27
4 + 1 = 5　答え 5台

わり算の筆算2 (24)　文章題③　名前

1 １箱430円のビスケットを何箱か買うと7740円でした。ビスケットを何箱買いましたか。

式 7740 ÷ 430 = 18　答え 18箱

2 460まいのカードを19人で同じ数ずつ分けます。１人あたり何まいになって，何まいあまりますか。

式 460 ÷ 19 = 24 あまり 4　答え 24まい，あまり4まい

3 390cmのひもから26cmのひもは何本とれますか。

式 390 ÷ 26 = 15

答え 15本

4 269kgの土を14kgずつふくろに入れます。14kgのふくろは何ふくろできて，何kgあまりますか。

式 269 ÷ 14 = 19 あまり 3　答え 19ふくろ，あまり3kg

47

P.48

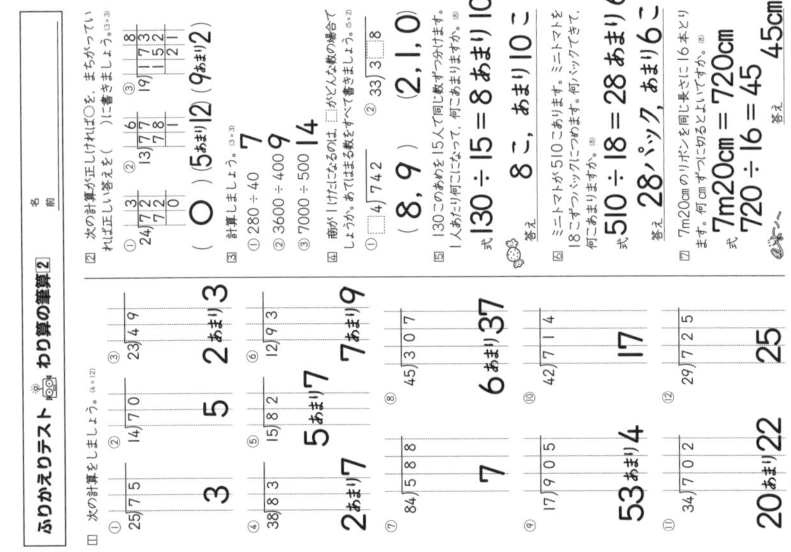

P.49

がい数の表し方 (1)　名前

● A町，B町，C町の人口は，右の表の通りです。

A町	30214人
B町	30905人
C町	29487人

① それぞれ約何万人といえるでしょう。

（数直線：20000　25000　30000　35000　40000；29487　30214　30905）

A町 約 3 万人　B町 約 3 万人　C町 約 3 万人

② 下の数直線をみて，答えましょう。

（数直線：29000　30000　31000；C町 29487　A町 30214　B町 30905）

㋐ 数直線の□にあてはまる数を書きましょう。
㋑ A町，C町にならって，B町の人口を数直線に書きましょう。
㋒ A町，B町，C町の人口は，それぞれ約何万何千人といえるでしょう。

A町 約 3万 人　B町 約 3万(1)千 人　C町 約 2万9千 人

がい数の表し方 (2)　名前

1 次の数を四捨五入して，千の位までのがい数にしましょう。

① 4695 → 約（5000）
② 2176 → 約（2000）
③ 80501 → 約（81000）
④ 75049 → 約（75000）
⑤ 369789 → 約（370000）
⑥ 998156 → 約（998000）

2 次の数を四捨五入して，一万の位までのがい数にしましょう。

① 45422 → 約（50000）
② 64398 → 約（60000）
③ 790689 → 約（790000）
④ 265045 → 約（270000）
⑤ 6929998 → 約（6930000）
⑥ 5899998 → 約（5900000）

49

児童に実施させる前に，必ず指導される方が問題を解いてください。本書の解答は，あくまでも１つの例です。指導される方の作られた解答をもとに，本書の解答例を参考に児童の多様な考えに寄り添って○つけをお願いします。

解答

P.50

がい数の表し方 (3)

名前

1 次の数を四捨五入して，上から1けたまでのがい数にしましょう。

① 6823 → 約（7000）
② 3398 → 約（3000）
③ 50589 → 約（50000）
④ 77969 → 約（80000）
⑤ 25054 → 約（30000）
⑥ 978919 → 約（1000000）

2 次の数を四捨五入して，上から2けたまでのがい数にしましょう。

① 46817 → 約（47000）
② 73398 → 約（73000）
③ 96501 → 約（97000）
④ 390689 → 約（390000）
⑤ 809045 → 約（810000）
⑥ 5999995 → 約（6000000）

がい数の表し方 (4)

名前

1 四捨五入をして，千の位までのがい数にすると，5000になる整数について調べましょう。

① 四捨五入をして5000になる整数でいちばん小さい数といちばん大きい数を調べて□に数を書きましょう。

4500　5000　5500

4500 から 5499 までの整数

② 四捨五入をして5000になる整数のはんいを，以上・未満を使って書きましょう。

（4500以上5500未満）

2 四捨五入をして，万の位までのがい数にすると，40000になる整数について調べましょう。

① 四捨五入をして40000になる整数でいちばん小さい数といちばん大きい数を調べて□に数を書きましょう。

35000　40000　45000

35000 から 44999 までの整数

② 四捨五入をして40000になる整数のはんいを，以上・未満を使って書きましょう。

（35000以上45000未満）

50

P.51

がい数の表し方 (5)

名前

1 459この1円玉があります。100円ずつたばを作っていきます。

① たばにできるのは，何たばで何円でしょうか。

4 たば 400 円

② 100にたりないはしたの数を，0にすることを何といいますか。

切り捨て

2 523人の乗客が100人乗りの船に乗って島にわたります。

① 全員が乗って島にわたるためには，船は何台出せばいいですか。

6 台

② 100にたりないはしたの数を，100として考えることを何といいますか。

切り上げ

3 次の数を切り捨てたり，切り上げたりして千の位までのがい数にしましょう。

	切り捨て		切り上げ
①	2000	← 2298 →	3000
②	2000	← 2834 →	3000
③	31000	← 31027 →	32000
③	49000	← 49651 →	50000

がい数の表し方 (6)

名前

● 右の表は，A市の小，中学生の人数を調べてまとめたものです。

① それぞれの年度の人数は，約何万何千人ですか。表に書きましょう。

② がい数を利用して，年度別の人数を折れ線グラフに表しましょう。

A市の小，中学生の人数

年度	人数（人）	がい数（人）
2006	49398	49000
2008	48051	48000
2010	46572	47000
2012	44690	45000
2014	43736	44000
2016	40915	41000
2018	39453	39000

51

P.52

がい数の表し方 (7)

がい数を使った計算①

名前

1 右の表は，水族館の午前，午後の入場者数です。

水族館の入場者数

時	人数（人）
午前	3467
午後	5045

① 1日の入場者数は，全部で約何千何百人でしょうか。がい算で求めましょう。

式 3500 + 5000 = 8500　答え 約8500人

② 午後の入場者数は，午前の入場者数より約何千何百人多いでしょうか。がい算で求めましょう。

式 5000 − 3500 = 1500　答え 約1500人

2 野球の試合が2試合行われました。その観客数は右の表の通りです。

試合の観客数

試合	人数（人）
第1	28350
第2	20719

① 2試合の観客数の合計は約何万何千人でしょうか。がい算で求めましょう。

式 28000 + 21000 = 49000　答え 約49000人

② 第1試合の観客数は第2試合の観客数より約何千人多いでしょうか。がい算で求めましょう。

式 28000 − 21000 = 7000　答え 約7000人

がい数の表し方 (8)

がい数を使った計算②

名前

1 あるパン屋では，この日，1ふくろ280円の食パンを96ふくろ売り上げました。食パンの売り上げは，約何万円でしょうか。

① がい数を使わないで，そのままの数字で答えを求めましょう。

式 280 × 96 = 26880　答え 26880円

② 280円と96ふくろを上から1けたのがい数にしましょう。

280円 → 約 300 円

96ふくろ → 約 100 ふくろ

③ 食パンの売り上げはいくらになるか，見積もりましょう。

式 300 × 100 = 30000　答え 約3万円

2 遠足代を1人2130円集めます。4年生78人から集金します。集金は全部で何万円になるでしょうか。

① 2130円と78人を上から1けたのがい数にしましょう。

2130円 → 約 2000 円

78人 → 約 80 人

② 遠足代はぜんぶでいくらになるか，見積もりましょう。

式 2000 × 80 = 160000　答え 約16万円

52

P.53

がい数の表し方 (9)

がい数を使った計算③

名前

1 38人で旅行に行きました。旅行代金は357960円でした。1人分の旅行代は約何円ですか。

① がい数を使わないで，そのままの数字で答えを求めましょう。

式 357960 ÷ 38 = 9420　答え 9420円

② 旅行代金を上から2けたのがい数にしましょう。

357960円 → 約 360000 円

③ 38人を上から1けたのがい数にしましょう。

38人 → 約 40 人

④ ②と③から，1人分の旅行代を見積もりましょう。

式 360000 ÷ 40 = 9000　答え 約9000円

2 ある工場では，1日におかしを3960こ作ります。それを18こずつ箱につめていくと，約何箱できるでしょうか。

① 3960こを上から2けたのがい数にしましょう。

3960こ → 約 4000 こ

② 18こを上から1けたのがい数にしましょう。

18こ → 約 20 こ

③ ①と②から，何箱できるかを見積もりましょう。

式 4000 ÷ 20 = 200　答え 約200箱

がい数の表し方 (10)

がい数を使った計算④

名前

● ゆうさん，さとしさん，れいなさんが右の3つの品物を買います。それぞれの目的にあわせて，上から1けたのがい数にして，代金を見積もりましょう。

買い物リスト

あめ	158円
プリン	218円
オレンジ	486円

ゆう
だいたいいくらぐらいになるかな。
四捨五入して見積もろう。

158 → 200 + 218 → 200 + 486 → 500 = 900

さとし
700円以上だとくじ引きができるよ。700円以上になるかな。
切り捨てて少なめに見積もろう。

158 → 100 + 218 → 200 + 486 → 400 = 700

れいな
1000円しか持っていない。たりるかな。
切り上げて多めに見積もろう。

158 → 200 + 218 → 300 + 486 → 500 = 1000

53

解答

児童に実施させる前に，必ず指導される方が問題を解いてください。本書の解答は，あくまでも１つの例です。指導される方の作られた解答をもとに，本書の解答例を参考に児童の多様な考えに寄り添って○つけをお願いします。

P.54

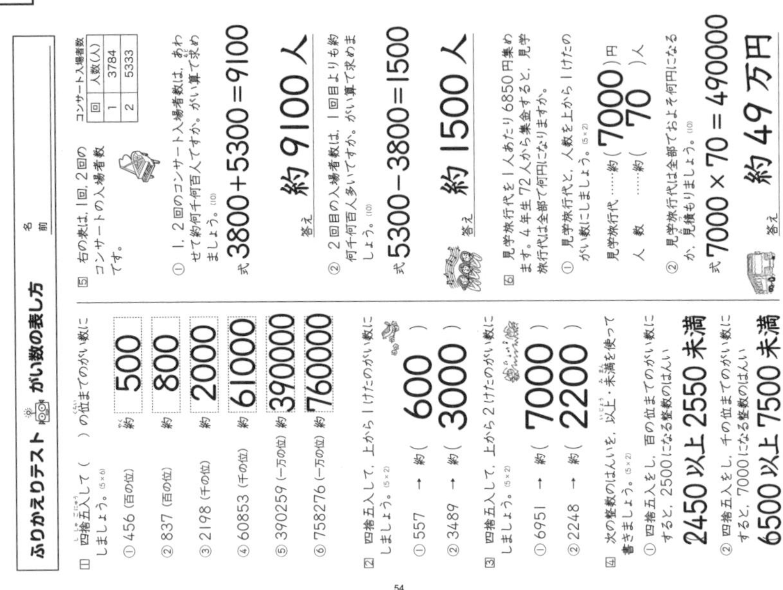

ふりかえりテスト　がい数の表し方

名前

1 四捨五入して（　）の位までのがい数にしましょう。(5×6)

① 456（百の位）　約 500
② 837（百の位）　約 800
③ 2198（千の位）　約 2000
④ 60853（千の位）　約 61000
⑤ 390259（一万の位）　約 390000
⑥ 758276（一万の位）　約 760000

2 四捨五入して，上から１けたのがい数にしましょう。(5×2)

① 557 → 約（600）
② 3489 → 約（3000）

3 四捨五入して，上から２けたのがい数にしましょう。(5×2)

① 6951 → 約（7000）
② 2248 → 約（2200）

4 次の整数のはんいを，以上・未満を使って書きましょう。(5×2)

① 四捨五入をし，百の位までのがい数にすると，2500になる整数のはんい
2450 以上 2550 未満

② 四捨五入をし，千の位までのがい数にすると，7000になる整数のはんい
6500 以上 7500 未満

5 右の表は，１回，２回のコンサートの入場者数です。

コンサート入場者数

回	人数(人)
1	3784
2	5333

① １，２回のコンサート入場者数は，あわせて約何千何百人ですか。がい算で求めましょう。(10)
式 3800＋5300＝9100
答え 約 9100 人

② ２回目の入場者数は，１回目よりも約何千何百人多いですか。がい算で求めましょう。(10)
式 5300－3800＝1500
答え 約 1500 人

6 見学旅行代を１人あたり6850円集めます。４年生72人から集金すると，見学旅行代は全部で何円になりますか。

① 見学旅行代と，人数を上から１けたのがい数にしましょう。(5×2)
見学旅行代……約（7000）円
人数……約（70）人

② 見学旅行代は全部でおよそ何円になるか，見積もりましょう。(10)
式 7000×70＝490000
答え 約 49 万円

54

P.55

計算のきまり（1）

名前

1 500円を持って買い物に行き，170円のおにぎりと120円のお茶を買いました。おつりは，何円になるでしょうか。

① おにぎりとお茶の代金を順にひいて求めます。
500－ 170 － 120 ＝ 210

② おにぎりとお茶の代金を先に求めて，まとめてひく考え
㋐ おにぎりとお茶の代金
170 ＋ 120 ＝ 290
㋑ おつりを求めます。
500－ 290 ＝ 210

☆ ㋐㋑を（　）を使って１つの式にして答えを求めましょう。
500－ (170＋120) ＝ 210

答え 210 円

2 計算をしましょう。

① 16－(2＋4)　10
② 11＋(3＋2)　16
③ 5×(7－3)　20
④ 12÷(8－5)　4
⑤ (9－6)×(3＋5)　24

計算のきまり（2）

名前

1 野球をするのに，900円のバット１本と200円のボールを３こ買いました。代金はいくらになるでしょうか。

㋐ ボール３こ分の代金
200 × 3 ＝ 600

㋑ ㋐にバット代をあわせた代金の合計
600 ＋ 900 ＝ 1500

☆ ㋐㋑を１つの式にして，答えを求めましょう。
200×3 ＋ 900 ＝ 1500

答え 1500 円

2 計算をしましょう。

① 25－4×5　5
② 20＋12×5　80
③ 14＋18÷6　17
④ 30－9÷3　27
⑤ 5×6＋3×4　42
⑥ 40÷5＋12×3　44

55

P.56

計算のきまり（3）

名前

1 右の図で，●と○は全部で何こあるかをえりさんとなおたさんが考えました。

① ２人の考え方にあう式を下の □ からそれぞれ選んで □ に書きましょう。

えりさん
たてに見ると，●が３こと，○が５こ，それが７列あります。
式 (3+5)×7

なおたさん
●は，たてに３こ，横に７列，○は，たてに５こ，横に７列あります。
式 3×7+5×7

3×7+5×7 ，(3+5)×7

② ２人の考える式から答えを求めましょう。　56 こ

2 次の □ にあてはまる数を書いて，答えを求めましょう。

① 2×8＋6×8＝（ 2 ＋ 6 ）×8
＝ 64

② (9－2)×7＝ 9 ×7－ 2 ×7
＝ 49

56

計算のきまり（4）

名前

1 計算のきまりを使って，くふうして計算します。□にあてはまる数を書きましょう。

① 57＋2.8＋7.2＝57＋(2.8＋7.2)
＝57＋ 10
＝ 67

② 6×99＝6×(100－1)
＝6× 100 －6× 1
＝ 600 － 6
＝ 594

2 次の計算を（　）を使って，くふうしてときましょう。

① 39＋28＋72
＝39＋(28＋72)
＝139

② 258＋126＋14
＝258＋(126＋14)
＝398

③ 30×7＋70×7
＝(30＋70)×7
＝700

④ 90×9－60×9
＝(90－60)×9
＝270

⑤ 54×20×5
＝54×(20×5)
＝5400

⑥ 103×50
＝(100＋3)×50
＝5150

P.57

ふりかえりテスト　計算のきまり

名前

1 1000円を持って買い物に行きました。まず，550円の本を買い，次に120円のおかしを買いました。お金はいくら残っているでしょうか。(１つの式にして答えを求めましょう)

① 「まず本を買っておつりをもらい，次におかしを買っておつりをもらう」という考え方で式に表し，答えを求めましょう。(10)
式 1000－550－120
＝330
答え 330 円

② 「先に，本とおかしの代金をあわせて，それから，残りのお金を求める」という考え方で式に表し，答えを求めましょう。(10)
式 1000－(550＋120)
＝330
答え 330 円

2 200円のペン６本と，600円の筆箱を１つ買いました。代金の合計を求める１つの式を書き，答えを求めましょう。(10)
式 200×6＋600
＝1800
答え 1800 円

3 １まい80円のチョコレートを４まい買って，500円を出しました。おつりは，いくらですか。１つの式を書き，答えを求めましょう。(10)
式 500－80×4
＝180
答え 180 円

4 じゅんじょに気をつけて，計算しましょう。(5×8)

① 45－63÷9　38
② 6×(24＋26)　300
③ 28÷4－3　4
④ (9＋30÷5)×2　30
⑤ (7＋2)×(6－2)　36
⑥ 8×4－3×6　14
⑦ (7×8－4)÷2　26
⑧ 7×(8－4)÷2　14

5 （　）を使って，くふうして計算しましょう。(5×4)

① 28＋27＋23
＝28＋(27＋23)
＝78

② 80×9＋20×9
＝(80＋20)×9
＝900

③ 100×5－70×5
＝(100－70)×5
＝150

④ 102×46
＝(100＋2)×46
＝4692

57

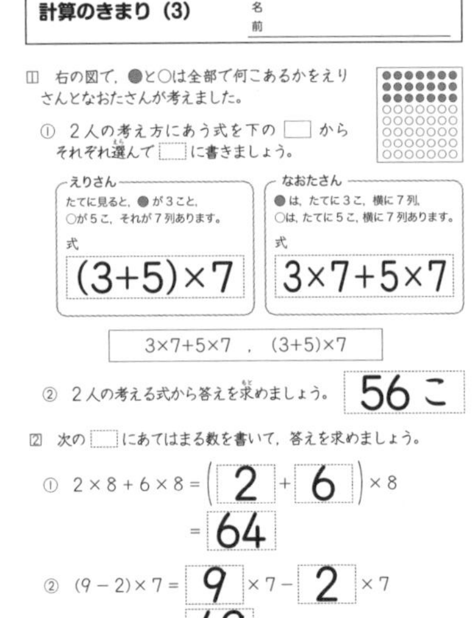

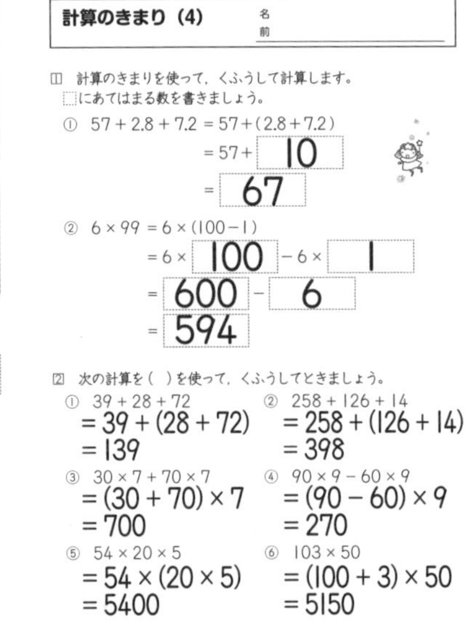

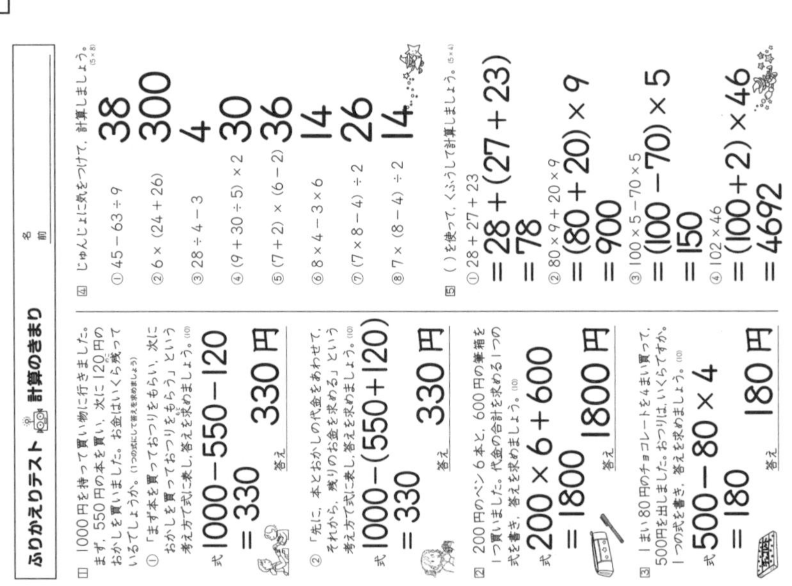

児童に実施させる前に，必ず指導される方が問題を解いてください。本書の解答は，あくまでも１つの例です。指導される方の作られた解答をもとに，本書の解答例を参考に児童の多様な考えに寄り添って○つけをお願いします。

解答

P.58

垂直・平行と四角形 (1)
垂直

名前

1　２本の直線が，垂直なのはどれでしょうか。(　) に○をつけましょう。

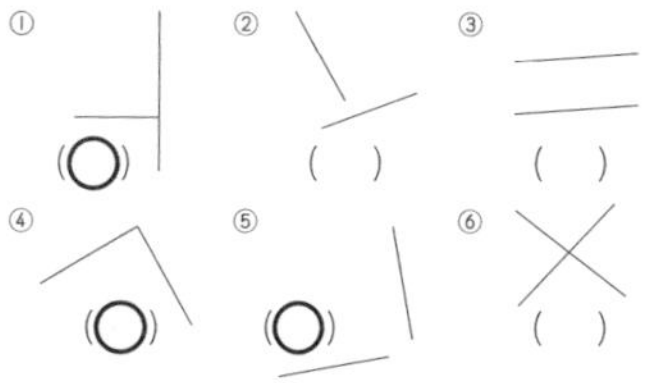

① (○)　② (　)　③ (　)
④ (○)　⑤ (○)　⑥ (　)

2　点Aを通って，直線㋐に垂直な直線をかきましょう。

① 略　② 略

3　下の図で，垂直な直線はどれとどれでしょうか。

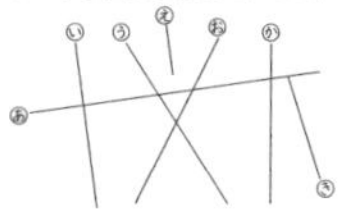

(あ と い)
(あ と え)

58

垂直・平行と四角形 (2)
平行①

名前

1　(　　) の正しいほうのことばに○をつけましょう。

① 図１のように，直線アに直線あいが垂直に交わっているとき，直線あいは (垂直・(平行)) であるといいます。

② 図２のように，直線あといが平行なとき，ほかの直線とできる角は ((等しい)・等しくない)。

③ 図３のように，直線あいが平行なとき，アイとウエの長さは ((等しい)・等しくない)。

④ 平行な直線あいをのばしていくと (いずれ交わる・(どこまでも交わらない))

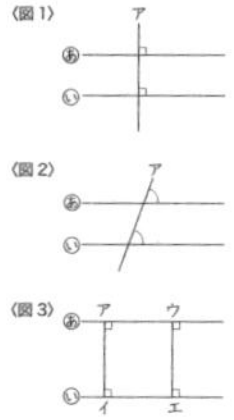

2　２本の直線が，平行なのはどれでしょうか。(　) に○をつけましょう。

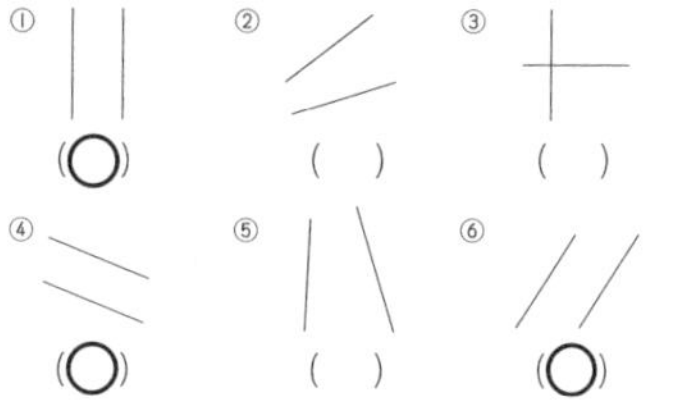

① (○)　② (　)　③ (　)
④ (○)　⑤ (　)　⑥ (○)

P.59

垂直・平行と四角形 (3)
平行②

名前

1　下の図で平行な直線は，どれとどれでしょうか。

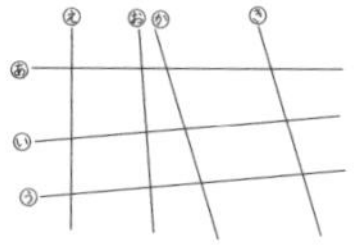

(い と う)
(か と き)

2　点Aを通って，直線㋐に平行な直線をかきましょう。

① 略　② 略

3　㋐，㋑，㋒の直線は平行です。
あ，い，うの角度は，それぞれ何度ですか。

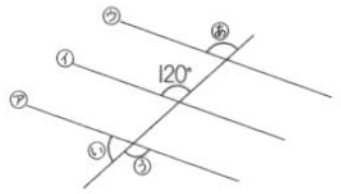

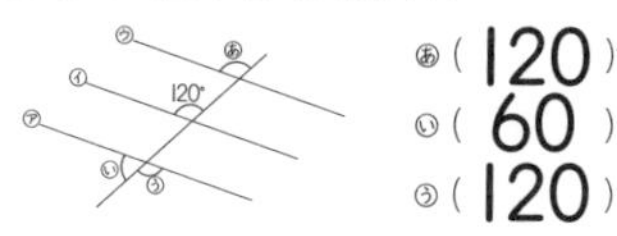

あ (120)°
い (60)°
う (120)°

59

垂直・平行と四角形 (4)
垂直・平行

名前

1　右の図で直線の交わり方を調べましょう。

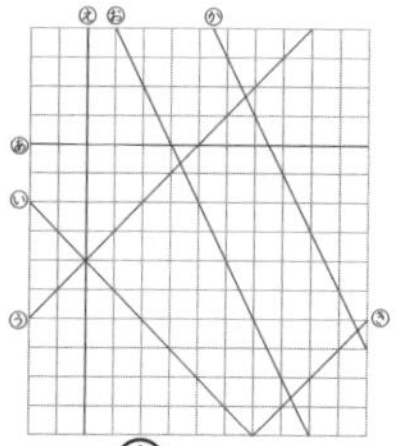

① 垂直な直線はどれとどれですか。
(あ) と (え)
(い) と (う)
(い) と (き)

② 平行な直線はどれとどれですか。
(う) と (き)
(お) と (か)

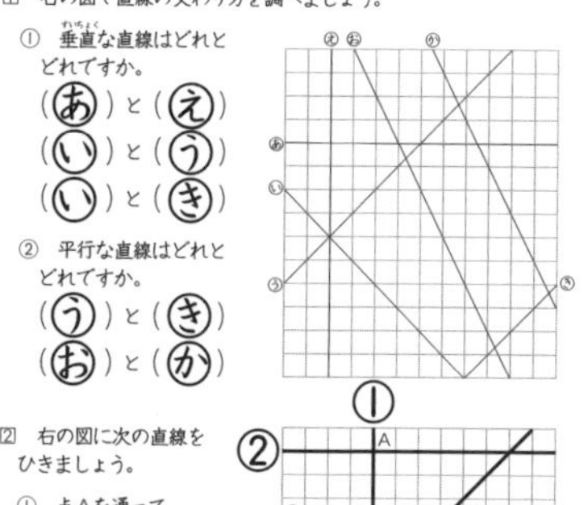

2　右の図に次の直線をひきましょう。

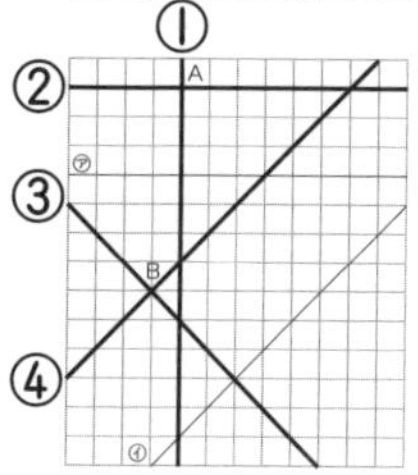

① 点Aを通って，直線㋐に垂直な直線
② 点Aを通って，直線㋐に平行な直線
③ 点Bを通って，直線㋑に垂直な直線
④ 点Bを通って，直線㋑に平行な直線

P.60

垂直・平行と四角形 (5)
四角形①　台形

名前

1　(　) にあてはまることばを入れ，台形についての説明文を書きましょう。

向かい合った (１) 組の辺が (平行) な四角形を台形といいます。

2　台形はどれでしょうか。記号をすべて書きましょう。

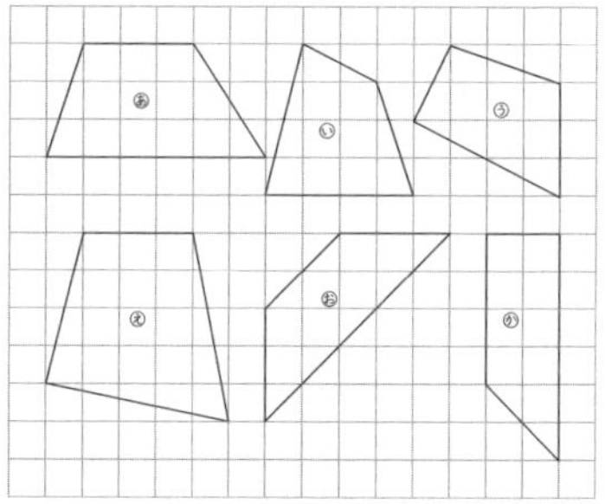

台形 (あ お か)

60

垂直・平行と四角形 (6)
四角形②　台形

名前

1　下の平行な直線を使って，例のように台形を２つかきましょう。

略

2　①〜③の線を使って，それぞれ台形をかきましょう。

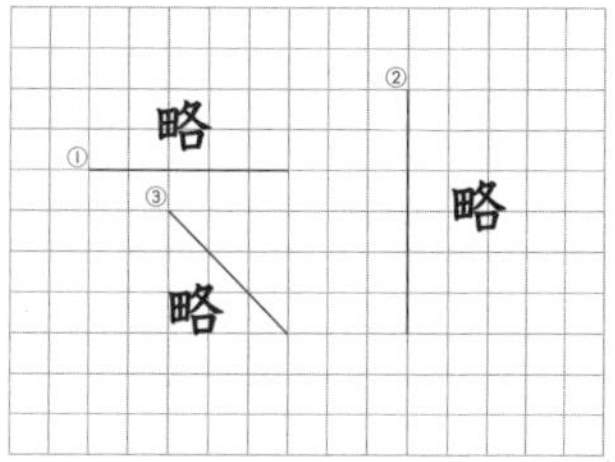

略

3　図のような台形をかきましょう。

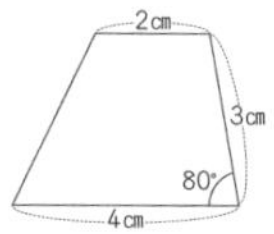

略

P.61

垂直・平行と四角形 (7)
四角形③　平行四辺形

名前

1　(　) にあてはまることばや数を入れ，平行四辺形について説明した文を書きましょう。

向かい合った (２) 組の辺が (平行) な四角形を平行四辺形といいます。

2　平行四辺形はどれでしょうか。記号をすべて書きましょう。

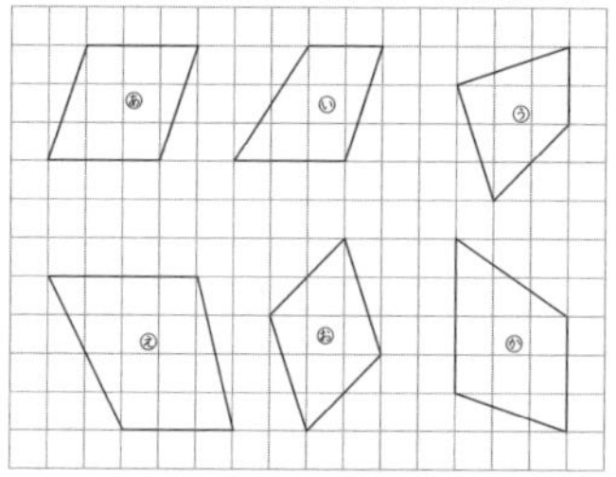

平行四辺形 (あ お)

3　下の平行な直線を使って，平行四辺形を２つかきましょう。

略

61

垂直・平行と四角形 (8)
四角形④　平行四辺形

名前

1　同じ平行四辺形を下にかきましょう。

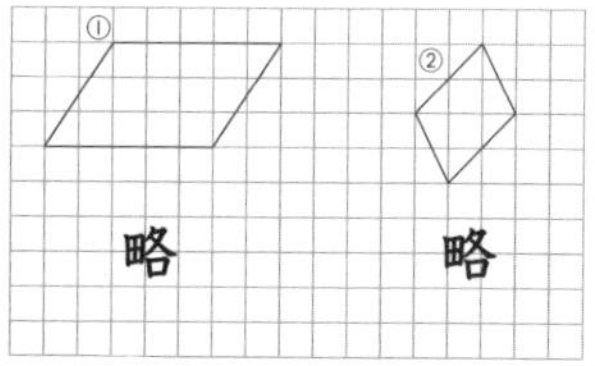

略　略

2　下の平行四辺形の角度や辺の長さを求めましょう。

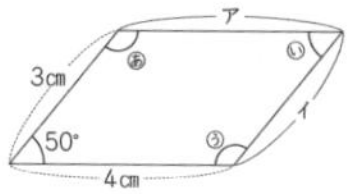

あ (130)°　ア (4) cm
い (50)°　イ (3) cm
う (130)°

3　同じ平行四辺形を２つかさねました。角度や辺の長さを求めましょう。

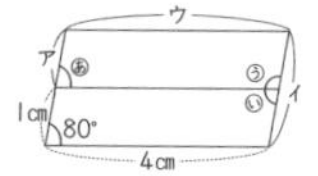

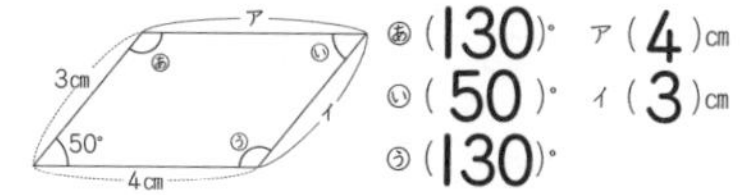

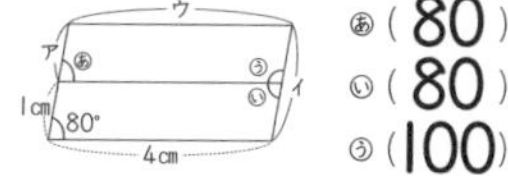

あ (80)°　ア (1) cm
い (80)°　イ (2) cm
う (100)°　ウ (4) cm

解答

児童に実施させる前に，必ず指導される方が問題を解いてください。本書の解答は，あくまでも１つの例です。指導される方の作られた解答をもとに，本書の解答例を参考に児童の多様な考えに寄り添って○つけをお願いします。

P.62

垂直・平行と四角形（9） 名前
四角形⑤　平行四辺形

1 ①～③の平行四辺形の続きをかきましょう。
略　略　略

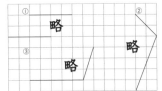

2 コンパスを使って平行四辺形をかきましょう。（分度器は使いません）
略

3 分度器を使って平行四辺形をかきましょう。（コンパスは使いません）
略

62

垂直・平行と四角形（10） 名前
四角形⑥　平行四辺形

1 同じ平行四辺形をかきましょう。
2cm　4cm
略

2 必要な長さや角度をはかって，同じ平行四辺形をかきましょう。
略

3 アと同じ平行四辺形を５つ，しきつめてかきましょう。
ア
略

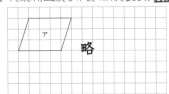

P.63

垂直・平行と四角形（11） 名前
四角形⑦　ひし形

1 次の文は，ひし形についての説明文です。
（　）の正しいほうのことばに○をつけましょう。
① ４つの辺の長さがみんな（**等しい**・等しくない）四角形を，ひし形といいます。
② ひし形では，向かい合った角の大きさは（**等しい**・等しくない）。
また，向かい合った辺は（**平行である**・平行でない）。

2 ひし形はどれでしょうか。記号をすべて書きましょう。
ひし形（ ㋒ ㋓ ㋕ ）

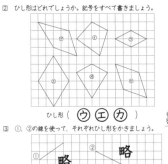

3 ①，②の線を使って，それぞれひし形をかきましょう。
略　略

垂直・平行と四角形（12） 名前
四角形⑧　ひし形

1 ひし形の続きをかきましょう。
① コンパスを使ってかきましょう。　② 分度器を使ってかきましょう。
略　45°　略

2 次のひし形の角度や辺の長さを書きましょう。
㋐（130）°
㋑（50）°
ア（2）cm
イ（2）cm

3 下の図と同じひし形をかきましょう。
60°　3cm
略

63

P.64

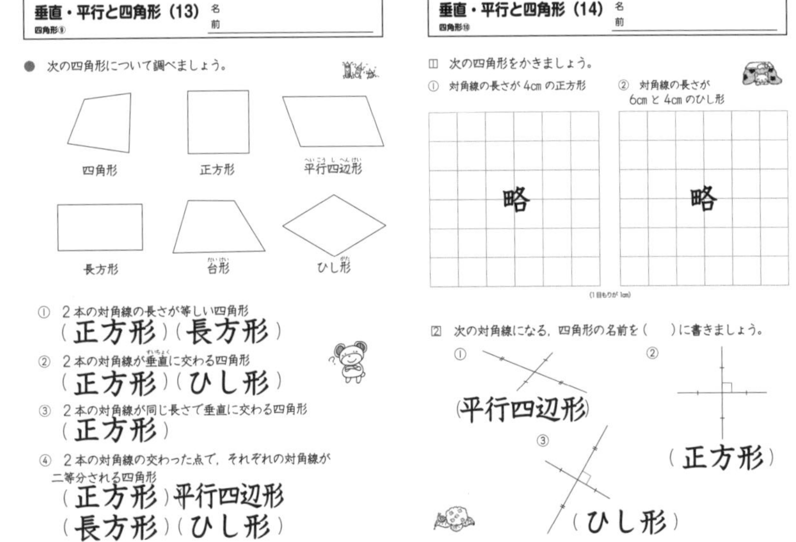

垂直・平行と四角形（13） 名前
四角形⑨

● 次の四角形について調べましょう。
四角形　正方形　平行四辺形　長方形　台形　ひし形

① ２本の対角線の長さが等しい四角形
（正方形）（長方形）
② ２本の対角線が垂直に交わる四角形
（正方形）（ひし形）
③ ２本の対角線が同じ長さで垂直に交わる四角形
（正方形）
④ ２本の対角線の交わった点で，それぞれの対角線が二等分される四角形
（正方形）平行四辺形
（長方形）（ひし形）

垂直・平行と四角形（14） 名前
四角形⑩

1 次の四角形をかきましょう。
① 対角線の長さが 4cm の正方形　② 対角線の長さが 6cm と 4cm のひし形
略　略
（1目もりが1cm）

2 次の対角線になる，四角形の名前を（　）に書きましょう。
①（平行四辺形）　②（正方形）　③（ひし形）

64

P.65

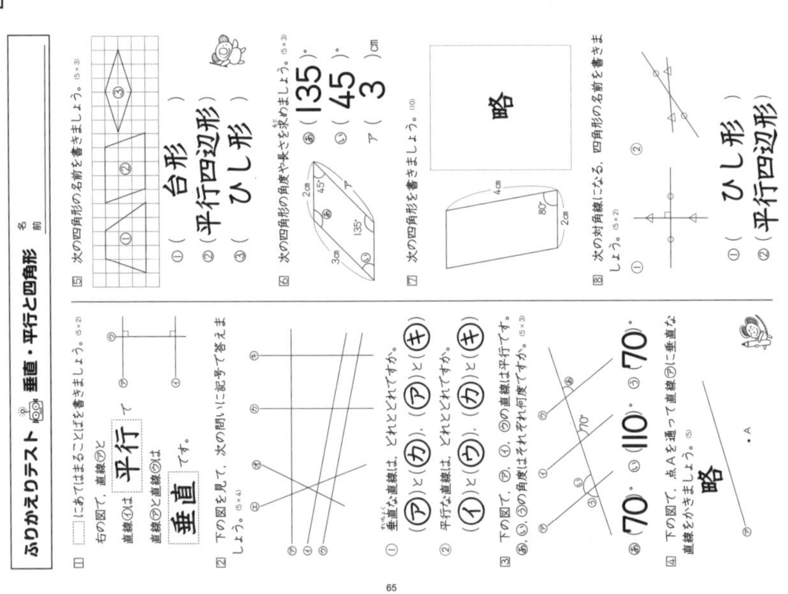

ふりかえりテスト　垂直・平行と四角形 名前

1 □にあてはまることばを書きましょう。（5×2）
右の図で，直線㋐と直線㋑は 平行 で，直線㋐と直線㋒は 垂直 です。

2 下の図を見て，次の問いに記号で答えましょう。（5×4）
① 垂直な直線は，どれとどれですか。
（㋐）と（㋕），（㋐）と（㋖）
② 平行な直線は，どれとどれですか。
（㋑）と（㋒），（㋕）と（㋖）

3 下の図で，㋐，㋑，㋒の直線は平行です。㋐，㋑，㋒の角度はそれぞれ何度ですか。（5×3）
70°
㋐（70）°　㋑（110）°　㋒（70）°

4 下の図で，点Aを通って直線㋐に垂直な直線をかきましょう。（5）
略

5 次の四角形の名前を書きましょう。（5×3）
①（台形）
②（平行四辺形）
③（ひし形）

6 次の四角形の角度や長さを求めましょう。（5×3）
45°　2cm　135°　3cm
㋐（135）°
㋑（45）°
ア（3）cm

7 次の四角形をかきましょう。（10）
4cm　80°　2cm
略

8 次の対角線になる，四角形の名前を書きましょう。（5×2）
①（ひし形）
②（平行四辺形）

65

P.66

面積 (1) 名前

1 次の図形の面積を求めましょう。

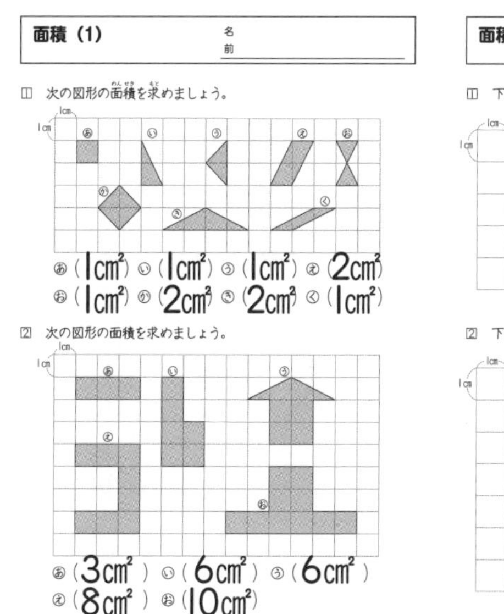

あ (1cm²) い (1cm²) う (1cm²) え (2cm²)
お (1cm²) か (2cm²) き (2cm²) く (1cm²)

2 次の図形の面積を求めましょう。

あ (3cm²) い (6cm²) う (6cm²)
え (8cm²) お (10cm²)

面積 (2) 名前

1 下の方がんに，12㎠になる図形を２つかきましょう。

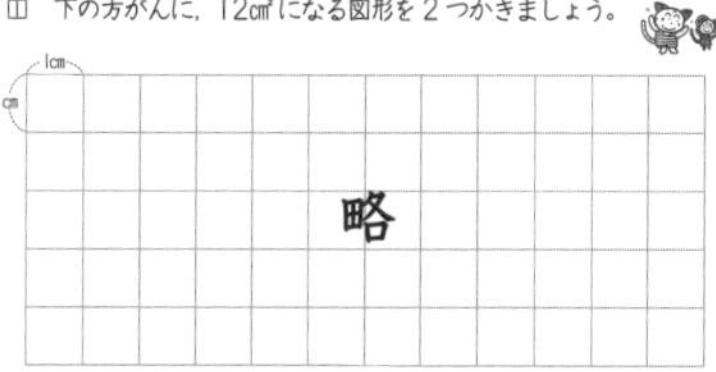

略

2 下の方がんに，18㎠になる図形を２つかきましょう。

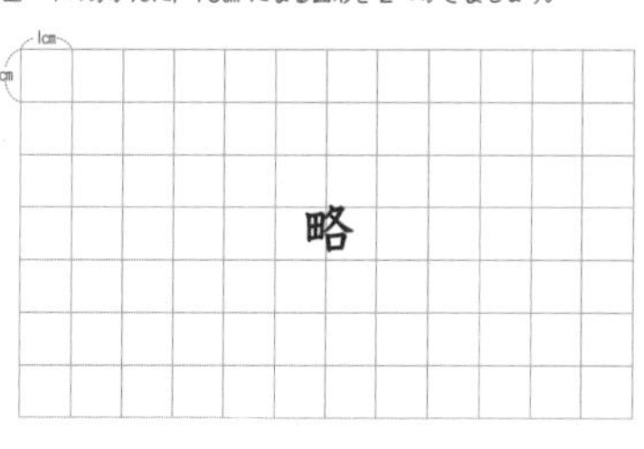

略

P.67

面積 (3) 名前

1 長方形や正方形の面積を求める公式を書きましょう。

長方形の面積 = (たて × 横)

正方形の面積 = (1辺 × 1辺)

2 次の長方形や正方形の面積を求めましょう。

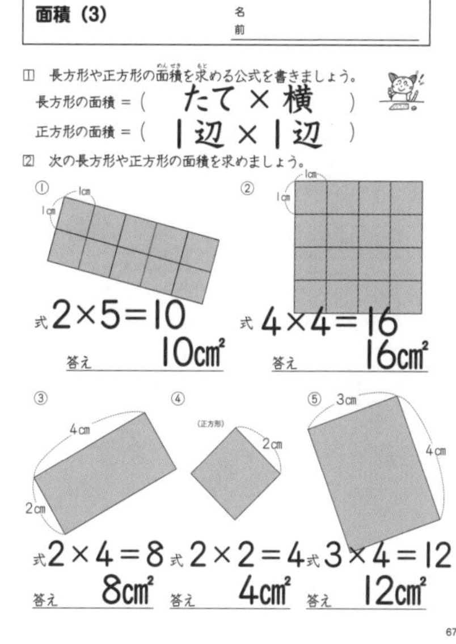

① 式 2×5=10 答え 10cm²

② 式 4×4=16 答え 16cm²

③ 式 2×4=8 答え 8cm²

④ 式 2×2=4 答え 4cm²

⑤ 式 3×4=12 答え 12cm²

面積 (4) 名前

1 次の長方形や正方形の□の長さを求めましょう。

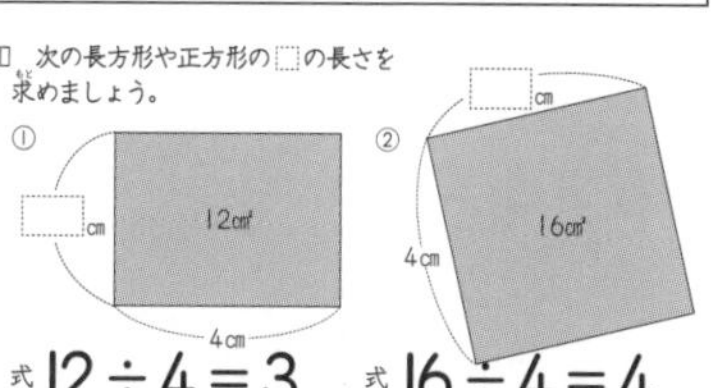

① 式 12÷4=3 答え 3cm

② 式 16÷4=4 答え 4cm

2 次の正方形や長方形の辺の長さをはかり，面積を求めましょう。

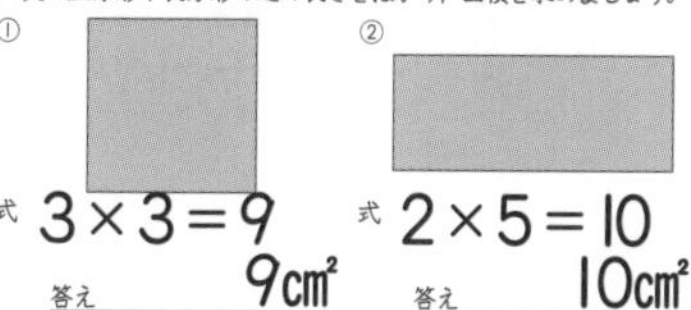

① 式 3×3=9 答え 9cm²

② 式 2×5=10 答え 10cm²

3 面積が 18㎠ の長方形で，たての長さが 6cm です。横の長さは何 cm ですか。

式 18÷6=3 答え 3cm

P.68

面積 (5) 名前

1 次の図形の面積を求めましょう。

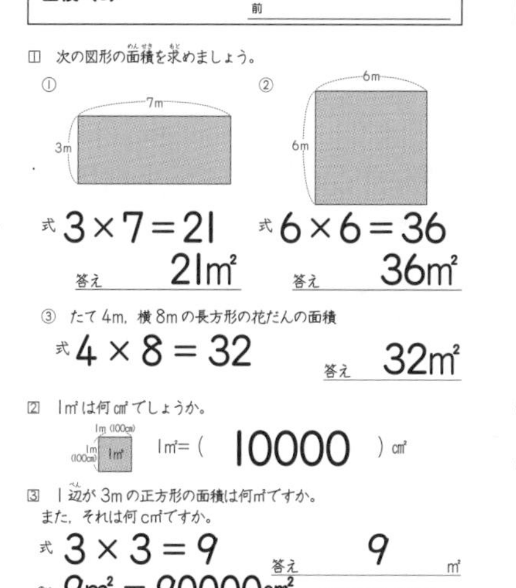

① 式 3×7=21 答え 21m²

② 式 6×6=36 答え 36m²

③ たて 4m，横 8m の長方形の花だんの面積

式 4×8=32 答え 32m²

2 1㎡は何㎠でしょうか。

1㎡=(10000)㎠

3 1辺が 3m の正方形の面積は何㎡ですか。また，それは何㎠ですか。

式 3×3=9
9m² = 90000cm²

答え 9 ㎡　90000 ㎠

面積 (6) 名前

1 たて 160cm，横 1m の長方形のまどがあります。このまどの面積は，何㎠でしょうか。

式 1m = 100cm
160×100=16000

答え 16000 ㎠

2 たて 2m，横 4m の長方形のけいじ板があります。このけいじ板の面積は，何㎡でしょうか。また，何㎠でしょうか。

式 2×4=8
8m² = 80000cm²

答え 8 ㎡，80000 ㎠

3 たて 1m20cm，横が 4m のすな場があります。このすな場の面積は，何㎠でしょうか。

式 1m20cm=120cm, 4m=400cm,
120×400=48000

答え 48000 ㎠

P.69

面積 (7) 名前

1 1a は何㎡でしょうか。( )に書きましょう。

1a = (100) ㎡

2 たて 20m，横 40m の畑があります。

① この畑の面積は，何㎡でしょうか。

式 20×40=800 答え 800m²

② この畑は，1a(1辺が 10m の正方形)何こ分でしょうか。下の図に 10m おきに線をひき，( )にあてはまる数を書きましょう。

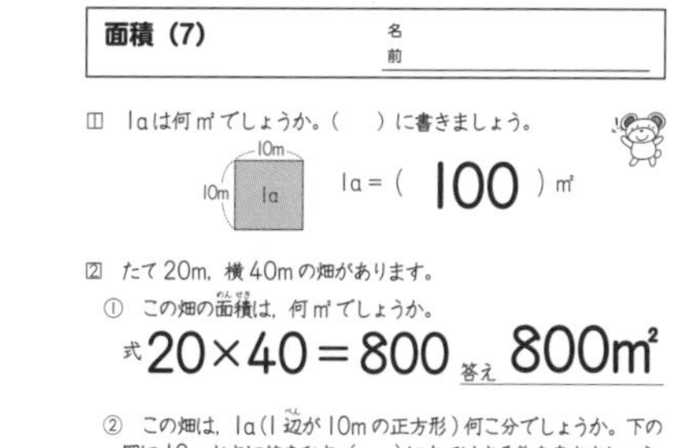

1a が たて (2)こ
横 (4)こ
(2)×(4)=(8)

③ この畑の面積は，何 a でしょうか。

答え 8a

3 たて 10m，横 70m の運動場があります。この運動場の面積は何㎡でしょうか。また，何 a でしょうか。

式 10×70=700
700m² = 7a

答え 700 ㎡　7 a

面積 (8) 名前

1 1ha は何㎡でしょうか。( )に書きましょう。

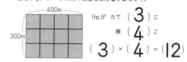

1ha = (10000) ㎡

2 たて 300m，横 400m の長方形の山林があります。

① この山林の面積は，何㎡でしょうか。

式 300×400=120000

答え 120000m²

② この山林は，1ha 何こ分でしょうか。下の図に 100m おきに線をひき，( )にあてはまる数を書きましょう。

1ha が たて (3)こ
横 (4)こ
(3)×(4)=(12)

③ この畑の面積は，何 ha でしょうか。

答え 12ha

解答

児童に実施させる前に，必ず指導される方が問題を解いてください。本書の解答は，あくまでも１つの例です。指導される方の作られた解答をもとに，本書の解答例を参考に児童の多様な考えに寄り添って○つけをお願いします。

P.70

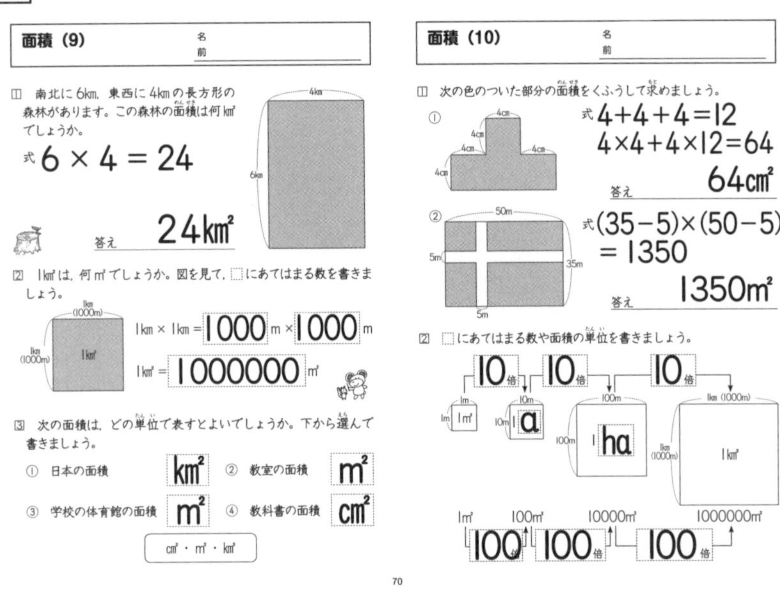

面積（9） 名前

1 南北に6km，東西に4kmの長方形の森林があります。この森林の面積は何km²でしょうか。

式 6 × 4 = 24

答え 24km²

2 1km²は，何m²でしょうか。図を見て，□にあてはまる数を書きましょう。

1km × 1km = 1000 m × 1000 m

1km² = 1000000 m²

3 次の面積は，どの単位で表すとよいでしょうか。下から選んで書きましょう。

① 日本の面積 km²　② 教室の面積 m²

③ 学校の体育館の面積 m²　④ 教科書の面積 cm²

cm²・m²・km²

面積（10） 名前

1 次の色のついた部分の面積をくふうして求めましょう。

① 式 4+4+4=12　4×4+4×12=64　答え 64cm²

② 式 (35−5)×(50−5) = 1350　答え 1350m²

2 □にあてはまる数や面積の単位を書きましょう。

1m² →10倍→ 1a →10倍→ 1ha →10倍→ 1km²

1m²　100m²　10000m²　1000000m²

100倍　100倍　100倍

P.71

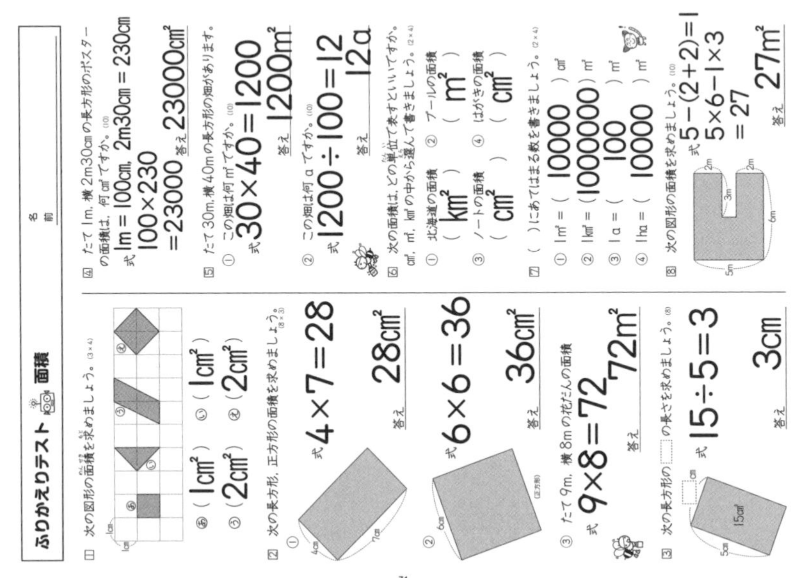

ふりかえりテスト 面積 名前

1 次の図形の面積を求めましょう。(3×4)

あ（1cm²）　い（1cm²）

う（2cm²）　え（2cm²）

2 次の長方形，正方形の面積を求めましょう。(8×3)

① 式 4×7=28　答え 28cm²

② 式 6×6=36　答え 36cm²

③ たて 9m，横 8m の花だんの面積

式 9×8=72　答え 72m²

3 次の長方形の□の長さを求めましょう。(8)

式 15÷5=3　答え 3cm

4 たて 1m，横 2m30cm の長方形のポスターの面積は，何cm²ですか。(10)

式 1m = 100cm，2m30cm = 230cm

100×230 =23000　答え 23000cm²

5 たて 30m，横 40m の長方形の畑があります。

① この畑は何m²ですか。(10)

式 30×40=1200　答え 1200m²

② この畑は何 a ですか。(10)

式 1200÷100=12　答え 12a

6 次の面積は，どの単位で表すといいですか。cm²，m²，km²の中から選んで書きましょう。(2×4)

① 北海道の面積（km²）　② プールの面積（m²）

③ ノートの面積（cm²）　④ はがきの面積（cm²）

7 （　）にあてはまる数を書きましょう。(2×4)

① 1m² =（10000）cm²

② 1km² =（1000000）m²

③ 1a =（100）m²

④ 1ha =（10000）m²

8 次の図形の面積を求めましょう。(10)

式 5−(2+2)=1　5×6−1×3 = 27　答え 27m²

P.72

小数のかけ算（1） 小数第１位×１けた　名前

① 6.1 × 8 = 48.8　② 5.9 × 5 = 29.5　③ 2.3 × 6 = 13.8　④ 3.5 × 8 = 28.0

⑤ 8.3 × 5 = 41.5　⑥ 4.4 × 7 = 30.8　⑦ 9.7 × 8 = 77.6　⑧ 7.8 × 7 = 54.6

⑨ 1.9 × 8 = 15.2　⑩ 6.8 × 7 = 47.6　⑪ 7.6 × 9 = 68.4　⑫ 9.8 × 5 = 49.0

⑬ 0.6 × 7 = 4.2　⑭ 0.4 × 9 = 3.6　⑮ 0.8 × 3 = 2.4　⑯ 0.7 × 8 = 5.6

小数のかけ算（2） 小数第１位×１けた　名前

● 筆算になおして計算しましょう。

① 8.5 × 3　25.5　② 3.4 × 8　27.2　③ 6.7 × 4　26.8　④ 2.5 × 5　12.5

⑤ 4.8 × 9　43.2　⑥ 5.4 × 7　37.8　⑦ 1.8 × 7　12.6　⑧ 0.9 × 3　2.7

⑨ 0.6 × 5　3.0　⑩ 0.5 × 5　2.5　⑪ 0.9 × 4　3.6　⑫ 0.7 × 4　2.8

めいろは，答えの大きい方をとおりましょう。とおった方の答えを下の□に書きましょう。

1.4 × 6　1.8 × 4　7.8 × 7　6.9 × 8　0.7 × 8　0.6 × 9

① 8.4　② 55.2　③ 5.6

P.73

小数のかけ算（3） 小数第１位×２けた　名前

① 8.4 × 51 = 428.4　② 3.5 × 75 = 262.5　③ 7.4 × 23 = 170.2　④ 1.9 × 42 = 79.8

⑤ 3.9 × 42 = 163.8　⑥ 8.7 × 38 = 330.6　⑦ 6.3 × 48 = 302.4　⑧ 2.6 × 52 = 135.2

⑨ 3.6 × 35 = 126.0　⑩ 5.9 × 48 = 283.2　⑪ 0.8 × 59 = 47.2　⑫ 0.9 × 37 = 33.3

⑬ 0.6 × 53 = 31.8　⑭ 0.7 × 89 = 62.3　⑮ 0.5 × 96 = 48.0　⑯ 0.4 × 67 = 26.8

小数のかけ算（4） 小数第１位×２けた　名前

● 筆算になおして計算しましょう。

① 6.4 × 53　339.2　② 8.7 × 28　243.6　③ 5.7 × 36　205.2　④ 3.6 × 48　172.8

⑤ 9.3 × 39　362.7　⑥ 1.5 × 83　124.5　⑦ 7.4 × 27　199.8　⑧ 6.8 × 33　224.4

⑨ 0.3 × 72　21.6　⑩ 0.4 × 56　22.4　⑪ 0.7 × 48　33.6　⑫ 0.5 × 28　14.0

めいろは，答えの大きい方をとおりましょう。とおった方の答えを下の□に書きましょう。

2.9 × 48　4.2 × 34　0.7 × 36　0.5 × 43　0.3 × 98　0.6 × 45　ゴール

① 142.8　② 25.2　③ 29.4

児童に実施させる前に，必ず指導される方が問題を解いてください。本書の解答は，あくまでも１つの例です。指導される方の作られた解答をもとに，本書の解答例を参考に児童の多様な考えに寄り添って○つけをお願いします。

解答

P.74

小数のかけ算（5）
小数第２位×１けた　名前

①	7.45 × 3	22.35
②	1.63 × 8	13.04
③	9.32 × 6	55.92
④	4.82 × 4	19.28
⑤	8.73 × 5	43.65
⑥	6.14 × 7	42.98
⑦	0.93 × 6	5.58
⑧	0.72 × 8	5.76
⑨	0.49 × 9	4.41
⑩	0.44 × 7	3.08
⑪	0.05 × 8	0.40
⑫	0.86 × 5	4.30
⑬	0.04 × 6	0.24
⑭	0.08 × 3	0.24
⑮	0.07 × 7	0.49
⑯	0.06 × 8	0.48

小数のかけ算（6）
小数第２位×１けた　名前

● 筆算になおして計算しましょう。

①	7.19 × 4	28.76
②	6.95 × 8	55.60
③	3.97 × 7	27.79
④	5.96 × 3	17.88
⑤	0.95 × 4	3.80
⑥	0.81 × 9	7.29
⑦	0.56 × 5	2.80
⑧	0.39 × 4	1.56
⑨	0.02 × 8	0.16
⑩	0.03 × 9	0.27
⑪	0.08 × 5	0.40
⑫	0.04 × 4	0.16

めいろは，答えの大きい方をとおりましょう。とおった方の答えを下の□に書きましょう。

9.98 × 4　8.42 × 5　0.95 × 6　0.71 × 8　0.08 × 3　0.04 × 7

① 42.1　② 5.7　③ 0.28

74

P.75

小数のかけ算（7）
小数第２位×２けた　名前

①	4.13 × 41	169.33
②	6.85 × 38	260.30
③	4.21 × 65	273.65
④	3.03 × 84	254.52
⑤	0.89 × 67	59.63
⑥	0.87 × 78	67.86
⑦	0.55 × 99	54.45
⑧	0.32 × 85	27.20
⑨	0.37 × 54	19.98
⑩	0.41 × 82	33.62
⑪	0.77 × 89	68.53
⑫	0.86 × 90	77.40
⑬	0.09 × 37	3.33
⑭	0.04 × 86	3.44
⑮	0.06 × 73	4.38
⑯	0.05 × 67	3.35

小数のかけ算（8）
小数第２位×２けた　名前

● 筆算になおして計算しましょう。

①	2.34 × 93	217.62
②	4.18 × 52	217.36
③	3.99 × 78	311.22
④	3.62 × 86	311.32
⑤	0.88 × 88	77.44
⑥	0.85 × 32	27.20
⑦	0.74 × 51	37.74
⑧	0.89 × 76	67.64
⑨	0.81 × 59	47.79
⑩	0.08 × 96	7.68
⑪	0.07 × 86	6.02
⑫	0.09 × 49	4.41

めいろは，答えの大きい方をとおりましょう。とおった方の答えを下の□に書きましょう。

スタート　3.05 × 36　5.03 × 24　0.67 × 24　0.47 × 36　0.04 × 38　0.05 × 34　ゴール

① 120.72　② 16.92　③ 1.7

75

P.76

小数のわり算（1）
小数第１位÷１けた　名前

①	5.4 ÷ 6	0.9
②	6.3 ÷ 3	2.1
③	4.8 ÷ 4	1.2
④	7.2 ÷ 4	1.8
⑤	2.8 ÷ 2	1.4
⑥	4.5 ÷ 3	1.5
⑦	9.6 ÷ 6	1.6
⑧	9.5 ÷ 5	1.9
⑨	8.1 ÷ 3	2.7
⑩	8.4 ÷ 4	2.1
⑪	8.8 ÷ 8	1.1
⑫	9.6 ÷ 4	2.4

小数のわり算（2）
小数第１位÷２けた　名前

● 筆算になおして計算しましょう。

①	52.5 ÷ 35	1.5
②	89.6 ÷ 16	5.6
③	67.2 ÷ 28	2.4
④	97.5 ÷ 39	2.5
⑤	66.5 ÷ 19	3.5
⑥	94.5 ÷ 15	6.3
⑦	59.5 ÷ 17	3.5
⑧	78.4 ÷ 28	2.8

めいろは，答えの大きい方をとおりましょう。とおった方の答えを下の□に書きましょう。

スタート　67.5 ÷ 45　75.4 ÷ 13　72.6 ÷ 66　64.8 ÷ 36　94.5 ÷ 15　70.8 ÷ 59

① 1.8　② 6.3　③ 1.2

76

P.77

小数のわり算（3）
小数第１位÷１けた　商の一の位が０　名前

①	0.8 ÷ 2	0.4
②	1.2 ÷ 4	0.3
③	0.9 ÷ 3	0.3
④	4.5 ÷ 5	0.9
⑤	5.6 ÷ 7	0.8
⑥	7.2 ÷ 8	0.9
⑦	2.8 ÷ 4	0.7
⑧	5.4 ÷ 6	0.9
⑨	3.6 ÷ 9	0.4
⑩	2.4 ÷ 6	0.4
⑪	4.2 ÷ 7	0.6
⑫	0.7 ÷ 1	0.7

小数のわり算（4）
小数第２位÷１，２けた　商の一の位が０　名前

● 筆算になおして計算しましょう。

①	1.68 ÷ 2	0.84
②	4.02 ÷ 67	0.06
③	5.64 ÷ 6	0.94
④	2.66 ÷ 38	0.07
⑤	2.88 ÷ 9	0.32
⑥	3.84 ÷ 48	0.08
⑦	3.24 ÷ 4	0.81
⑧	1.38 ÷ 23	0.06

めいろは，答えの大きい方をとおりましょう。とおった方の答えを下の□に書きましょう。

スタート　2.16 ÷ 4　4.06 ÷ 7　1.89 ÷ 63　1.68 ÷ 84　2.52 ÷ 36　1.25 ÷ 25

① 0.58　② 0.03　③ 0.07

77

解答

児童に実施させる前に，必ず指導される方が問題を解いてください。本書の解答は，あくまでも１つの例です。指導される方の作られた解答をもとに，本書の解答例を参考に児童の多様な考えに寄り添って○つけをお願いします。

P.78

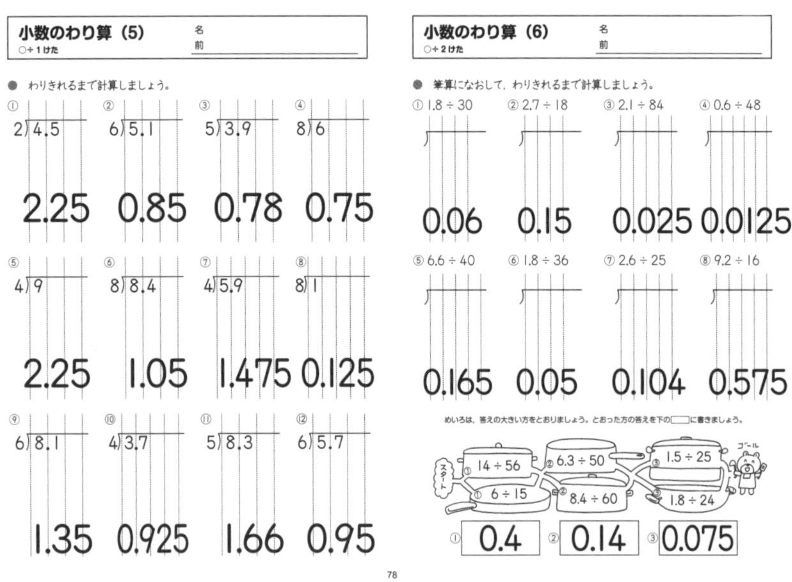

小数のわり算 (5) 名前
○÷1けた
● わりきれるまで計算しましょう。
① 2)4.5 2.25
② 6)5.1 0.85
③ 5)3.9 0.78
④ 8)6 0.75
⑤ 4)9 2.25
⑥ 8)8.4 1.05
⑦ 4)5.9 1.475
⑧ 8)1 0.125
⑨ 6)8.1 1.35
⑩ 4)3.7 0.925
⑪ 5)8.3 1.66
⑫ 6)5.7 0.95
78
小数のわり算 (6) 名前
○÷2けた
● 筆算になおして，わりきれるまで計算しましょう。
① 1.8 ÷ 30 0.06
② 2.7 ÷ 18 0.15
③ 2.1 ÷ 84 0.025
④ 0.6 ÷ 48 0.0125
⑤ 6.6 ÷ 40 0.165
⑥ 1.8 ÷ 36 0.05
⑦ 2.6 ÷ 25 0.104
⑧ 9.2 ÷ 16 0.575
14 ÷ 56
6.3 ÷ 50
1.5 ÷ 25
6 ÷ 15
8.4 ÷ 60
1.8 ÷ 24
① 0.4 ② 0.14 ③ 0.075

P.79

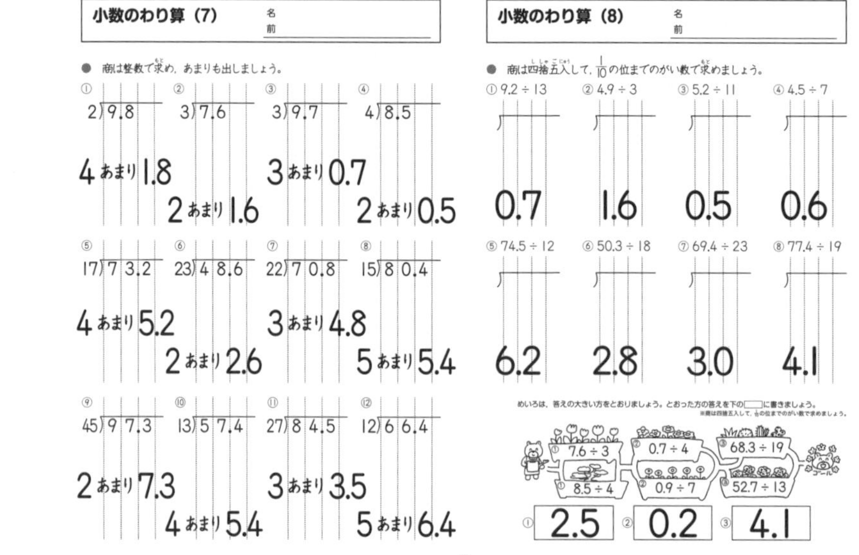

小数のわり算 (7) 名前
● 商は整数で求め，あまりも出しましょう。
① 2)9.8 4あまり1.8
② 3)7.6 2あまり1.6
③ 3)9.7 3あまり0.7
④ 4)8.5 2あまり0.5
⑤ 17)73.2 4あまり5.2
⑥ 23)48.6 2あまり2.6
⑦ 22)70.8 3あまり4.8
⑧ 15)80.4 5あまり5.4
⑨ 45)97.3 2あまり7.3
⑩ 13)57.4 4あまり5.4
⑪ 27)84.5 3あまり3.5
⑫ 12)66.4 5あまり6.4
79
小数のわり算 (8) 名前
● 商は四捨五入して，1/10の位までのがい数で求めましょう。
① 9.2 ÷ 13 0.7
② 4.9 ÷ 3 1.6
③ 5.2 ÷ 11 0.5
④ 4.5 ÷ 7 0.6
⑤ 74.5 ÷ 12 6.2
⑥ 50.3 ÷ 18 2.8
⑦ 69.4 ÷ 23 3.0
⑧ 77.4 ÷ 19 4.1
7.6 ÷ 3
0.7 ÷ 4
68.3 ÷ 19
8.5 ÷ 4
0.9 ÷ 7
52.7 ÷ 13
① 2.5 ② 0.2 ③ 4.1

P.80

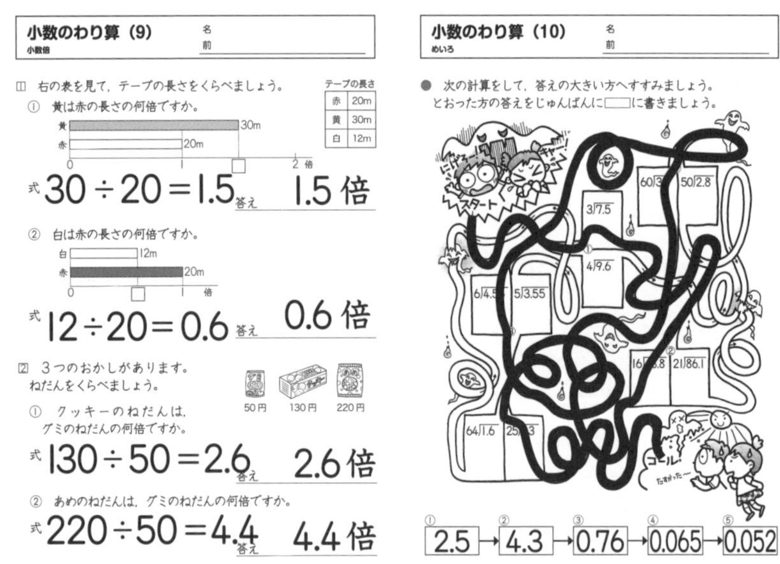

小数のわり算 (9) 名前
小数倍
① 右の表を見て，テープの長さをくらべましょう。
テープの長さ
赤 20m
黄 30m
白 12m
① 黄は赤の長さの何倍ですか。
式 30 ÷ 20 = 1.5 答え 1.5 倍
② 白は赤の長さの何倍ですか。
式 12 ÷ 20 = 0.6 答え 0.6 倍
② 3つのおかしがあります。ねだんをくらべましょう。
50円 130円 220円
① クッキーのねだんは，グミのねだんの何倍ですか。
式 130 ÷ 50 = 2.6 答え 2.6 倍
② あめのねだんは，グミのねだんの何倍ですか。
式 220 ÷ 50 = 4.4 答え 4.4 倍
80
小数のわり算 (10) 名前
めいろ
● 次の計算をして，答えの大きい方へすすみましょう。とおった方の答えをじゅんばんに□に書きましょう。
スタート
ゴール
① 2.5 → ② 4.3 → ③ 0.76 → ④ 0.065 → ⑤ 0.052

P.81

小数のかけ算・わり算 (1) 名前

① 高さが 2.4cm のさいころが 7 こあります。全部積むと高さは何 cm になりますか。

式 2.4 × 7 = 16.8

答え 16.8cm

② 4.35m のリボンを同じ長さで 5 本に分けると，1 本の長さは何 m になりますか。

式 4.35 ÷ 5 = 0.87

答え 0.87m

③ たての長さが 18.6m で，横の長さが 9m の畑があります。この畑の面積は，何 m² ですか。

式 18.6 × 9 = 167.4

答え 167.4m²

④ 91kg の米を 14 等分して箱に入れます。米 1 箱は何 kg になりますか。なお，箱の重さは 0.5kg です。

式 91 ÷ 14 = 6.5
6.5 + 0.5 = 7

答え 7kg

81

小数のかけ算・わり算 (2) 名前
がい数で答える

① 1L で 2.8m² のかべがぬれるペンキがあります。このペンキ 14L でぬれるかべの面積は何 m² ですか。四捨五入して，上から 2 けたのがい数で答えましょう。

式 2.8 × 14 = 39.2

答え 約 39m²

② 41.8dL のジュースを 23 人で等しく分けます。1 人分は何 dL になりますか。四捨五入して，上から 2 けたのがい数で答えましょう。

式 41.8 ÷ 23 = 1.81

答え 約 1.8dL

③ 1m が 9.3kg の鉄のぼうがあります。この鉄のぼう 15m の重さは，何 kg ですか。四捨五入して，上から 2 けたのがい数で答えましょう。

式 9.3 × 15 = 139.5

答え 約 140kg

④ 8m のはり金の重さをはかったら，42.2g ありました。このはり金 1m の重さは何 g ですか。四捨五入して，上から 2 けたのがい数で答えましょう。

式 42.2 ÷ 8 = 5.275

答え 約 5.3g

児童に実施させる前に，必ず指導される方が問題を解いてください。本書の解答は，あくまでも１つの例です。指導される方の作られた解答をもとに，本書の解答例を参考に児童の多様な考えに寄り添って○つけをお願いします。

解答

P.82

小数のかけ算・わり算 (3)　名前

1 1mの重さが2.43kgの鉄のぼうがあります。この鉄のぼう7mの重さは，何kgになりますか。

式 2.43 × 7 = 17.01　答え 17.01kg

2 1辺が8.45mの正方形の畑があります。この畑のまわりにさくを作ります。さくの長さは何mになりますか。

式 8.45 × 4 = 33.8　答え 33.8m

3 公園のまわりを自転車で3周走ると，7.95kmでした。公園のまわり1周は何kmですか。

式 7.95 ÷ 3 = 2.65　答え 2.65km

4 34.4dLのミルクを16人で等しく分けます。1人分は何dLになりますか。

式 34.4 ÷ 16 = 2.15　答え 2.15dL

小数のかけ算・わり算 (4)　名前

1 11.7mのひもを18等分すると，1本の長さは何mになりますか。

式 11.7 ÷ 18 = 0.65　答え 0.65m

2 25人の子どもに1人0.35Lずつお茶を分けます。お茶は全部で何Lいりますか。

式 0.35×25 = 8.75　答え 8.75L

3 1ふくろ1.6kgのさとうがあります。このさとう15ふくろを重さ0.8kgの箱につめると，箱全体では何kgになりますか。

式 1.6×15 = 24
24+0.8 = 24.8　答え 24.8kg

4 1mの重さが8gのはり金があります。このはり金35.6gは何mですか。

式 35.6 ÷ 8 = 4.45　答え 4.45m

82

P.83

小数のかけ算・わり算 (5)　名前

1 同じ重さの板が7まいあります。全部の重さは，5.95kgです。1まいの重さは何kgですか。

式 5.95 ÷ 7 = 0.85　答え 0.85kg

2 面積が33.6㎡の長方形があります。たての長さは8mです。横の長さを求めましょう。

式 33.6 ÷ 8 = 4.2　答え 4.2m

3 1mの重さが9gのはり金があります。このはり金75.6gは，何mになりますか。

式 75.6 ÷ 9 = 8.4　答え 8.4m

4 水とうには，0.39Lのお茶が入っています。さらに，1.34Lのお茶の半分をもらうことになりました。水とうのお茶は，何Lになりますか。

式 1.34 ÷ 2 = 0.67
0.39+0.67=1.06　答え 1.06L

小数のかけ算・わり算 (6)　名前

1 兄弟でジョギングをしました。兄は3.2km，弟は2km走りました。兄は弟の何倍走りましたか。

式 3.2 ÷ 2 = 1.6　答え 1.6倍

2 ペットボトルに入ったジュースとかんジュースがあります。ペットボトルには600mL，かんジュースには250mL入っています。ペットボトルのジュースの量は，かんジュースの何倍ですか。

式 600÷250 = 2.4　答え 2.4倍

3 いもほりをしました。お父さんのほったさつまいもは，かんなさんの4倍で7.4kgでした。かんなさんは何kgほりましたか。

式 7.4 ÷ 4 = 1.85　答え 1.85kg

4 図かんのねだんは2100円で，絵本のねだんは600円です。図かんのねだんは，絵本のねだんの何倍ですか。

式 2100 ÷ 600 = 3.5　答え 3.5倍

83

P.84

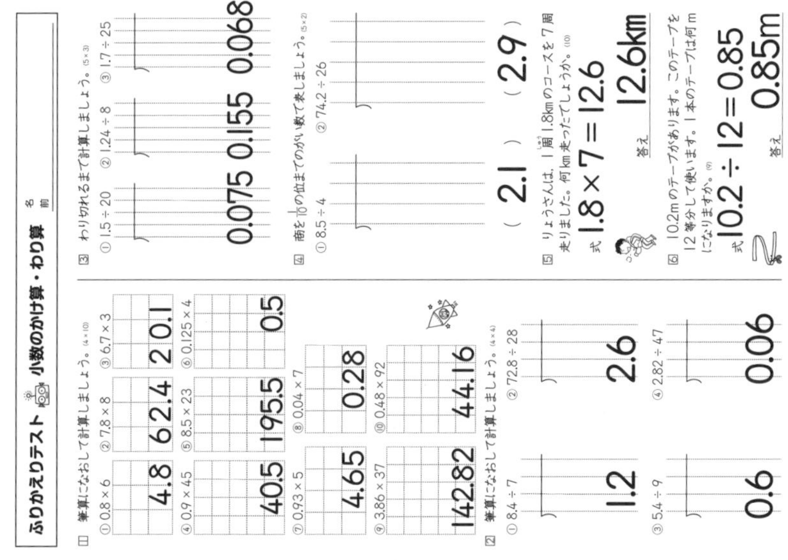

ふりかえりテスト 小数のかけ算・わり算　名前

1 筆算になおして計算しましょう。(4×10)

①0.8×6　4.8　②7.8×8　62.4　③6.7×3　20.1
④0.9×45　40.5　⑤8.5×23　195.5　⑥0.125×4　0.5
⑦0.93×5　4.65　⑧0.04×7　0.28
⑨3.86×37　142.82　⑩0.48×92　44.16

2 筆算になおして計算しましょう。(4×4)

①8.4÷7　1.2　②72.8÷28　2.6
③5.4÷9　0.6　④2.82÷47　0.06

3 わりきれるまで計算しましょう。(5×3)

①1.5÷20　0.075　②1.24÷8　0.155　③1.7÷25　0.068

4 商を$\frac{1}{10}$の位までのがい数で表しましょう。(5×2)

①8.5÷4　(2.1)　②74.2÷26　(2.9)

5 りょうさんは，1周1.8kmのコースを7周走りました。何km走ったでしょうか。(10)

式 1.8×7=12.6　答え 12.6km

6 10.2mのテープがあります。このテープを12等分して使います。1本のテープは何mになりますか。(10)

式 10.2÷12=0.85　答え 0.85m

84

P.85

変わり方調べ (1)　名前

● 18本のぼうを使って，いろいろな長方形を作ります。

① 表にまとめましょう。

たての本数（本）	1	2	3	4	5	6	7	8
横の本数（本）	8	7	6	5	4	3	2	1

② たての本数と横の本数をあわせると，できる決まった数は何ですか。　9

③ ①の表を式に表しましょう。

(たての本数) + (横の本数) = 9
1 + 8 = 9
2 + 7 = 9
3 + 6 = 9
4 + 5 = 9
5 + 4 = 9
⋮
□　○

④ たての本数を□，横の本数を○として式に表しましょう。

□ + ○ = 9

変わり方調べ (2)　名前

● 1辺が1cmの正方形をならべて，下の図のように階だんの形を作っていきます。だん数とまわりの長さの関係を調べましょう。

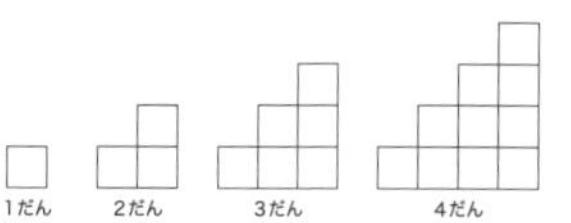

① だんの数とまわりの長さを表にまとめましょう。

だんの数（だん）	1	2	3	4	5	6
まわりの長さ（cm）	4	8	12	16	20	24

② 1だんふえるごとに，まわりの長さは何cm長くなっていますか。　4 cm

③ だんの数を□，まわりの長さを○として，関係を式に表しましょう。

□ × 4 = ○

④ だんの数□が20だんのとき，まわりの長さ○は何cmですか。

式 20 × 4 = 80　80 cm

85

解答

児童に実施させる前に，必ず指導される方が問題を解いてください。本書の解答は，あくまでも１つの例です。指導される方の作られた解答をもとに，本書の解答例を参考に児童の多様な考えに寄り添って○つけをお願いします。

P.86

変わり方調べ (3)

名前

1 下の図のように，正三角形の１辺の長さを変えていきます。

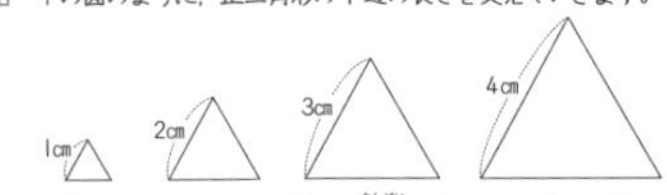

① １辺の長さとまわりの長さの関係を表にまとめましょう。

１辺の長さ (cm)	1	2	3	4	5	6
まわりの長さ (cm)	3	6	9	12	15	18

② １辺の長さを□cm，まわりの長さを○cmとして式に表しましょう。

□ × 3 = ○

2 長さ1cmのひごを，下の図のように三角形にならべていきます。

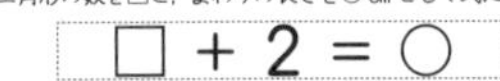

① 三角形の数とまわりの長さの関係を表にまとめましょう。

三角形の数 (こ)	1	2	3	4	5	6
まわりの長さ (cm)	3	4	5	6	7	8

② 三角形の数を□こ，まわりの長さを○cmとして式に表しましょう。

□ + 2 = ○

変わり方調べ (4)

名前

● 下の表は，0.5kgの水そうに水を入れたときの水のかさと全体の重さを表したものです。

水のかさ (L)	1	2	3	4	5	6
重さ (kg)	1.5	2.5	3.5	4.5	5.5	6.5

① 水のかさと重さの関係を折れ線グラフにかきましょう。

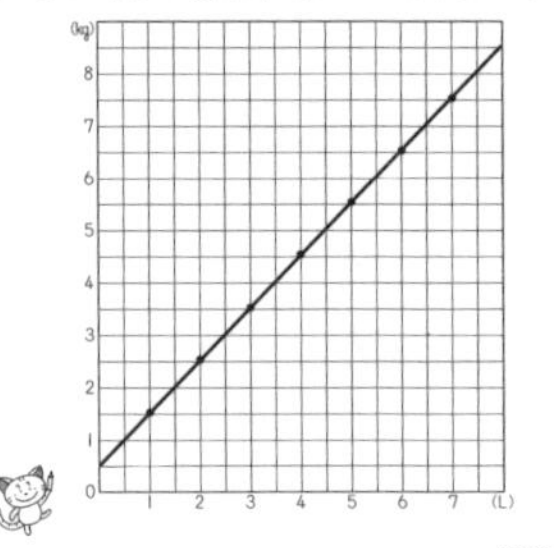

② 水を7L入れたとき，重さは何kgになりますか。 7.5 kg

③ 水を4.5L入れたとき，重さは何kgになりますか。 5 kg

86

P.87

分数 (1)

名前

1 ジュースのかさは，何Lでしょうか。

① 下の図のかさを帯分数で答えましょう。

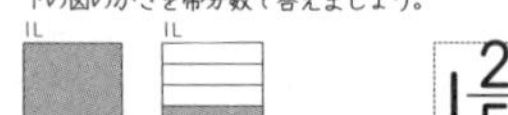

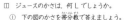

$1\frac{2}{5}$ L

② 下の図のように考えると，何Lでしょうか。仮分数で答えましょう。

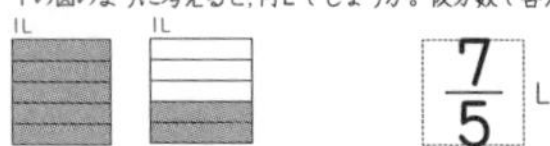

$\frac{7}{5}$ L

2 下の色のついたテープの長さは何mでしょうか。

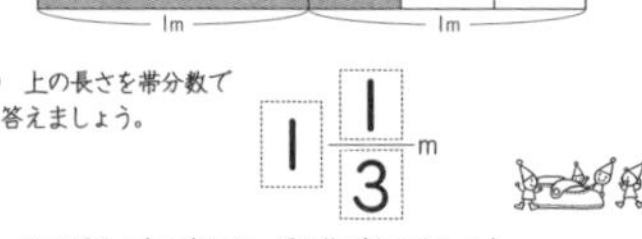

① 上の長さを帯分数で答えましょう。

$1\frac{1}{3}$ m

② 下の図のように考えて，仮分数で表しましょう。

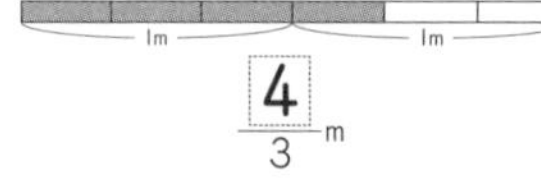

$\frac{4}{3}$ m

分数 (2)

名前

1 次の長さやかさの分だけ，色をぬりましょう。

① $\frac{5}{3}$ m

② $1\frac{3}{4}$ m

③ $\frac{5}{4}$ L

④ $1\frac{4}{5}$ L

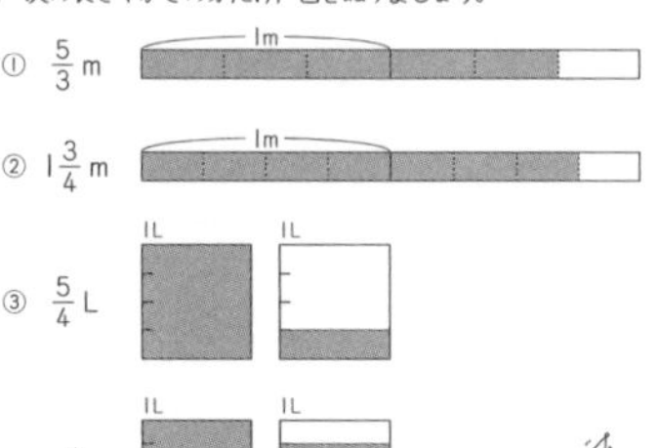

2 次の□にあてはまる数を書きましょう。

① 1を2こと，$\frac{1}{5}$を3こ集めた数は，$2\frac{3}{5}$です。

② $\frac{7}{4}$は，$\frac{1}{4}$を 7 こ集めた数です。

③ $\frac{1}{3}$を 3 こ集めると，1になります。

87

P.88

分数 (3)

名前

● 次の数直線の分数を帯分数と仮分数で表しましょう。

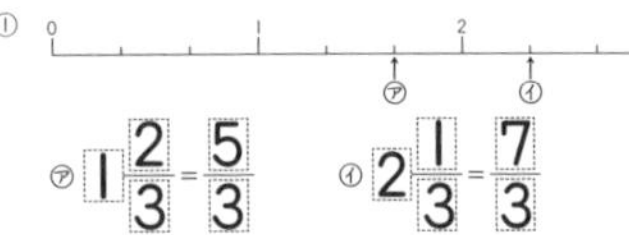

① ㋐ $1\frac{2}{3} = \frac{5}{3}$　㋑ $2\frac{1}{3} = \frac{7}{3}$

② ㋒ $1\frac{2}{5} = \frac{7}{5}$　㋓ $1\frac{4}{5} = \frac{9}{5}$　㋔ $3\frac{3}{5} = \frac{18}{5}$

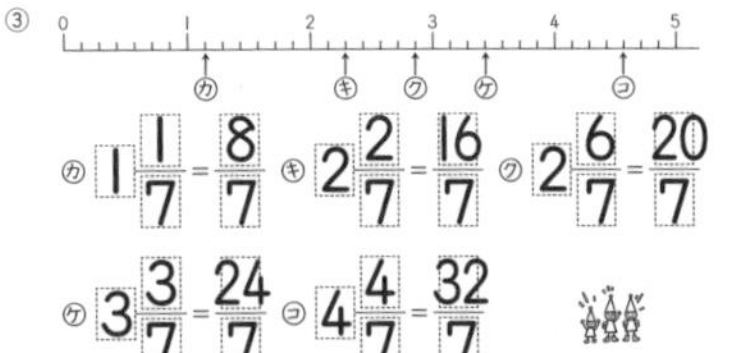

③ ㋕ $1\frac{1}{7} = \frac{8}{7}$　㋖ $2\frac{2}{7} = \frac{16}{7}$　㋗ $2\frac{6}{7} = \frac{20}{7}$　㋘ $3\frac{3}{7} = \frac{24}{7}$　㋙ $4\frac{4}{7} = \frac{32}{7}$

分数 (4)

名前

1 次の仮分数を，帯分数か整数になおしましょう。

① $\frac{9}{2} = 4\frac{1}{2}$　② $\frac{7}{3} = 2\frac{1}{3}$　③ $\frac{8}{4} = 2$

④ $\frac{12}{5} = 2\frac{2}{5}$　⑤ $\frac{22}{7} = 3\frac{1}{7}$　⑥ $\frac{40}{8} = 5$

2 次の帯分数を仮分数になおしましょう。

① $2\frac{1}{2} = \frac{5}{2}$　② $3\frac{2}{3} = \frac{11}{3}$　③ $4\frac{2}{5} = \frac{22}{5}$

④ $1\frac{2}{9} = \frac{11}{9}$　⑤ $3\frac{1}{4} = \frac{13}{4}$　⑥ $2\frac{7}{8} = \frac{23}{8}$

3 □に不等号を書きましょう。

① $\frac{8}{2} > 3\frac{1}{2}$　② $3\frac{3}{4} > \frac{14}{4}$

めいろは，答えの大きい方をとおりましょう。とおった方の答えを下の□に書きましょう。

① $3\frac{2}{3}$　② $\frac{18}{7}$　③ $2\frac{5}{6}$　④ $\frac{23}{4}$

88

P.89

分数 (5)

名前

● 下の数直線をみて答えましょう。

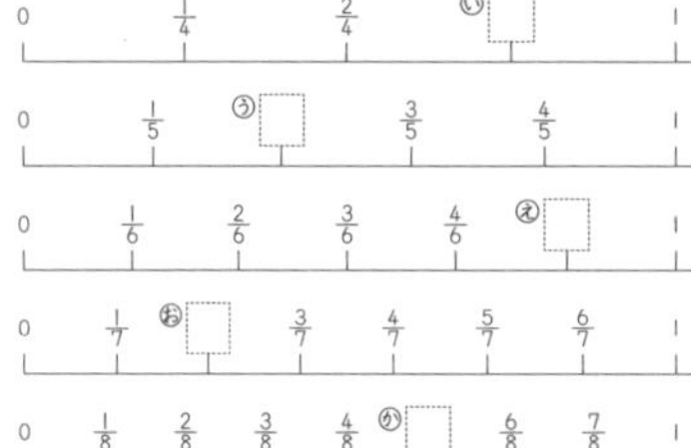

① ㋐～㋗にあてはまる分数を書きましょう。

㋐ $\frac{2}{3}$　㋑ $\frac{3}{4}$　㋒ $\frac{2}{5}$　㋓ $\frac{5}{6}$

㋔ $\frac{2}{7}$　㋕ $\frac{5}{8}$　㋖ $\frac{4}{9}$　㋗ $\frac{9}{10}$

② 左の数直線で，次の分数と同じ大きさの分数を全部書きましょう。

$\frac{1}{2} = \frac{2}{4}\ \frac{3}{6}\ \frac{4}{8}\ \frac{5}{10}$

$\frac{1}{3} = \frac{2}{6}\ \frac{3}{9}$　$\frac{4}{5} = \frac{8}{10}$

めいろは，答えの大きい方をとおりましょう。とおった方の答えを下の□に書きましょう。

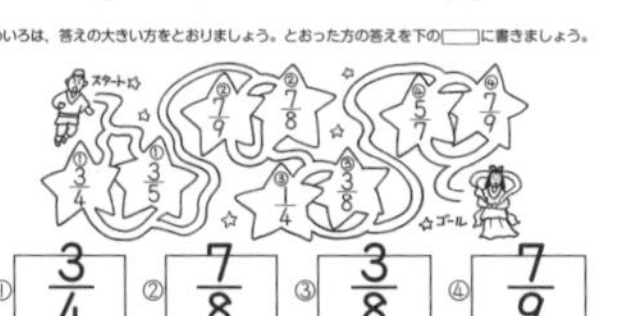

① $\frac{3}{4}$　② $\frac{7}{8}$　③ $\frac{3}{8}$　④ $\frac{7}{9}$

89

児童に実施させる前に，必ず指導される方が問題を解いてください。本書の解答は，あくまでも１つの例です。指導される方の作られた解答をもとに，本書の解答例を参考に児童の多様な考えに寄り添って○つけをお願いします。

P.90

分数（6）

たし算　仮，真分数＋仮，真分数

名前

● 計算をしましょう。

① $\frac{2}{3}+\frac{2}{3}$　$\frac{4}{3}\left(1\frac{1}{3}\right)$　② $\frac{2}{4}+\frac{3}{4}$　$\frac{5}{4}\left(1\frac{1}{4}\right)$

③ $\frac{3}{4}+\frac{6}{4}$　$\frac{9}{4}\left(2\frac{1}{4}\right)$　④ $\frac{4}{3}+\frac{8}{3}$　4

⑤ $\frac{2}{5}+\frac{4}{5}$　$\frac{6}{5}\left(1\frac{1}{5}\right)$　⑥ $\frac{4}{6}+\frac{5}{6}$　$\frac{9}{6}\left(1\frac{3}{6}\right)$

⑦ $\frac{10}{6}+\frac{3}{6}$　$\frac{13}{6}\left(2\frac{1}{6}\right)$　⑧ $\frac{3}{5}+\frac{6}{5}$　$\frac{9}{5}\left(1\frac{4}{5}\right)$

⑨ $\frac{6}{7}+\frac{5}{7}$　$\frac{11}{7}\left(1\frac{4}{7}\right)$　⑩ $\frac{15}{8}+\frac{11}{8}$　$\frac{26}{8}\left(3\frac{2}{8}\right)$

⑪ $\frac{10}{8}+\frac{6}{8}$　2　⑫ $\frac{2}{6}+\frac{5}{6}$　$\frac{7}{6}\left(1\frac{1}{6}\right)$

⑬ $\frac{14}{9}+\frac{13}{9}$　3　⑭ $\frac{8}{9}+\frac{4}{9}$　$\frac{12}{9}\left(1\frac{3}{9}\right)$

90

分数（7）

たし算　帯分数＋帯，真分数（くり上がりなし）

名前

● 計算をしましょう。

① $3\frac{1}{3}+2\frac{1}{3}$　$5\frac{2}{3}$　② $3\frac{1}{5}+3\frac{3}{5}$　$6\frac{4}{5}$

③ $4\frac{2}{4}+3\frac{1}{4}$　$7\frac{3}{4}$　④ $1\frac{1}{5}+4\frac{2}{5}$　$5\frac{3}{5}$

⑤ $2\frac{3}{8}+1\frac{1}{8}$　$3\frac{4}{8}$　⑥ $1\frac{4}{9}+2\frac{3}{9}$　$3\frac{7}{9}$

⑦ $4\frac{3}{7}+3\frac{2}{7}$　$7\frac{5}{7}$　⑧ $2\frac{4}{6}+7\frac{1}{6}$　$9\frac{5}{6}$

⑨ $4\frac{3}{5}+6\frac{1}{5}$　$10\frac{4}{5}$　⑩ $1\frac{5}{9}+4\frac{2}{9}$　$5\frac{7}{9}$

⑪ $1\frac{2}{6}+4\frac{3}{6}$　$5\frac{5}{6}$　⑫ $2\frac{3}{8}+2\frac{4}{8}$　$4\frac{7}{8}$

めいろは，答えの大きい方をとおりましょう。とおった方の答えを下の□に書きましょう。

スタート　① $2\frac{2}{4}+1\frac{1}{4}$　① $1\frac{1}{4}+2\frac{1}{4}$　② $1\frac{2}{9}+2\frac{2}{9}$　② $2\frac{4}{9}+1\frac{1}{9}$　③ $1\frac{2}{7}+3\frac{3}{7}$　③ $2\frac{4}{7}+2\frac{2}{7}$　ゴール

① $3\frac{3}{4}$　② $3\frac{5}{9}$　③ $4\frac{6}{7}$

P.91

分数（8）

たし算　帯分数＋帯，真分数（くり上がりあり）

名前

● 計算をしましょう。

① $1\frac{7}{8}+\frac{4}{8}$　$2\frac{3}{8}$　② $2\frac{3}{4}+\frac{1}{4}$　3

③ $5\frac{3}{5}+2\frac{4}{5}$　$8\frac{2}{5}$　④ $4\frac{2}{3}+\frac{2}{3}$　$5\frac{1}{3}$

⑤ $2\frac{4}{5}+\frac{4}{5}$　$3\frac{3}{5}$　⑥ $2\frac{5}{7}+1\frac{3}{7}$　$4\frac{1}{7}$

⑦ $5\frac{2}{6}+\frac{5}{6}$　$6\frac{1}{6}$　⑧ $1\frac{7}{8}+2\frac{3}{8}$　$4\frac{2}{8}$

⑨ $4\frac{7}{9}+3\frac{8}{9}$　$8\frac{6}{9}$　⑩ $1\frac{5}{8}+\frac{6}{8}$　$2\frac{3}{8}$

⑪ $3\frac{3}{7}+1\frac{6}{7}$　$5\frac{2}{7}$　⑫ $5\frac{5}{6}+2\frac{3}{6}$　$8\frac{2}{6}$

⑬ $6\frac{3}{10}+\frac{7}{10}$　7　⑭ $3\frac{1}{9}+5\frac{8}{9}$　9

91

分数（9）

たし算　いろいろな型

名前

● 計算をしましょう。

① $2\frac{3}{4}+1\frac{3}{4}$　$4\frac{2}{4}$　② $2\frac{2}{3}+\frac{1}{3}$　3

③ $6+2\frac{2}{5}$　$8\frac{2}{5}$　④ $2\frac{5}{8}+4\frac{5}{8}$　$7\frac{2}{8}$

⑤ $3\frac{6}{7}+\frac{4}{7}$　$4\frac{3}{7}$　⑥ $5\frac{2}{9}+1\frac{8}{9}$　$7\frac{1}{9}$

⑦ $4\frac{4}{8}+5\frac{5}{8}$　$10\frac{1}{8}$　⑧ $2\frac{4}{5}+7$　$9\frac{4}{5}$

⑨ $2\frac{1}{2}+7\frac{1}{2}$　10　⑩ $6\frac{2}{7}+1\frac{4}{7}$　$7\frac{6}{7}$

⑪ $3\frac{1}{6}+6$　$9\frac{1}{6}$　⑫ $4\frac{9}{10}+5$　$9\frac{9}{10}$

めいろは，答えの大きい方をとおりましょう。とおった方の答えを下の□に書きましょう。

スタート　① $1\frac{3}{8}+2\frac{4}{8}$　① $3\frac{1}{8}+\frac{7}{8}$　② $2\frac{3}{5}+1\frac{3}{5}$　② $\frac{3}{5}+3\frac{1}{5}$　③ $4\frac{7}{9}+2$　③ $3\frac{5}{9}+3\frac{1}{9}$　ゴール

① 4　② $4\frac{1}{5}$　③ $6\frac{7}{9}$

P.92

分数（10）

ひき算　真，仮分数－真，仮分数

名前

● 計算をしましょう。

① $\frac{6}{7}-\frac{2}{7}$　$\frac{4}{7}$　② $\frac{11}{9}-\frac{3}{9}$　$\frac{8}{9}$

③ $\frac{8}{5}-\frac{6}{5}$　$\frac{2}{5}$　④ $\frac{5}{8}-\frac{1}{8}$　$\frac{4}{8}$

⑤ $\frac{13}{6}-\frac{8}{6}$　$\frac{5}{6}$　⑥ $\frac{10}{8}-\frac{5}{8}$　$\frac{5}{8}$

⑦ $\frac{15}{9}-\frac{14}{9}$　$\frac{1}{9}$　⑧ $\frac{10}{4}-\frac{7}{4}$　$\frac{3}{4}$

⑨ $\frac{9}{5}-\frac{2}{5}$　$\frac{7}{5}\left(1\frac{2}{5}\right)$　⑩ $\frac{15}{8}-\frac{7}{8}$　1

⑪ $\frac{12}{9}-\frac{2}{9}$　$\frac{10}{9}\left(1\frac{1}{9}\right)$　⑫ $\frac{24}{10}-\frac{4}{10}$　2

⑬ $\frac{9}{6}-\frac{3}{6}$　1　⑭ $\frac{16}{7}-\frac{8}{7}$　$\frac{8}{7}\left(1\frac{1}{7}\right)$

92

分数（11）

ひき算　帯分数－帯，真分数（くり下がりなし）

名前

● 計算をしましょう。

① $3\frac{2}{3}-\frac{1}{3}$　$3\frac{1}{3}$　② $6\frac{4}{5}-\frac{2}{5}$　$6\frac{2}{5}$

③ $4\frac{6}{7}-\frac{5}{7}$　$4\frac{1}{7}$　④ $2\frac{5}{6}-\frac{2}{6}$　$2\frac{3}{6}$

⑤ $1\frac{4}{5}-\frac{3}{5}$　$1\frac{1}{5}$　⑥ $9\frac{7}{9}-\frac{5}{9}$　$9\frac{2}{9}$

⑦ $3\frac{3}{4}-1\frac{2}{4}$　$2\frac{1}{4}$　⑧ $2\frac{6}{7}-1\frac{2}{7}$　$1\frac{4}{7}$

⑨ $5\frac{8}{9}-3\frac{6}{9}$　$2\frac{2}{9}$　⑩ $4\frac{6}{7}-2\frac{5}{7}$　$2\frac{1}{7}$

⑪ $3\frac{5}{6}-1\frac{1}{6}$　$2\frac{4}{6}$　⑫ $2\frac{7}{8}-1\frac{2}{8}$　$1\frac{5}{8}$

めいろは，答えの大きい方をとおりましょう。とおった方の答えを下の□に書きましょう。

スタート　① $4\frac{2}{3}-\frac{1}{3}$　① $5\frac{2}{3}-2\frac{1}{3}$　② $7\frac{8}{9}-\frac{1}{9}$　② $8\frac{5}{9}-1\frac{3}{9}$　③ $5\frac{7}{8}-2\frac{3}{8}$　③ $4\frac{6}{8}-1\frac{1}{8}$　ゴール

① $4\frac{1}{3}$　② $7\frac{7}{9}$　③ $3\frac{5}{8}$

P.93

分数（12）

ひき算　帯分数－帯，真分数（くり下がりあり）

名前

● 計算をしましょう。

① $4\frac{2}{5}-\frac{3}{5}$　$3\frac{4}{5}$　② $5\frac{2}{7}-\frac{5}{7}$　$4\frac{4}{7}$

③ $4\frac{1}{6}-\frac{2}{6}$　$3\frac{5}{6}$　④ $4\frac{1}{4}-\frac{3}{4}$　$3\frac{2}{4}$

⑤ $3\frac{1}{8}-\frac{3}{8}$　$2\frac{6}{8}$　⑥ $9\frac{4}{9}-\frac{7}{9}$　$8\frac{6}{9}$

⑦ $3\frac{1}{7}-2\frac{4}{7}$　$\frac{4}{7}$　⑧ $7\frac{2}{8}-1\frac{7}{8}$　$5\frac{3}{8}$

⑨ $5\frac{1}{6}-1\frac{5}{6}$　$3\frac{2}{6}$　⑩ $4\frac{3}{5}-2\frac{4}{5}$　$1\frac{4}{5}$

⑪ $6\frac{2}{9}-4\frac{5}{9}$　$1\frac{6}{9}$　⑫ $3\frac{3}{10}-\frac{9}{10}$　$2\frac{4}{10}$

⑬ $2\frac{3}{8}-1\frac{5}{8}$　$\frac{6}{8}$　⑭ $8\frac{3}{7}-2\frac{6}{7}$　$5\frac{4}{7}$

93

分数（13）

ひき算　いろいろな型

名前

● 計算をしましょう。

① $\frac{13}{5}-\frac{11}{5}$　$\frac{2}{5}$　② $2\frac{4}{6}-\frac{5}{6}$　$1\frac{5}{6}$

③ $3\frac{3}{7}-2$　$1\frac{3}{7}$　④ $5\frac{1}{8}-2\frac{7}{8}$　$2\frac{2}{8}$

⑤ $4\frac{7}{9}-2\frac{5}{9}$　$2\frac{2}{9}$　⑥ $5\frac{1}{6}-3$　$2\frac{1}{6}$

⑦ $1-\frac{1}{2}$　$\frac{1}{2}$　⑧ $2-\frac{1}{3}$　$1\frac{2}{3}$

⑨ $6\frac{1}{4}-5\frac{3}{4}$　$\frac{2}{4}$　⑩ $4\frac{6}{7}-1\frac{4}{7}$　$3\frac{2}{7}$

⑪ $3-\frac{1}{9}$　$2\frac{8}{9}$　⑫ $7\frac{3}{5}-3\frac{4}{5}$　$3\frac{4}{5}$

めいろは，答えの大きい方をとおりましょう。とおった方の答えを下の□に書きましょう。

スタート　① $5\frac{2}{4}-2\frac{1}{4}$　① $4\frac{3}{4}-1\frac{3}{4}$　② $3\frac{2}{5}-\frac{4}{5}$　② $4\frac{3}{5}-1\frac{1}{5}$　③ $5\frac{1}{8}-2\frac{7}{8}$　③ $3-\frac{3}{8}$　ゴール

① $3\frac{1}{4}$　② $3\frac{2}{5}$　③ $2\frac{5}{8}$

解答

児童に実施させる前に，必ず指導される方が問題を解いてください。本書の解答は，あくまでも１つの例です。指導される方の作られた解答をもとに，本書の解答例を参考に児童の多様な考えに寄り添って○つけをお願いします。

P.94

分数 (14) 文章題① 名前

① 麦茶が $3\frac{2}{4}$ L ありました。みんなが飲んだので，残りは $1\frac{1}{4}$ L になりました。みんなで何 L 飲みましたか。

式 $3\frac{2}{4}-1\frac{1}{4}=2\frac{1}{4}$　答え $2\frac{1}{4}$ L

③ $2\frac{2}{7}$ dL のオレンジジュースと $1\frac{4}{7}$ dL のマンゴージュースをあわせてミックスジュースを作ります。全部で何 dL になりますか。

式 $2\frac{2}{7}+1\frac{4}{7}=3\frac{6}{7}$　答え $3\frac{6}{7}$ dL

② 赤いリボンは $4\frac{4}{5}$ m あります。白いリボンは，$2\frac{3}{5}$ m あります。

① どちらのリボンの方が何 m 長いですか。

式 $4\frac{4}{5}-2\frac{3}{5}=2\frac{1}{5}$　答え 赤いリボンの方が $2\frac{1}{5}$ m 長い

② ２本のリボンをつなぐと，何 m になりますか。（つなぎ目の長さは考えません。）

式 $4\frac{4}{5}+2\frac{3}{5}=7\frac{2}{5}$　答え $7\frac{2}{5}$ m

分数 (15) 文章題② 名前

① $3\frac{2}{3}$ kg のすいかを $\frac{2}{3}$ kg の箱に入れました。全部の重さは何 kg ですか。

式 $3\frac{2}{3}+\frac{2}{3}=4\frac{1}{3}$　答え $4\frac{1}{3}$ kg

② $8\frac{4}{9}$ m² の畑があります。$3\frac{8}{9}$ m² にトマトを植えました。残っている畑の面積は何 m² ですか。

式 $8\frac{4}{9}-3\frac{8}{9}=4\frac{5}{9}$　答え $4\frac{5}{9}$ m²

③ 紙パックの牛にゅう $1\frac{2}{7}$ L と，びんの牛にゅうをあわせると，2L になりました。びんには何 L 入っていましたか。

式 $2-1\frac{2}{7}=\frac{5}{7}$　答え $\frac{5}{7}$ L

④ A のロープが $\frac{3}{5}$ m，B のロープが $2\frac{2}{5}$ m あります。ちがいは何 m になりますか。

式 $2\frac{2}{5}-\frac{3}{5}=1\frac{4}{5}$　答え $1\frac{4}{5}$ m

94

P.95

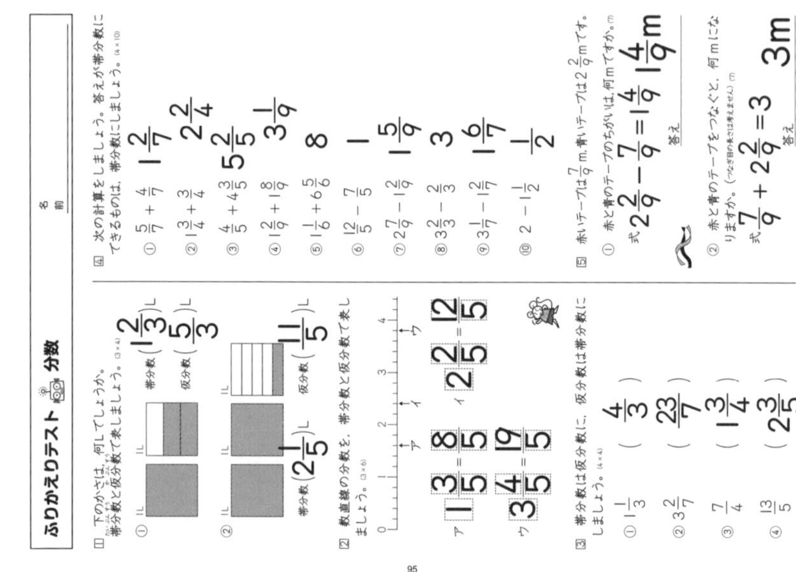

ふりかえりテスト 分数 名前

① 下のかさは，何 L でしょうか。帯分数と仮分数で表しましょう。

① 帯分数 ($1\frac{2}{3}$) L　仮分数 ($\frac{5}{3}$) L

② 帯分数 ($2\frac{1}{5}$) L　仮分数 ($\frac{11}{5}$) L

② 数直線の分数を，帯分数と仮分数で表しましょう。

ア $1\frac{3}{5}=\frac{8}{5}$　イ $2\frac{2}{5}=\frac{12}{5}$　ウ $3\frac{4}{5}=\frac{19}{5}$

③ 帯分数は仮分数に，仮分数は帯分数にしましょう。

① $1\frac{1}{3}$ ($\frac{4}{3}$)　② $3\frac{2}{7}$ ($\frac{23}{7}$)　③ $\frac{7}{4}$ ($1\frac{3}{4}$)　④ $\frac{13}{5}$ ($2\frac{3}{5}$)

④ 次の計算をしましょう。答えが帯分数にできるものは，帯分数にしましょう。

① $\frac{5}{7}+\frac{4}{7}=1\frac{2}{7}$
② $1\frac{3}{4}+\frac{3}{4}=2\frac{2}{4}$
③ $\frac{4}{5}+4\frac{3}{5}=5\frac{2}{5}$
④ $1\frac{2}{9}+1\frac{8}{9}=3\frac{1}{9}$
⑤ $1\frac{1}{6}+6\frac{5}{6}=8$
⑥ $\frac{12}{5}-\frac{7}{5}=1$
⑦ $2\frac{7}{9}-1\frac{2}{9}=1\frac{5}{9}$
⑧ $3\frac{2}{3}-\frac{2}{3}=3$
⑨ $3\frac{1}{7}-1\frac{2}{7}=1\frac{6}{7}$
⑩ $2-1\frac{1}{2}=\frac{1}{2}$

⑤ 赤いテープは $\frac{7}{9}$ m，青いテープは $2\frac{2}{9}$ m です。

① 赤と青のテープのちがいは，何 m ですか。

式 $2\frac{2}{9}-\frac{7}{9}=1\frac{4}{9}$　答え $1\frac{4}{9}$ m

② 赤と青のテープをつなぐと，何 m になりますか。（つなぎ目の長さは考えません。）

式 $\frac{7}{9}+2\frac{2}{9}=3$　答え 3m

95

P.96

直方体と立方体 (1) 名前

① 次の（　）にあうことばを下の□から選んで書きましょう。

① 長方形だけで囲まれている形や，長方形や正方形で囲まれた形を（直方体）といいます。

② 正方形だけで囲まれた形を（立方体）といいます。

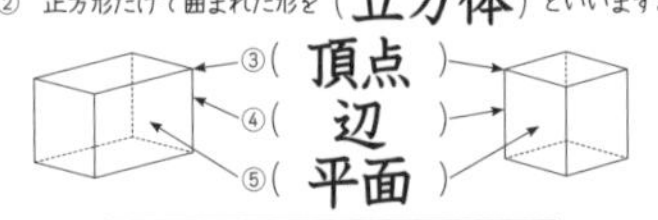

③（頂点）
④（辺）
⑤（平面）

立方体・直方体・頂点・辺・平面

② 上の直方体・立方体について調べましょう。

① 面・辺・頂点のそれぞれの数を表にまとめましょう。

	面の数	辺の数	頂点の数
直方体	6	12	8
立方体	6	12	8

② 直方体には同じ形の面はいくつずつありますか。（2）こずつ

③ 直方体には同じ長さの辺が何本ずつありますか。（4）本ずつ

直方体と立方体 (2) 名前

① 直方体の展開図で正しいのはどれでしょうか。正しい図の記号を○で囲みましょう。

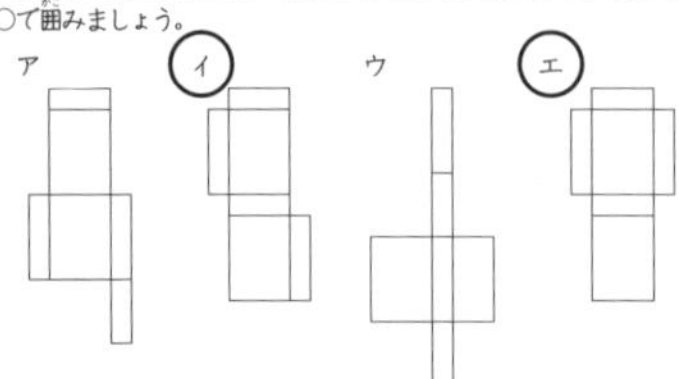

② 右の展開図を組み立てます。問いに答えましょう。

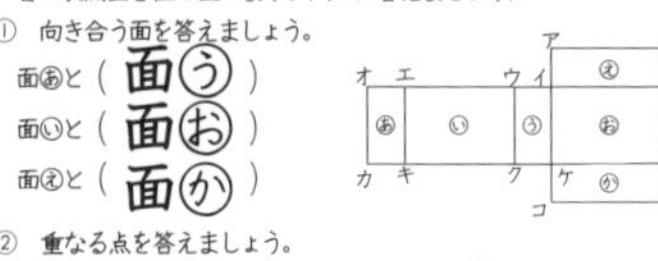

① 向き合う面を答えましょう。

面あと（面う）
面いと（面お）
面えと（面か）

② 重なる点を答えましょう。

点アと（点ウ）　点キと（点サ）

③ 重なる辺を答えましょう。

辺アイと（辺ウイ）　辺エウと（辺セア）
辺カキと（辺シサ）

96

P.97

直方体と立方体 (3) 名前

● 右の直方体の展開図の続きをかきましょう。

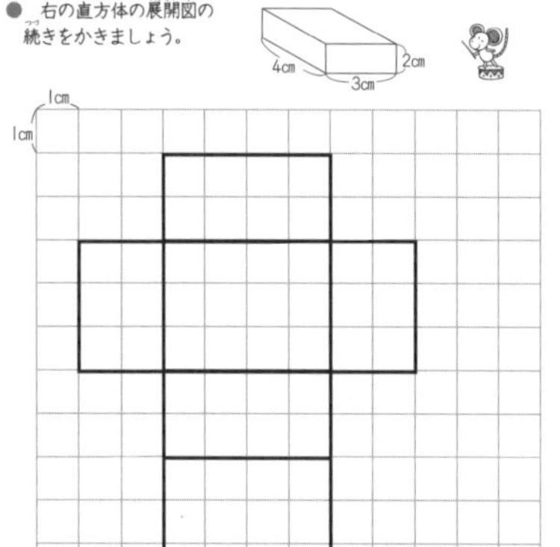

直方体と立方体 (4) 名前

① １辺が 2cm の立方体の展開図の続きを２通りかきましょう。

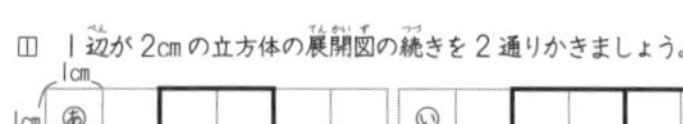

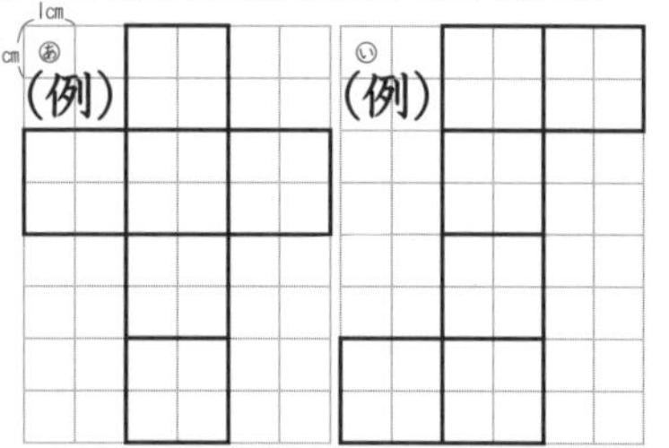

② 立方体の展開図を組み立てます。

① 向き合う面を答えましょう。

面あと（面う）
面いと（面え）

② 重なる点を答えましょう。

点アと（点ウ）　点オと（点キ）と（点サ）

③ 重なる辺を答えましょう。

辺アイと（辺ウイ）　辺エオと（辺シサ）
辺キクと（辺サコ）

97

P.98

直方体と立方体 (5)
面と面の垂直・平行

名前

1 右の直方体について，面と面について調べましょう。

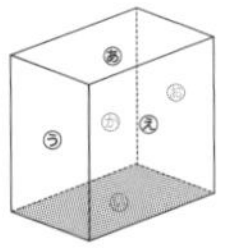

① 面いに垂直な面を４つ書きましょう。

(面う) (面え)

(面お) (面か)

② 平行な面は何組ありますか。

(3組)

2 右の立方体について，面と面について調べましょう。

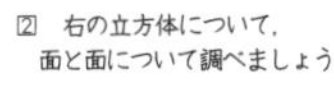

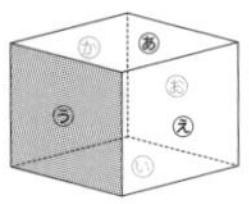

① 面うに垂直な面を４つ書きましょう。

(面あ) (面い)

(面え) (面か)

② 面えに平行な面を書きましょう。 (面か)

③ 平行な面は何組ありますか。 (3組)

直方体と立方体 (6)
辺と辺の垂直・平行

名前

1 次の直方体で，辺と辺の関係について調べましょう。

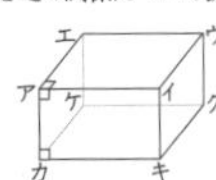

① 辺アカに垂直な辺は何本ありますか。 (4本)

② 辺アイに平行な辺を３本書きましょう。

(辺エウ) (辺ケク) (辺カキ)

2 次の立方体で，辺と辺の関係について調べましょう。

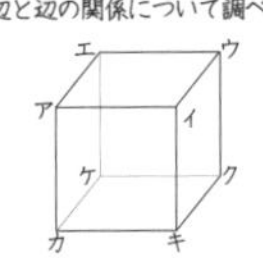

① 辺アエに垂直な辺を４本書きましょう。

(辺アイ) (辺エウ) (辺アカ) (辺エケ)

② 辺アカに平行な辺を３本書きましょう。

(辺イキ) (辺ウク) (辺エケ)

P.99

直方体と立方体 (7)
面と辺の垂直・平行

名前

1 右の直方体で，面と辺の関係について調べましょう。

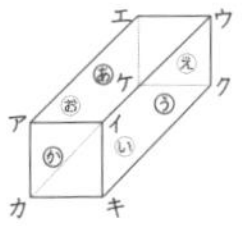

① 面あに垂直な辺を４本書きましょう。

(辺アカ) (辺イキ)

(辺ウク) (辺エケ)

② 面あに平行な辺を４本書きましょう。

(辺カキ) (辺ケク) (辺キク) (辺カケ)

③ 面かに平行な辺は何本ありますか。 (4本)

2 右の立方体で，面と辺の関係について調べましょう。

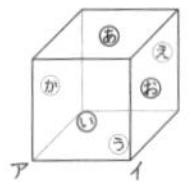

① 辺アイに垂直な面を２つ書きましょう。

(面お) (面か)

② 辺アイに平行な面を２つ書きましょう。

(面あ) (面え)

直方体と立方体 (8)

名前

● 下の①〜③の直方体や立方体の見取図の続きをかきましょう。
(見えない線は，点線でかきましょう。)

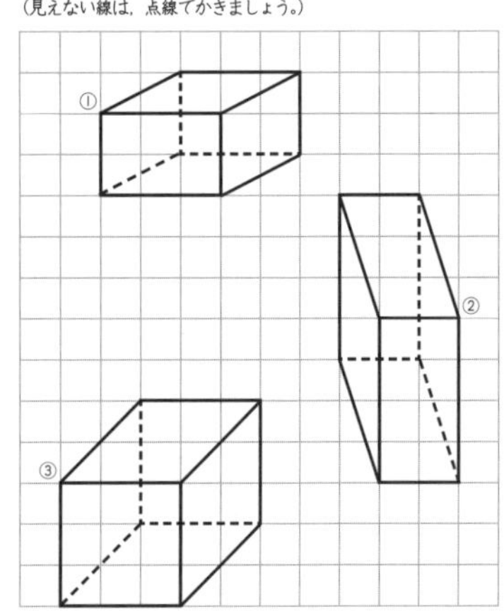

P.100

直方体と立方体 (9)

名前

1 下の図で，こん虫の位置を（例）にならって書きましょう。

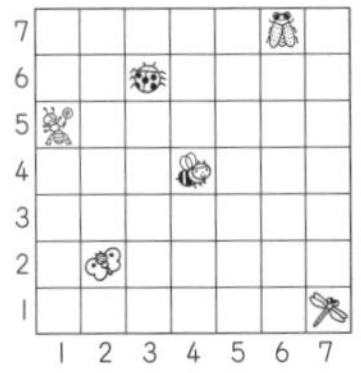

(例) てんとうむしの位置 (3の6)

① ありの位置 (1の5)

② ちょうの位置 (2の2)

③ はちの位置 (4の4)

④ せみの位置 (6の7)

⑤ とんぼの位置 (7の1)

2 下の図で，●の位置は（1の2）と表します。
次の①〜⑥の位置を同じように表しましょう。

① ○ (3の4)

② ★ (5の7)

③ △ (4の1)

④ ▲ (6の0)

⑤ ◇ (7の5)

⑥ ■ (2の6)

直方体と立方体 (10)

名前

● はたが立っている位置をもとにして，動物たちはどこにいるといえばよいでしょうか。

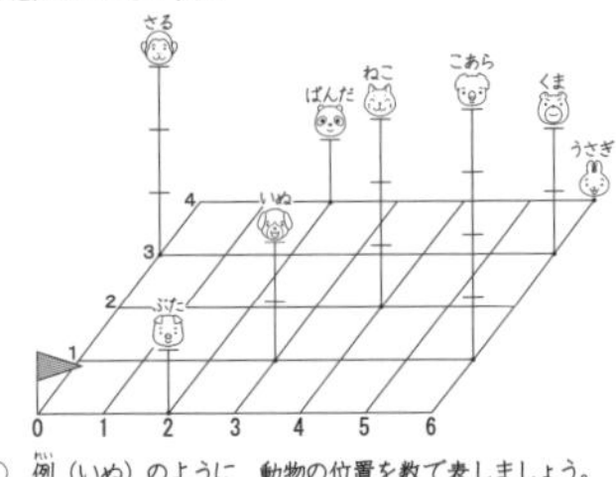

① 例（いぬ）のように，動物の位置を数で表しましょう。

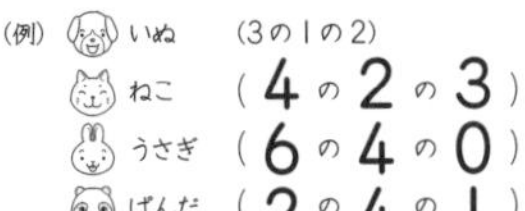

(例) いぬ (3の1の2)

ねこ (4の2の3)

うさぎ (6の4の0)

ぱんだ (2の4の1)

② (6の1の4) にいる動物は何ですか。 (こあら)

③ (2の0の1) にいる動物は何ですか。 (ぶた)

④ (0の3の3) にいる動物は何ですか。 (さる)

P.101

直方体と立方体 (11)

名前

1 下の直方体の頂点の位置を，頂点Aをもとに考えましょう。

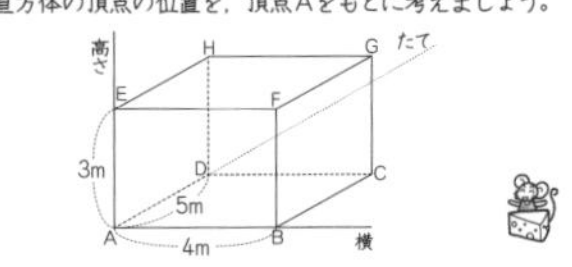

①（横 4m，たて 5m，高さ 0m）の位置にある頂点は何ですか。

頂点 (C)

② 次の頂点の位置を表しましょう。

頂点G（横 4 m，たて 5 m，高さ 3 m）

頂点H（横 0 m，たて 5 m，高さ 3 m）

2 下の直方体の頂点の位置を，頂点Aをもとに考えましょう。

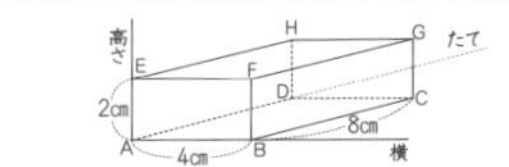

①（横 4cm，たて 8cm，高さ 2cm）の位置にある頂点は何ですか。

頂点 (G)

② 次の頂点の位置を表しましょう。

頂点D（横 0 cm，たて 8 cm，高さ 0 cm）

直方体と立方体 (12)
チャレンジ

名前

● 下にしめした位置に点をとり，直線でつなげましょう。

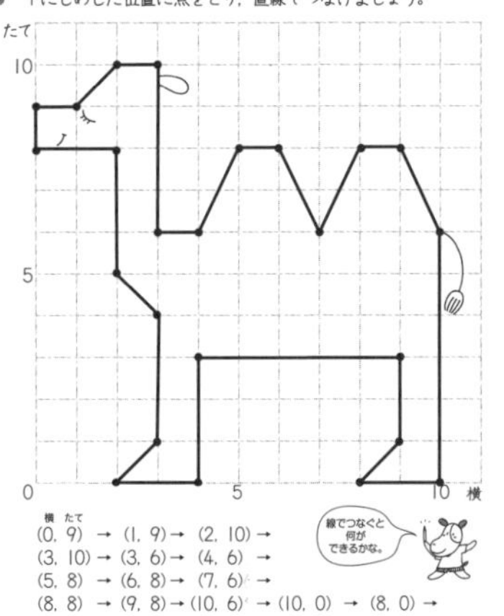

横 たて
(0, 9) → (1, 9) → (2, 10) →
(3, 10) → (3, 6) → (4, 6) →
(5, 8) → (6, 8) → (7, 6) →
(8, 8) → (9, 8) → (10, 6) → (10, 0) → (8, 0) →
(9, 1) → (9, 3) → (4, 3) → (4, 0) → (2, 0) →
(3, 1) → (3, 4) → (2, 5) → (2, 8) → (0, 8) → (0, 9)

線でつなぐと何ができるかな。

児童に実施させる前に，必ず指導される方が問題を解いてください。本書の解答は，あくまでも１つの例です。指導される方の作られた解答をもとに，本書の解答例を参考に児童の多様な考えに寄り添って○つけをお願いします。

P.102

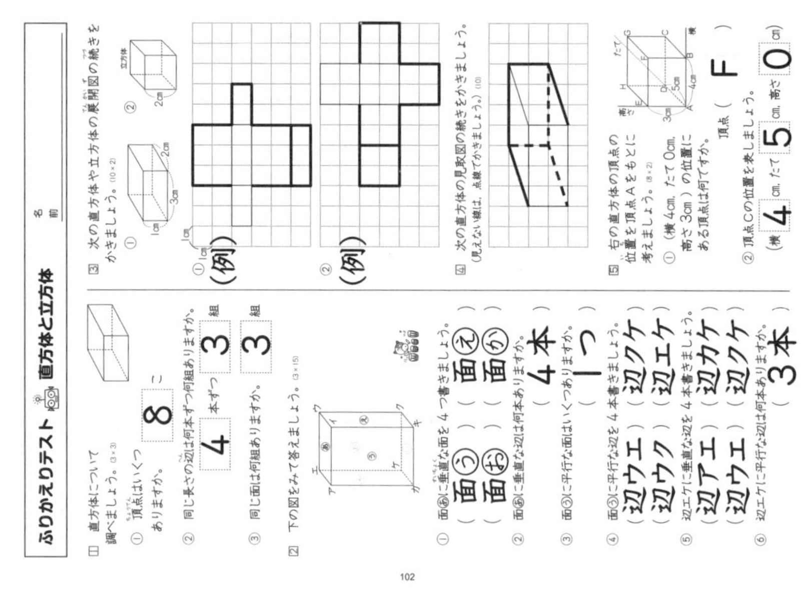

新版　教科書がっちり算数プリント
完全マスター編　４年　ふりかえりテスト付き
力がつくまでくりかえし練習できる

2020 年 9 月 1 日　　第 1 刷発行
2022 年 1 月 10 日　　第 2 刷発行

企 画 ・ 編 著：原田 善造・あおい えむ・今井 はじめ・さくら りこ
中田 こういち・なむら じゅん・ほしの ひかり・堀越 じゅん
みやま りょう（他 4 名）
イ ラ ス ト：山口亜耶　他

発　行　者：岸本 なおこ
発　行　所：喜楽研（わかる喜び学ぶ楽しさを創造する教育研究所）
〒604-0827　京都府京都市中京区高倉通二条下ル瓦町 543-1
TEL　075-213-7701　FAX　075-213-7706
HP　https://www.kirakuken.co.jp
印　　　刷：株式会社イチダ写真製版

ISBN:978-4-86277-312-8

Printed in Japan